高等学校应用型本科系列教材

案例 C 语言程序设计教程

主编　龚尚福　丁雪芳

西安电子科技大学出版社

内 容 简 介

　　本书以程序设计思维与应用技能培养为目的,通过语法引导和统一的实例逐步展开,其中辅以大量趣味案例训练。全书共 10 章和 3 个附录,包括绪论、数据类型和表达式、C语言程序设计、数组、函数、复合构造数据类型、编译预处理、文件、C语言在单片机中的应用、综合案例(包括俄罗斯方块游戏、保龄球积分、英文单词小助手、贪吃蛇游戏、计算器和万年历程序设计)。本书结构合理,内容紧凑清晰,案例丰富,分析与设计并举,引人入胜。

　　本书可作为高等院校各专业 C 语言程序设计课程的教学用书,也适合对 C 语言程序设计感兴趣的读者自学使用,还可作为各类培训班的教材或参考书,并可作为全国计算机等级考试应试者的参考用书。

图书在版编目(CIP)数据

案例 C 语言程序设计教程/龚尚福,丁雪芳主编. —西安:
西安电子科技大学出版社,2016.8(2024.8 重印)
ISBN 978-7-5606-4192-8

Ⅰ. ①案…　Ⅱ. ①龚…　②丁…　Ⅲ. ①C 语言—程序设计—高等学校—教材
Ⅳ. ①TP312

中国版本图书馆 CIP 数据核字(2016)第 167670 号

策　　划　戚文艳
责任编辑　戚文艳
出版发行　西安电子科技大学出版社(西安市太白南路 2 号)
电　　话　(029)8802421　88201467　　　　邮　　编　710071
网　　址　www.xduph.com　　　　　　电子邮箱　xdupfxb001@163.com
经　　销　新华书店
印刷单位　咸阳华盛印务有限责任公司
版　　次　2016 年 8 月第 1 版　　2024 年 8 月第 6 次印刷
开　　本　787 毫米×1092 毫米　1/16　印 张 26
字　　数　618 千字
定　　价　60.00 元

ISBN 978-7-5606-4192-8

XDUP 4484001-6

出 版 说 明

　　本书为西安科技大学高新学院课程建设的最新成果之一。西安科技大学高新学院是经教育部批准，由西安科技大学主办的全日制普通本科独立学院。学院秉承西安科技大学 50余年厚重的历史文化传统，充分利用西安科技大学优质教育教学资源，开创了一条以"产学研"相结合为特色的办学路子，成为一所特色鲜明、管理规范的本科独立学院。

　　学院开设本、专科专业 32 个，涵盖工、管、文、艺等多个学科门类，在校学生 1.5 万余人，是陕西省在校学生人数最多的独立学院。学院是"中国教育改革创新示范院校"，2010、2011 连续两年被评为"陕西最佳独立学院"。2013 年被评为"最具就业竞争力"院校，部分专业已被纳入二本招生。2014 年学院又获"中国教育创新改革示范院校"殊荣。

　　学院注重教学研究与教学改革，实现了陕西独立学院国家级教改项目零的突破。学院围绕"应用型创新人才"这一培养目标，充分利用合作各方在能源、建筑、机电、文化创意等方面的产业优势，突出以科技引领、产学研相结合的办学特色，加强实践教学，以科研、产业带动就业，为学生提供了实习、就业和创业的广阔平台。学院注重国际交流合作和国际化人才培养模式，与美国、加拿大、英国、德国、澳大利亚以及东南亚各国进行深度合作，开展本科双学位、本硕连读、本升硕、专升硕等多个人才培养交流合作项目。

　　在学院全面、协调发展的同时，学院以人才培养为根本，高度重视以课程设计为基本内容的各项专业建设，以扎扎实实的专业建设，构建学院社会办学的核心竞争力。学院大力推进教学内容和教学方法的变革与创新，努力建设与时俱进、先进实用的课程教学体系，在师资队伍、教学条件、社会实践及教材建设等各个方面，不断增加投入、提高质量，为广大学子打造能够适应时代挑战、实现自我发展的人才培养模式。为此，学院与西安电子科技大学出版社合作，发挥学院办学条件及优势，不断推出反映学院教学改革与创新成果的新教材，以逐步建设学校特色系列教材为又一举措，推动学院人才培养质量不断迈向新的台阶，同时为在全国建设独立本科教学示范体系，服务全国独立本科人才培养，做出有益探索。

西安科技大学高新学院

西安电子科技大学出版社

2015 年 6 月

高等学校应用型本科系列教材

编审专家委员会名单

前　言

　　C 语言是使用最广泛的计算机程序设计语言之一。C 语言具有简洁、灵活、实用、高效、可移植性好等特点，适合初学者学习结构化程序设计的思想和方法，现已成为高等院校在教授计算机程序设计课程时的首选语言。

　　虽然目前社会上流行的 C 语言教材和书籍较多，也各有特点，但是本书编者在多年的教学实践中发现大多数教材局限于围绕语言本身体系展开，以讲解语言知识为主，实例也相对独立，这样的内容编排并不利于培养学生的程序设计思维及实践能力的启发与提高。尽管有些教材采用案例化编写，但很少使案例贯穿于教学内容始终，或缺乏前后关联，很难引导学生对程序设计形成比较完整的思维概念。因此，本书编者集经验与群体协作，旨在基于一个任务案例贯穿程序设计始终，突出任务驱动形象化教学，让学生既掌握程序设计基础又从案例实践中获得程序设计的实际技能训练。

　　当前大多数高校更强调对学生应用能力的培养，作为程序设计课程的入门基础，C 语言的教学重点应侧重于培养学生的程序设计思维能力及实际编程能力。因此，在多年的 C 语言程序设计课程的教学改革实践经验的基础上，编者组织编写了本书，希望能从教学内容及教学方法上进行探索与改革，以适应新的应用型和技能型人才培养需求。本书在内容上具有以下特点：

　　(1) 注重培养程序设计思维能力。

　　不同于一般 C 语言教材，本书先从算法入手，讲授常用的算法描述方法，使得读者能从一开始就建立程序设计的思维意识。

　　(2) 以统一的实例贯穿全书内容。

　　为了提高学生的程序设计能力，在介绍语法的基础上，本书结合学生经常接触的学生管理信息系统，以实例形式逐步引入各知识点并陆续展开，并在习题中结合图书管理信息系统，使学生在掌握基本语法的基础上，连贯性地对程序设计思维和实践能力进行训练。

　　(3) 化解难点，突出重点，由浅入深。

　　C 语言的内容非常丰富，有些知识学生比较难以理解和运用，如指针的概念与应用。本书把指针概念及应用分解到相关知识点中，结合教学内容和实践经验，由浅入深地引入并运用，化复杂为简单。另外，本书在内容的选取上突出重点，并对例题、习题的设计做到了由浅入深，逐步拓展。

(4) 实例丰富、生动，贴近学生。

本书选材生动活泼，其中有关游戏的主题，更能引起学生的学习兴趣，在综合案例中还给出较多相对完整的程序实例。读者如果结合给出的例程进行上机实践并举一反三，不但能够进一步理解 C 语言及程序设计过程，更能迅速掌握编程方法，提高编程能力。

全书共 10 章。龚尚福、丁雪芳任主编。龚尚福编写了第 1 章及附录部分；丁雪芳编写第 3 章；田莘编写第 2、4 章，李娜编写第 5、6、10 章；陈小莉编写了第 7、8 章；周燕编写第 9 章。龚尚福教授统稿全书。

在本书编写的过程中，我们得到了西安科技大学高新学院领导和有关教师的关心和支持，同时也得到了西安电子科技大学出版社高新分社的大力支持，在此表示衷心感谢。限于篇幅与作者水平，书中难免有不足之处，殷切希望广大同仁和读者批评指正。

编　者

2016 年 6 月

目 录

第1章 绪 论

教学目标 ✎

☑ 了解计算机语言的基本概念。
☑ 掌握程序设计的特点及其一般方法。
☑ 了解算法与流程图的基本概念。
☑ 了解 C 语言的发展及其特点。
☑ 掌握 Visual C++6.0 集成环境下开发 C 程序的步骤。

1.1 计算机语言概述

计算机是 20 世纪一项重大科学发明,它的诞生和应用使人类社会进入网络与信息化时代。计算机能解决现实生活中的许多问题,如矩阵计算、方程求解以及事务管理等。在通过计算机解决某一个问题之前,必须先把求解问题的步骤描述出来,这个步骤称之为算法。例如求解一个一元二次方程的实数根,其计算过程或步骤(称为算法)为

(1) 确定计算方程根的判别式并计算其值;
(2) 如果根判别式的值小于零,则输出方程没有实根解的提示信息;
(3) 否则,计算出方程的实数根,并输出计算结果;
(4) 方程求解结束。

但是,这个算法不能直接输入到计算机,因为这种用自然语言表达的算法,计算机并不理解。正像人类之间通过语言进行沟通一样,要想通过计算机处理事务,就必须使用计算机能够理解的语言,称之为计算机语言。算法必须用某种特定的计算机语言表达出来,并且输入到计算机里,通过计算机编译系统编译后运行,才能得到计算机处理的结果。

计算机语言的发展经历了三个阶段:

(1) 机器语言。最初的计算机编程语言是所谓机器语言(也称为第一代语言),即直接使用机器代码编程。机器语言是机器指令的集合。每种计算机都有自己的指令集合,计算机能直接执行用机器语言所编的程序。机器语言包括指令系统、数据类型、通道指令、中断字、屏蔽字、控制寄存器的信息等。机器语言是计算机能够理解和执行的唯一语言。机种不同,其机器语言组合方式也不一样。因此,同一个问题在不同的计算机上计算时,必须编写不同机器语言的程序。机器语言是最低级的语言。

(2) 汇编语言。由于机器语言指令是用多位二进制数表示的,用机器语言编程很繁琐,

非常消耗精力和时间，难记忆，易出错，并且难以检查程序和调试程序，工作效率低。例如，字母 A 表示为 1010，数字 9 表示为 1001。机器语言的加法指令码有三种形式，既要考虑进位、符号，也要考虑溢出等情况，要用加法指令，就必须分别记忆。为了提高编程效率，人们引入了助记符，例如，加法用助记符 ADD 表示，减法用助记符 SUB 表示等。这就出现了所谓汇编语言(也称为第二代语言)。汇编语言同机器语言相比，并没有本质的区别，只不过是把机器指令用助记符代替。但这已是很大的进步，它提高了编程效率，改进了程序的可读性和可维护性。直到今天，仍然有人在用汇编语言编程。不过汇编语言在运行之前，还需要一个专门的翻译程序(称为汇编程序)将其翻译为机器语言，因此实现同样的功能，汇编语言编写的程序执行效率相对于机器语言来说降低了。

(3) 高级语言。虽然汇编语言较机器语言已有很大的改进，但仍有两个主要缺点：一是涉及太多的细节；二是与具体的计算机结构相关。所以，汇编语言也属于低级语言，被称为面向机器的语言。为了进一步提高编程效率，改进程序的可读性、可维护性，20 世纪 50 年代以来相继出现了许多种类的高级计算机编程语言(也称为第三代语言)，例如：Fortran、Basic、Pascal、Java、C 和 C++等，其中 C 和 C++是最流行的高级计算机程序设计语言。

高级语言比低级语言更加抽象、简洁，它具有以下特点：① 一条高级语言的指令相当于几条机器语言的指令；② 用高级语言编写的程序同自然英语语言非常接近，易于学习；③ 用高级语言编写程序并不需要熟悉计算机的硬件知识。

与汇编语言类似，高级语言也需要专门的翻译程序(称为编译器或解释器)，将它翻译成机器语言后，才能运行。因此，实现同样的功能，用高级语言编写的程序执行效率相对于机器语言和汇编语言是最低的，但优点是人类便于理解、掌握和使用。

1.2　结构化程序设计

使用计算机解决某一个问题，就必须用计算机语言编写出处理该问题的计算程序。编写计算程序的过程，称为程序设计。程序设计需要有一定的方法来指导，有些问题算法比较简单，可以直观得到，如前面提到的一元二次方程求解的算法；对于有些较为复杂的问题，则需要对问题进行一步步分解，例如字符串的处理就要复杂一些，涉及到字符串的合并、拷贝、比较等，就不是一个简单算法能够表达的。对问题进行抽象和分解，对程序进行组织与设计，使程序的可维护性、可读性、稳定性、效率等更好，是程序设计方法研究的问题。目前，有两种主要的程序设计方法，即结构化的程序设计和面向对象的程序设计，本书主要学习与理解结构化的程序设计方法，面向对象的程序设计读者可另行参考其他书籍。

1.2.1　结构化程序设计概述

结构化程序设计(Structured Programming, SP)方法是由 E. Dijkstra 等人于 1972 年提出来的，它建立在 Bohm、Jacopini 证明的结构定理的基础上。结构定理指出：任何程序逻辑都可以用顺序、选择和循环三种基本结构来表示。在结构定理的基础上，Dijkstra 主张避免使用 goto 语句(goto 语句运用不当会破坏这三种结构形式),而仅仅用上述三种基本结构反复嵌套来构造程序。在这一思想指导下,进行程序设计时,可以用所谓"自顶向下,逐步求精"的方式,对复杂问题进行分解。

由于用结构化方法设计的程序只存在三种基本结构,因此程序代码的空间顺序和程序执行的时间顺序基本一致,程序结构清晰。一个结构化程序应符合以下标准:

(1) 程序仅由顺序结构、分支结构和循环结构三种基本结构组成,基本结构可以嵌套。

(2) 每种基本结构都只有一个入口和一个出口。这样的结构置于其他结构之间时,程序的执行顺序必然是从前一结构的出口到本结构的入口,经本结构内部的操作,到达本结构的唯一出口,体现出流水化特点。

(3) 程序中不出现死循环(即不能结束的循环运行状态)和死语句(程序中永远执行不到的语句)现象。

1.2.2 结构化程序设计遵循的原则

结构化程序设计强调程序设计风格和程序结构的规范化,提倡清晰的流程结构。如果面临复杂的问题,则难以直接写出一个层次分明、结构清晰、算法正确的程序。结构化程序设计方法的基本思路是:把一个复杂问题的求解过程分阶段(流水作业)进行,每个阶段处理的问题都控制在人们容易理解和处理的范围内。具体来说,可采取以下方法保证得到正确的结构化的程序。

(1) 自顶向下,逐步求精。即抓住整个问题的本质特性,采用自顶而下逐层分解的方法,对问题进行抽象,划分出不同的模块,形成不同的层次概念。把一个较大的复杂问题分解成若干相对独立而又简单的小问题,其中每一个小问题又可进一步分解为若干更小的问题,一直重复下去,直到每一个小问题足够简单,便于编程为止。由于每步细化时都相对比较简单,容易保证算法的正确性。检查时也是由上向下逐层进行的,因此程序结构思路清晰,既严谨又方便。

(2) 模块化设计。模块化设计是把复杂的算法或程序,分解成若干相对独立、功能单一、由三种基本结构组成的设计。整个系统犹如积木一般,由各个模块组合而成。各模块之间相互独立,每个模块可以独立地进行分析、设计、编程、调试、修改和扩充,而不影响其他模块或整个程序的结构。

模块化设计时,注意在不同模块中提取功能相同的子模块,作为一个独立的子模块。这样可以缩短程序,提高模块的复用率。设计模块时要尽量减小模块间的耦合度(模块间的相互依赖性),增大内聚度(模块内各成分的相互依赖性)。耦合度越小,模块相互间的独立性就越大;内聚度越大,模块内部各成分间的联系就越紧密,其功能也就越强。

模块化结构不仅使复杂的程序设计得以简化,使开发周期得以缩短,节省费用,提高了软件的质量,而且还可有效地防止模块之间错误的扩张,增强整个系统的稳定性与可靠性;同时,还使程序结构具备灵活性,层次分明,条理清晰,便于组装,易于维护。

(3) 程序结构化。所谓程序结构化,是指利用高级语言提供的相关语句实现三种基本结构,每个基本结构具有唯一的出口和入口,整个程序由三种基本结构组成,程序中不使用 goto 之类的转移语句。

1.2.3　结构化程序设计过程

结构化程序设计的过程分为三个基本步骤：定义和分析问题(Question)、设计算法(Algorithm)及编写程序(Program)，简称 QAP 方法。

第一步：定义和分析问题。对求解问题进行定义与分析：① 确定要产生的数据 (称为输出)，定义表示输出数据的变量；② 确定需要进行输入的数据(称为输入)，定义表示输入数据的变量；③ 研究设计一种算法，从有限步的输入计算次数中即可获取输出结果。这种算法定义了结构化程序的顺序操作，以便在有限步骤内解决问题。就数学问题而言，这种算法体现了数值的计算；但对非数学问题来说，这种算法还包括许多文本和图像处理操作。

第二步：设计算法。设计程序的总体轮廓(即结构)并画出程序的控制流程图：① 对一个简单的程序来说，通过列出程序顺序执行的动作，便可直接画出程序的流程；② 对于复杂的程序来说，使用自上而下的设计方法，把程序划分为一系列的模块，形成一张流程控制结构图。每一个模块完成一项任务，再对每一项任务进行逐步求精，描述实现这一任务的全部细节，最终将控制结构图转变成为程序流程图。

第三步：编写程序。采用一种计算机语言(譬如使用 C 语言)实现算法编程。① 编写程序：将前面步骤中描述性的语言转换成 C 语句；② 编辑程序：上机测试和调试程序；③ 获取结果：上机运行获取程序执行的结果。

虽然结构化的程序设计是广泛使用的一种程序设计方法，但也有一些缺点：

(1) 恰当的功能分解是结构化程序设计的前提。然而，对于用户任务需求来讲，变化最大的部分往往就是功能的改进、添加和删除。结构化程序要实现这种功能变化并不容易，有时甚至要重新设计整个程序的控制结构。

(2) 在结构化程序设计中，比较困难的是数据和对数据的操作(即函数过程)分离，函数依赖于数据类型的表示等。数据的表示一旦发生变化，则与之相关的所有函数均要修改，使得程序维护工作量增大。

(3) 结构化程序代码复用性较差。由于数据结构和函数密切相关，使得函数并不具有一般特性。例如，一个求方程实根的函数就不能应用于求解复数的情形。

1.3　算法及表现形式

程序设计的灵魂是算法，而语言只是一种表述形式。为解决一个问题而采取的方法和步骤，称为算法。在数学中常用的算法有：递推法、递归法、枚举法、贪婪法和背包法等。

现实生活中的有些算法能在计算机上实现，有些算法则无法在计算机上实现，本书所提到的算法都是指能在计算机中实现的算法。

算法具有如下基本特征：

(1) 有穷性：算法中所包含的步骤必须是有限的，不能无穷无止，应该在一个人所能接受的合理时间段内产生运行结果。

(2) 确定性：算法中的每一步所要实现的目标必须是明确无误的，不能有二义性。

(3) 有效性：算法中的每一步如果被执行了，就必须被有效地执行。例如，有一步是计算 X 除以 Y 的结果，如果 Y 为非 0 值，则这一步可有效执行，但如果 Y 为 0 值，则这一步就无法得到有效执行。

(4) 有零个或多个输入：根据算法的不同，有的算法在实现过程中需要输入一些原始数据，而有些算法可能不需要输入原始数据。

(5) 有一个或多个输出：设计算法的最终目的是为了解决问题，为此，每个算法至少应有一个输出结果，来反映问题的最终结果。

算法有多种表示方法，常用的有自然语言描述算法、流程图描述算法、N-S 图描述算法和伪代码法等。

1. 自然语言描述算法

描述算法最简单的一种工具就是自然语言，如汉语、英语等。其优点是通俗易懂，易于掌握，一般人都会用；但也有其缺点，一是随意并繁琐，二是容易产生歧义。

2. 流程图描述算法

流程图又称程序框图，是一种使用程序框、流程线及文字说明来表示算法的图形。在流程图中，一个或几个程序框的组合表示算法中的一个步骤；带有方向箭头的流程线将程序框连接起来，表示算法步骤的执行顺序。流程图常用的图形符号及功能如表 1-1 所示。

表 1-1　流程图常用图形符号及功能

流程图符号	名　　称	功　　能
▭	起止框	表示一个算法的起始和结束，是任何流程图不可缺少的
▱	输入、输出框	表示一个算法输入和输出的信息，可用在算法中任何需要输入、输出的位置
▭	处理框	赋值、计算，算法中处理数据需要的算式、公式等分别写在不同处理框内
◇	判断框	判断某一条件是否成立，成立时在出口处标明"是"或"Y"；不成立时标明"否"或"N"
→┐	流程线	连接程序框
○	连接点	流程间断时连接程序框分离的两部分

例如：三种基本程序结构的流程图分别如图 1.1 所示。

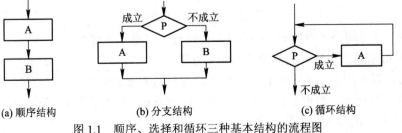

(a) 顺序结构　　　　(b) 分支结构　　　　(c) 循环结构

图 1.1　顺序、选择和循环三种基本结构的流程图

绘制流程图需要遵循以下规则：

(1) 使用标准的图形符号。

(2) 框图一般按从上到下、从左到右的方向绘制。

(3) 除判断框外，大多数流程图符号只有一个进入点和一个退出点。判断框是具有超过一个退出点的唯一符号。

(4) 判断框分两大类，一类判断框是根据判断条件计算结果产生"是"与"否"的两个分支的判断，而且有且仅有两个结果；另一类是多分支判断，会有几种不同的结果。

(5) 在图形符号内作为处理问题描述的语言要非常简练和清楚。

例 1.1 计算数学中的分段函数。

$$y = \begin{cases} x+1 & x>0 \\ x-100 & x=0 \\ x\times20 & x<0 \end{cases}$$

算法描述如下：

步骤 1：输入 x 的值；

步骤 2：判断 x 是否大于 0，若大于 0，则 y = x + 1，然后转步骤 5；否则进行步骤 3；

步骤 3：判断 x 是否等于 0，若等于 0，则 y = x - 100，然后转步骤 5；否则进行步骤 4；

步骤 4：x 小于零 0，y = x × 20(因为步骤 2、3 条件不成立，所以步骤 4 条件成立)；

步骤 5：输出 y 的值后结束。

对应绘制出该算法的流程图，如图 1.2 所示。

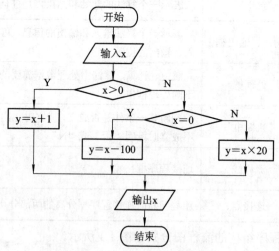

图 1.2　例 1.1 的流程图描述

例 1.2 计算两个正整数 m，n 的最大公约数，写出基本算法。

欧几里得阐述了求解最大公约数的计算方法：

步骤 1：以 n 除以 m，并令 r 为所得余数(显然具有 n > r ≥ 0)；

步骤 2：若 r > 0，则把 n 置换为 m，把 r 置换为 n，继续步骤 1；若 r = 0，计算结束，则 n 即为 m 和 n 的最大公约数。

步骤 3：计算结束(流程图略)。

3．N-S 图描述算法

N-S 图又称为盒图，是描述算法的另一种常见的图形方法，主要特点是省掉了流程图中的流程线，使得图形更紧凑。N-S 图的基本结构描述形式如图 1.3 所示。

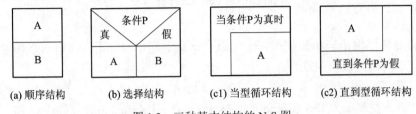

(a) 顺序结构　　　(b) 选择结构　　　(c1) 当型循环结构　　(c2) 直到型循环结构

图 1.3　三种基本结构的 N-S 图

N-S 图的优点是能直观地用图形表示算法，自然地去掉了导致程序非结构化的流程线。但其缺点是修改不方便。

对于例 1.1 题用 N-S 图进行描述的结果如图 1.4 所示。

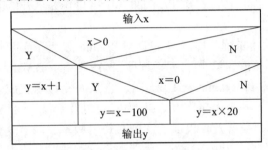

图 1.4　例 1.1 的 N-S 图描述

在后续章节中程序算法描述将采用流程图的方法，如果读者感兴趣的话，可以将它们转化成为 N-S 图。

4．伪代码法

伪代码是一种介于自然语言和程序设计语言之间的文字和符号表达形式的算法。所谓"伪代码"，就是该代码只是问题求解的表述，而不能直接用来上机操作。

伪代码不是一种程序设计语言，不涉及语句及语法，主要是采用一种更接近计算机语言的形式表达问题求解的计算过程。它具有自由、随意、紧凑、易于理解的表述特点，其结果更加容易转换为各种计算机语言的程序。如例 1.2 求解两整数最大公约数的算法用伪代码可以表述为

```
Begin  算法开始
Input 输入正整数 m 和 n;
Do{
     r←以 n 除以 m 所得的余数;
     m←n, n←r;
   } while(r≠0);
Output 此时输出 n;
End 算法结束
```

和 C 语言程序相比，可以看出，伪代码表述的算法更容易转换成实际的计算机语言程序。

1.4 C 语 言 概 述

C 语言是集汇编语言和高级语言的优点于一身的程序设计语言，既可以用来开发系统软件，也可以用来开发应用软件。

C 语言是从 B 语言衍生而来的，它的原型是 ALGOL 60 语言。1963 年，剑桥大学将 ALGOL 60 语言发展成为 CPL(Combined Programming Language)语言。1967 年，剑桥大学的 Matin Richards 对 CPL 语言进行了简化，于是产生了 BCPL 语言。1970 年，美国贝尔实验室的 Ken Thompson 对 BCPL 进行了修改，提炼出它的精华设计出了 B 语言，并用 B 语言写了第一个 UNIX 操作系统。1973 年，美国贝尔实验室的 D.M. Ritchie 在 B 语言的基础上设计出了一种新的语言，他取了 BCPL 的第二个字母作为这种语言的名字，这就是 C 语言的由来。

为了推广 UNIX 操作系统，1977 年，D.M.Ritchie 发表了不依赖于具体机器系统的 C 语言编译文本——《可移植的 C 语言编译程序》。1978 年，B.W.Kernighan 和 D.M.Ritchie 出版了名著——《The C Programming Language》，从而使 C 语言成为目前世界上流行最广泛的高级程序设计语言，并进而演化出 C++、VC++以及 C#。

随着微型计算机的日益普及，出现了许多 C 语言版本。由于没有统一的标准，使得这些 C 语言之间出现了一些不一致的地方。为了改变这种情况，美国国家标准化协会(ANSI)对 C 语言进行了标准化，于 1983 年颁布了第一个 C 语言标准草案(83 ANSI C)，后来于 1987 年又颁布了另一个 C 语言标准草案(87 ANSI C)。最新的 C 语言标准是在 1999 年颁布并于 2000 年 3 月被 ANSI 采用的 C99，但由于未得到主流编译器厂家的支持，直到 2004 年 C99 也未被广泛使用。

在了解 C 语言的发展历程后，读者需要知道 C 语言具备的优点及广泛的应用领域，并通过 C 语言的实例加深对以上内容的认识，进而为学习 C++等奠定基础。

1.4.1 C 语言的特点

目前 C 语言作为世界上使用最广泛的程序设计语言，被许多程序员用来设计各类程序，它的优势主要在于 C 语言具有结构化、语言简洁、运算符丰富、移植性强等诸多特点。

1．语言结构化

C 语言是结构化的程序设计语言，其主要结构成分是函数，可通过函数实现不同程序的共享。另外，C 语言具有结构化的控制语句，支持多种循环结构，复合语句也支持程序的结构化。这些特点使得 C 语言层次清晰、结构紧凑，比非结构化的语言更易于使用和维护。

2．语言简洁

C 语言的语言简洁、紧凑，在语言的表达方式上尽可能的简单。在 C 语言中使用一个运算符就能够完成在其他语言中通常要用多个语句才能完成的操作，如条件运算符"?:"就是在一个表达式中完成了分支结构的运算处理。简洁的表达方式不仅使程序的编写更加精练，而且减少了程序员的书写量，极大地提高了编程效率。

3. 功能强大

C 语言具有高级语言的通用性，能完成数值计算、字符、数据等的处理，同时还具有低级语言的特点，能对物理地址进行访问，对数据的位进行处理和运算。C 语言这种兼具高级语言和低级语言功能的特点，使得它能够代替低级语言开发系统软件和应用软件，著名的 UNIX 操作系统的90%以上的代码就是用 C 语言实现的。

4. 数据结构丰富

C 语言具有其他高级语言所具有的各种数据结构，而且 C 语言又赋予了这些数据结构更加丰富的特性，用户能够扩充数据类型，实现各种复杂的数据结构，完成各种问题的数据描述。

5. 运算符丰富

C 语言除了具有其他高级程序设计语言所具有的运算符外，还具有 C 语言特有的运算符，比如增量运算符、赋值运算符、逗号运算符、条件运算符、移位运算符和强制类型转换运算符等。大量的运算符使得 C 语言的绝大多数处理和运算都可以用运算符来表达，提高了 C 语言的表达能力。

6. 生成的代码质量高

实验表明，用 C 语言开发的程序生成的目标代码的效率只比用汇编语言开发同样程序生成的目标代码的效率低10%到20%。由于用高级语言开发程序描述算法比用汇编语言描述算法要简单、快捷，编写的程序可读性好，修改、调试容易，所以 C 语言就成为人们用来开发系统软件和应用软件的一个比较理想的工具。

7. 可移植性好

由于 C 语言程序本身不依赖于机器的硬件系统，因此用 C 语言编制的程序只需少量修改，甚至可以不用修改就可以在其他的硬件环境中运行。正因为 C 语言程序的可移植性好，UNIX 操作系统才可以迅速地在各种机型上得以实现和使用。

虽然 C 语言具有上述这些优点，但也并非尽善尽美，它也存在一些缺点。比如，程序设计人员可以利用指针对任意的物理地址进行访问，而且不加检验，这就有可能访问到被禁止访问的内存单元，造成程序错误甚至系统瘫痪。而且这样的错误却无法被 C 编译系统检验出来。因此要求程序设计人员首先要透彻地理解 C 语言，才可避免可能出现的错误。尽管 C 语言有这些缺点，但仍不失为一种优秀的程序设计语言。对于 C 语言的上述这些特点，随着以后的学习读者会逐渐有所体会。

1.4.2 C 语言的应用领域

因为 C 语言具有高级语言的特点，又具有汇编语言的特点，所以可以作为工作系统设计语言，编写系统程序，也可以作为应用程序设计语言，编写不依赖计算机硬件的应用程序。其应用范围极为广泛，不仅仅是在软件开发上，各类科研项目也都要用到 C 语言。

(1) 应用软件。Linux 操作系统中的应用软件都是使用 C 语言编写的,因此这样的应用软件安全性非常高。

(2) 对性能要求严格的领域。一般对性能有严格要求的程序基本都是用 C 语言编写的,比如网络程序的底层和网络服务器端底层、地图查询等。

(3) 系统软件和图形处理。C 语言具有很强的绘图能力和可移植性,并且具备很强的数据处理能力,可以用来编写系统软件、制作动画、绘制二维图形和三维图形等。

(4) 数字计算。相对于其他编程语言,C 语言是数字计算能力超强的高级语言。

(5) 嵌入式设备开发。手机、PDA 等时尚消费类电子产品其内部的应用软件、游戏等很多都是采用 C 语言进行嵌入式开发的。

(6) 游戏软件开发。利用 C 语言可以开发很多游戏,比如推箱子、贪吃蛇等。

1.4.3　C 语言程序实例

每一种程序设计语言都有自己的语法规则和特定的表达方法。一个程序只有严格按照语言规定的语法和表达方式编写,才能保证编写的程序在计算机中正确地执行。下面通过分析一个简单的程序,了解计算机程序结构以及如何通过程序来控制计算机的操作。

例 1.3　一个简单的 C 语言程序。

```
#include<stdio.h>                    /*预处理命令,或称为头函数*/
void main( )                         /*主函数*/
{
    printf("My first C program!\n");   /*输出双引号中的内容*/
}
```

程序运行结果为

My first C program!

一个计算机高级语言程序均由一个主程序和若干个(包括零个)子程序组成,程序的运行从主程序开始(预处理命令的用途是设置运行环境,打开相应的函数库),子程序由主程序或其他子程序调用执行。在 C 语言中,主程序和子程序都称之为函数,因此规定主函数必须以 main 命名。因此,一个 C 语言程序必须由一个名为 main 的主函数和若干个(包括零个)函数组成,程序的运行从 main 函数开始,其他函数由 main 函数或其他函数调用执行。

例 1.3 程序的第 1 行"#include"是编译程序的预处理指令,末尾不能加分号;"stdio.h"是 C 编译程序提供的系统头文件(或称为包含文件)。当在程序中需要调用标准输入输出函数时,必须在调用之前写上#indude<stdio.h>。

在 C 语言程序中,每一语句占一行(也可若干条语句写在同一行,但为了阅读方便,建议一条语句占一行),语句右边"/*…*/"是注释,"/*"是注释的开始符号;"*/"是注释的结束符号;注释符号之间的文字是注释内容。注释的作用是对程序功能、被处理数据或处理方法进行说明,注释部分仅供程序员阅读,不参与程序运行,所以注释内容不需要遵守 C 语言的语法规则。如例 1.3 中,"/*输出双引号中的内容*/"注明了"printf("My first program!\n");"语句的作用。

通过对上面程序的分析,对 C 语言程序有了一个初步认识。虽然对其中的某些细节问题可能还不能完全理解，但至少应当了解到 C 语言程序结构有以下几个方面的特点：

(1) C 语言程序是由函数构成的。一个 C 语言程序可以由一个或多个函数构成，函数是 C 语言程序的基本单位。其中必须有而且只能有一个主函数 main，主函数是 C 语言程序的运行的起始点，每次执行 C 语言程序时都要从主函数开始执行。

(2) 除了主函数之外，其他函数的运行都是通过函数调用实现的。在一个函数中可以调用另外一个函数，这个被调用的函数可以是用户定义的函数，也可以是系统提供的标准库函数(比如 printf()和 scanf())。使用函数时，建议读者尽量使用标准库函数，这样不仅能够缩短开发时间，也能提高软件的可靠性，从而开发出可靠性高、可读性好以及可移植性好的程序。

(3) 可以在程序的任何位置给程序加上注释，注释的形式为/*注释内容*/，注释是为了提高程序可读性的一个手段，它对程序的编译和运行没有任何影响。

(4) C 语言程序的书写格式非常自由，一条语句可以在一行内书写，也可以分成多行书写，而且一行可以书写多条语句。尽管这样，还是建议在一行只写一条语句，而且采用逐层缩进的形式，这样使得程序的逻辑层次一目了然，便于对程序的阅读、理解和修改。

(5) C 语言中每条语句和数据定义语句都以分号结尾，分号是 C 语言语句的必要组成部分。

(6) C 语言本身没有输入、输出语句。输入和输出操作由标准库函数 scanf()和 printf()等完成，注意在使用这些函数之前，在程序最前面要加上预处理语句#include<stdio.h>。

1.5 C 语言程序上机步骤

用 C 语言编写的源程序不能让计算机直接运行，事先要经过一定的编译步骤变换成可执行代码。开发一个 C 语言程序包括编辑源程序、编译目标程序、链接可执行程序和运行程序几个步骤。集成开发环境是一个将程序编辑器、编译器、调试工具和其他功能集成在一起的用于开发应用程序的软件系统，可以让程序员从源程序的输入编辑到最后的运行均可在集成环境中完成。同时由于 C++几乎完全兼容 C 语言，两者无论编译器还是编辑器、调试器都可以用同一套程序实现，而且 C++共享 C 的标准库函数，因此很多软件采用两者混合编程实现，所以基本所有的 C++环境都同时支持 C 语言。目前常用的 C++集成环境有 Turbo C++、Microsoft Visual C++、Borland C++等版本，本书推荐采用的集成开发环境为 Microsoft Visual C++ 6.0(后续简称为 VC6.0)。

1.5.1 VC6.0 集成环境简介

美国微软公司出品的 VC6.0 是 Windows 平台上最流行的 C/C++集成开发环境(IDE)之一。VC6.0 是 Microsoft Visual Studio 套装软件的一个组成部分。C 语言源程序可以在 VC6.0 集成环境中进行编译、连接和运行。程序员可以在不离开 VC6.0 环境的情况下编辑、编译、调试和运行一个应用程序。IDE 还提供大量在线帮助信息协助程序员做好开发工作。Visual Studio 除了有程序编辑器、资源编辑器、编译器、调试器以外，还有各种向导(如 AppWizard 和 Class Wizard)等工具。一个典型的 Visual Studio 用户界面如图 1.5 所示。

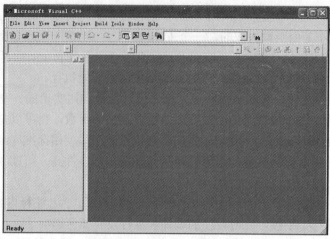

图 1.5　Visual Studio　用户界面

一般情况下，开发一个 C 语言应用程序可以按照以下步骤来进行：

(1) 创建一个项目，即输入 C 程序源代码。

(2) 编辑项目中的源代码，即编译形成目标代码。

(3) 编译项目中的文件，即连接形成可执行程序。

(4) 纠正编译中出现的错误，采用 Debug 调试程序。

(5) 运行可执行的文件，最终输出获得结果。

1.5.2　VC6.0 环境下上机步骤

1. 启动 VC6.0 开发环境

从开始菜单中选择程序|Microsoft Visual Studio 6.0，在屏幕上显示 VC6.0 开发环境窗口，如图 1.5 所示。

2. 创建新工程

(1) 单击 File(文件)菜单中的 New(新建)选项，显示 New (新建)对话框。如图 1.6 所示。(确保当前选中的是"Projects(工程)"选项卡)

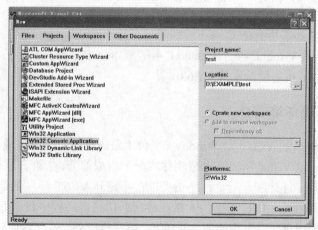

图 1.6　新建对话框

(2) 在新建对话框的列表栏中，选择 Win32 Console Application(Win32 控制台应用程序)。在 Location (位置)文本框中指定一个路径，在工程 (Preject Name)文本框中为项目输入一个名字，单击 OK 按钮。

(3) 在弹出的 Win32 Consol Application-Step 1 of 1 对话框中选择 An empty project 选项，然后单击 Finish (完成)按钮，如图 1.7 所示。

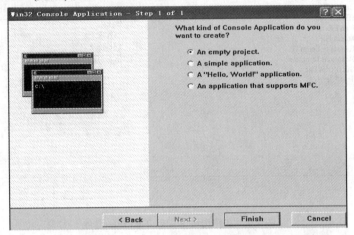

图 1.7 "Win32 Consol Application-Step 1 of 1" 对话框

(4) 在 New Project Information(新建工程信息)对话框中单击 OK 按钮，完成工程创建过程，如图 1.8 所示。

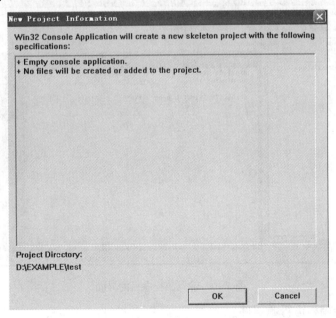

图 1.8 新建工程信息对话框

3．添加源程序文件

(1) 单击 File 菜单中的 New 命令，在 Files 选项卡中选择 Text File 选项，如图 1.9 所示。注意应勾选 Add to project 选项。

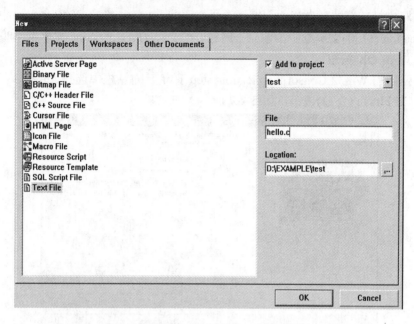

图 1.9　文件选项卡中的 Text File 选项

(2) 在 File 文本框内输入文件名称"hello.c", 单击 OK 按钮。

(3) 逐行输入例 1.3 中的源程序代码, 如图 1.10 所示。

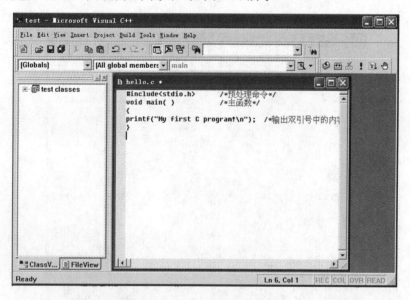

图 1.10　输入源程序后的界面

4. 编译、连接和运行源程序

(1) 选择菜单项 build(编译), 在出现的下拉菜单中选择 Compile hello.c(编译 hello.c)菜单项, 这时系统开始对当前的源程序进行编译, 在编译过程中, 将所发现的错误显示在屏幕下方的 build(编译)窗口中, 所显示的错误信息中指出该错误所在行号和该错误的性质, 用户可根据这些错误信息提示进行修改。上述程序的 build 窗口, 如图 1.11 所示。

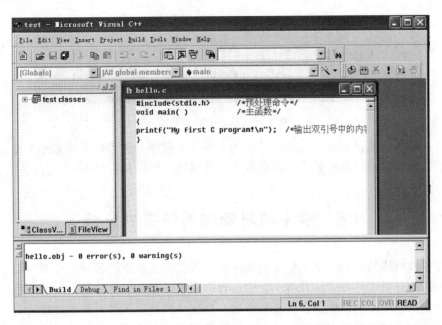

图 1.11 build 窗口

(2) 源程序编译无错误后，可进行连接生成可执行文件(.exe)。这时选择 build(编译)下拉菜单中的 build test.exe 选项。build 窗口出现如图 1.12 所示的信息，说明编译连接成功，并生成以源文件名为名字的可执行文件(test.exe)。

图 1.12 编译连接信息

(3) 执行可执行文件的方法是选择 build(编译)下拉菜单中的 exec test.exe(执行 test.exe)选项。这时，运行该可执行文件，并将结果显示在另外一个显示执行文件输出结果的窗口中，如图 1.13 所示。

图 1.13　运行 C 程序结果

注意：编译、连接和执行程序，可以如上述分步操作，也可以直接选择连接，甚至直接选择运行程序，系统会根据需要自动顺次完成编译、连接和执行程序。

1.6　学生信息管理系统需求分析

随着学校规模的扩大，学生数量也在增加，因此有关学生的各种信息量也随之增长。面对庞大的信息量需要开发计算机学生信息管理系统来提高学生管理工作的效率。同时实现学生档案信息的添加、删除、修改和查询；学生成绩的录入和对学生成绩的分析等主要功能。通过该系统可以做到对学生信息的规范管理、科学统计和快速查询、修改、增加、删除等业务操作，从而减轻职能部门管理方面的工作量。

学生信息管理系统的基本业务功能应包括：

(1) 学生的信息包括：学号、姓名、性别、年龄、各科成绩等。

(2) 将信息保存在文件中，便于反复使用。

(3) 实现对信息的操作功能，包括学生信息添加、修改、删除、按学号(或姓名)查询等。

(4) 实现学生科目成绩计算、统计、排序、打印等其他功能。

本书将针对以上需求，后续章节在介绍 C 语言知识点的基础上，逐步实现上述功能，有兴趣的读者还可在书中所实现系统的基础上进行功能扩展与修改。

本 章 小 结

本章介绍了计算机语言的基本概念，计算机程序设计的特点及其一般方法，算法及表示形式，C 语言的发展及其特点；通过示例使读者建立 C 语言程序结构的概念，同时对 Microsoft Visual C++6.0 的集成环境及 C 程序上机步骤做了简单介绍；最后对贯穿书中实例的学生信息管理系统进行了简要的需求分析。

习 题 一

1. 什么是算法？用计算机解题时，算法起到什么作用？

2. 计算机语言经历了哪几代？各具有哪些特点？

3. 简述计算机程序设计的概念。

4．计算机程序结构有几种？各自的特点是什么？

5．简述 C 语言的特点。

6．仿照例题 1.3 编写一个 C 语言程序，输出自己的姓名，学号，年龄等学生信息，并上机编辑运行。

7．完成图书馆业务需求分析。传统采用手工管理图书的方法，不仅效率低，易出错，而且耗费大量的人力。为了满足图书管理人员对图书馆书籍、读者资料、借还书籍等业务进行高效管理，开发图书院业务管理系统。本系统主要分为三个模块：(1) 读者管理模块：读者个人数据的录入、修改和删除、查询、借书、还书等功能；(2) 图书管理模块：包括图书征订、借还、查询等操作；(3) 系统用户管理模块：包括系统用户类别和用户数据管理。读者仿照学生信息管理系统，进行更为详细的需求分析。

第 2 章　数据类型和表达式

教学目标 ✍

☑ 理解计算机程序设计中的词法构成。

☑ 掌握基本数据类型和指针的概念。

☑ 掌握常量和变量的概念和运用特点。

☑ 理解各类运算符的概念和运用特点。

☑ 掌握表达式的特点和运用特点。

数据既是程序加工、处理的对象，也是加工后的结果，所以数据是程序设计中所涉及和描述的主要对象。本章介绍基本数据类型和指针类型的概念、定义和用法，并在此基础上介绍常量、变量定义的方法、运算符及其规则以及表达式的组成、书写、分类和相关计算特性。

2.1　引入数据类型的原因

在学生管理信息系统中，需要处理学生的基本信息，包括学生的学号、姓名、年龄、出生年月、性别、电话号码等数据。那么，程序中这些数据有什么规定、规范和要求呢？这些数据可以取任意值吗？它们在计算机内存中又是如何存储以及如何区分它们，这就是引入数据类型的原因。

数据类型是用来描述特定数据的属性和特点的，便于计算机分别处理。程序所能够处理的基本数据对象被划分成一些个体，或是一些集合。属于同一集合的各个数据对象都具有同样的性质，例如对它们能够做同样的操作，它们都采用同样的编码方式等，把程序语言中具有这样性质的数据集合称为数据类型。

数据类型除了决定数据的存储方式及取值范围外，还决定了数据能够进行的运算。那么某个学生某门课程期末考试的总评成绩计算公式在 C 语言中如何表达呢？写出的表达式表示的计算过程如何？成绩取实数和取整数的计算结果又是什么呢？实际上，回答这些问题需要学习并掌握 C 语言中的数据类型、各种运算符、表达式以及运算式的相关规定。

2.2　数据类型概念

2.2.1　关键字和标识符

在 C 语言程序设计中使用到的词汇有标识符、关键字(保留字)、运算符、分隔符、常量和注释符等，它们各自具有严格的语法规则，下面主要介绍字符集、关键字、标识符和注释符四类，其余将在后续章节介绍。

1. 字符集

字符是组成词汇和程序的最基本元素。C 语言的字符集是 ASCII 字符集的一个子集，由字母，数字，标点符号和特殊字符构成。

(1) 英文字母：a～z，A～Z。

(2) 数字：0～9。

(3) 空白符：空格符，制表符，换行符等统称为空白符。它们只在字符常量和字符串常量中起作用。在其他地方出现时，只起间隔作用，编译程序对它们忽略。

(4) 特殊字符：

① 标点符号：+、−、*、/、^、=、&、!、|、. 、,、、: 、<、>、? 、'、'、"、(、)、[、]、{、}、~、%、#、_、/、;；

② 转义字符：利用反斜杠符号 "\" 后加上字母的一个字符组合来表示这些字符。表 2.1 列举了常用的转义字符。

表 2.1　常用转义字符表

名　　称	符号	名　　称	符号
空字符(null)	\0	换行(newline)	\n
换页(formfeed)	\f	回车(carriage return)	\r
退格(backspace)	\b	响铃(bell)	\a
水平制表(horizontal tab)	\t	垂直制表(vertical tab)	\v
反斜线(backslash)	\\	问号(question mark)	\?
单引号(single quotation marks)	\'	双引号(double quotation marks)	\"
1 到 3 位八进制数所代表的字符	\101	1 到 2 位十六进制数所代表的字符	\x41

转义字符有特定的含义，用于描述特定的控制字符(不可显示与打印的 ASCII 码)，也可用来表示任何可输出的字符。例如，表 2.1 中涉及的字符 "\n"，目的是用于控制输出时的换行处理，而不是字符常量；而 "\0" 则代表 ASCII 码值为 0 的字符，即输出为空白。"\101" 代表 ASCII 码十进制数为 65 的字符 "A"，这里的 101 是八进制数。"\x41" 也代表 ASCII 码十进制数为 65 的字符 "A"，这里的 41 是十六进制数。

2. 标识符

在程序中有许多需要命名的对象，以便在程序的其他地方使用。如何表示在不同地方使用的同一个对象？最基本的方式就是为对象命名，通过名字在程序中建立定义与使用的关系。为此，每种程序语言都规定了在程序里描述名字的规则，这些名字包括：变量名、常数名、数组名、函数名、文件名、类型名等，通常被统称为"标识符"。标识符在语句和程序中用来表示各类实体成分。有一些标识符是系统指定的，如系统为用户提供的关键字、库函数的函数名称等，其余未经规定的实体名称则由用户自行定义。C 语言规定，标识符只能是字母(A～Z，a～z)、数字(0～9)、下划线(_)组成的字符串，并且第一个字符必须是字母或下划线。

例如，以下标识符是合法的：

　　　　a，a_1，A1，a1，name_1，sun，day6

使用标识符应该注意以下几点：

(1) C 语言中标识符严格区分大小写，A1 和 a1 是不同的标识符。习惯上，符号常量用大写字母表示，变量名则用小写字母表示。

(2) ANSI C 标准规定标识符的长度可达 31 个字符，但各个 C 编译系统都有自己的规定，譬如 Turbo C 中标识符最大长度为 32 个字符，Microsoft C 编译器中为 247 个字符。

为了程序的可移植性(即在甲机器上运行的程序可以基本上不加修改，就能移到乙机器上运行)以及阅读程序的方便，建议变量名的长度不要超过31个字符。

(3) 标识符命名应尽量有相应的意义，最好能"见名知义"。由多个单词组成的变量名有助于程序具有更强的可读性，应避免像 averagescore 这样把所有单词合在一起，而应像 average_score 这样用下划线将单词分隔开，或者将第一个单词后的每个单词的首字母大写，如 averageScore。注意标识符不要和 C 语言本身所使用的保留字、函数名以及类型名重名。

(4) 在 C 语言程序中，所用到的变量名都要"先定义，后使用"。这样做的目的是：

① 未被事先定义的，不作为变量名，这就能保证程序中变量名使用的正确性；

② 每一个变量被指定为一个确定的类型，在编译时就能为其分配相应的存储单元；

③ 每一个变量都属于一个特定类型，便于在编译时据此检查该变量所进行的运算是否合法。

根据以上的命名规则，可见以下标识符是不合法的：

　　　　a.3，6days，name-8，π

3. 关键字

关键字也称为保留字，它们是 C 语言中预先规定的具有固定含义的一些单词，在 C 语言编译系统中赋有专门的含义。用户只能原样使用它们而不能擅自改变其含义。

ANSI C 定义的关键字共 32 个，根据关键字的作用，可将其分为数据类型关键字、控制语句关键字、存储类型关键字和其他关键字四类。

(1) 数据类型的关键字(12 个)：char, int, float, double , void, struct, union, enum, long, short, signed, unsigned。

(2) 控制语句的关键字(12 个)：goto, if, else，switch，case，default，break, do, for, while，continue，return。

(3) 存储属性的关键字(4 个)：auto, extern, register, static。

(4) 其他关键字(4 个)：const(常量修饰符), volatile(易变量修饰符), sizeof(编译状态修饰符), typedef(数据类型定义)。

　　Microsoft C 在 ANSI C 基础上扩展的关键字有 19 个，包括：_asm，__based，__except，__int8，__int16，__int32，__int64，__stdcall，__cdecl，__fastcall，__finally，__try，__inline，__leave，__declspec，dllimport，naked，thread，dllexport。

4. 注释符

　　C 语言的注释符是以"/*"开头，并以"*/"结尾，其间的内容为注释，一般出现在程序语句行之后，用来帮助阅读程序。

　　注释对程序的执行没有任何影响，因为程序编译时，不对注释作任何处理。注释也可以出现在程序的任何位置，向用户提供或解释程序的意义，增强程序的可读性。

2.2.2　数据类型

　　就像物品要分类、人要区分性别一样，在程序中使用的数据也要区分类型。数据区分类型的目的是便于对它们按不同方式和要求进行处理。在 C 程序中，每个数据都属于一个确定的、具体的数据类型。

　　不同类型的数据在其表示形式、合法的取值范围、占用内存的空间大小以及可以参与运算种类等方面均有所不同。

　　C 语言具有丰富的数据结构(Data Type)，其数据类型分类如图 2.1 所示。

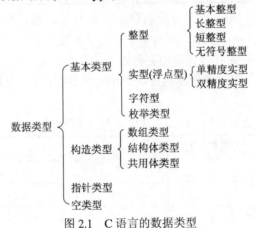

图 2.1　C 语言的数据类型

1. 整型

整型数就是通常使用的整数，分为带符号整数和无符号整数两大类。

1) 基本类型定义

类型说明符：int

例如，int a,b,c;

说明变量 a,b,c 被同时定义为基本整型数据类型。

　　上述整型称为基本整型数据类型。此外 C 语言还通过类型修饰符 short(缩短数值所占字节数)、long(扩大数值所占字节数)、unsigned(无符号位)、signed(有符号位，缺省方式)来扩展整数的取值范围，扩展后的整型数分为短整型、长整型和无符号整型。

2) 整型数据的存储与取值范围

　　数据在内存中是以二进制形式存放的，实际上，数值是以补码的形式表示的。在机器中用最高位表示数的符号，正数符号用"0"表示；负数符号用"1"表示。(正数的补码=原码，而负数的补码=该数绝对值的二进制形式，按位取反再加"1"。)

例如：求-15 的补码：

15 的原码：

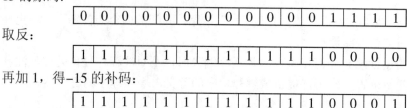

| 0 | 0 | 0 | 0 | 0 | 0 | 0 | 0 | 0 | 0 | 0 | 0 | 1 | 1 | 1 | 1 |

取反：

| 1 | 1 | 1 | 1 | 1 | 1 | 1 | 1 | 1 | 1 | 1 | 1 | 0 | 0 | 0 | 0 |

再加 1，得-15 的补码：

| 1 | 1 | 1 | 1 | 1 | 1 | 1 | 1 | 1 | 1 | 1 | 1 | 0 | 0 | 0 | 1 |

由此可知，左面的第一位是表示符号的。

各种无符号类型量所占的内存空间字节数与相应的有符号类型量相同。但由于省去了符号位，故不能表示负数。

在 Turbo C 环境下，有符号基本整型变量的最大表示 32767：

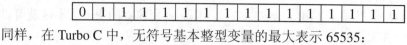

| 0 | 1 | 1 | 1 | 1 | 1 | 1 | 1 | 1 | 1 | 1 | 1 | 1 | 1 | 1 | 1 |

同样，在 Turbo C 中，无符号基本整型变量的最大表示 65535：

| 1 | 1 | 1 | 1 | 1 | 1 | 1 | 1 | 1 | 1 | 1 | 1 | 1 | 1 | 1 | 1 |

由于无符号是相对于有符号数将最高位不作符号处理的，所以表示的数的绝对值是对应的有符号数的 2 倍，则 Turbo C 环境下无符号基本整型存储占 2 个字节，取值范围为 $0\sim65\ 535$，即 $0\sim2^{16}-1$；无符号长整型存储占 4 个字节，取值范围为 $0\sim4\ 294\ 967\ 295$，即 $0\sim2^{32}-1$。无符号数经常用来处理超大整数和地址数据。Visual C++6.0 环境中的整型数据属性见表 2.2。

表 2.2 Visual C++ 6.0 环境中整型数据属性表

数据类型	占用字节数	二进制位长度	值 域
int	4	32	$-2\ 147\ 483\ 648\sim2\ 147\ 483\ 647$
short [int]	2	16	$-32\ 768\sim32\ 767$
long [int]	4	32	$-2\ 147\ 483\ 648\sim2\ 147\ 483\ 647$
[signed] int	4	32	同 int
[signed] short [int]	2	16	同 short
[signed] long [int]	4	32	同 long
unsigned [int]	4	32	$0\sim4\ 294\ 967\ 295$
unsigned short [int]	2	16	同 unsigned int
unsigned long [int]	4	32	$0\sim4\ 294\ 967\ 295$

方括弧内的部分是可以省写的。例如 signed short int 与 short 等价，尤其是 signed 是完全多余的，一般都不写 signed。注意在不同的编译系统中，整型数据所占字节数有所不同。

3) 整型数据的表示形式

C 语言允许使用十进制(Decimal)、八进制(Octal)和十六进制(Hexadecimal)三种形式表示整数，十进制整数由 0～9 的数字序列组成，数字前可以带正负号；八进制整数由前导数字 "0" 开头，后面跟 0～7 的数字序列组成；十六进制整数以 0x(数字 "0" 和字母 "x") 开头，后面跟 0～9，A～F(大小写均可)的数字序列组成。例如：

十进制整数：254，–127，0 都是正确的，而 0291(不能有前导 0)、23D(含有非十进制数码)都是非法的；

八进制整数：021，–017 都是正确的，它们分别代表十进制整数 17，–15，而 256(无前缀 0)、03A2(包含了非八进制数码)是非法的；

十六进制整数：0x12，–0x1F 都是正确的，它们分别代表十进制整数 18，31，而 5A(无前缀 0X)、0X3H(含有非十六进制数码)是非法的。

2．实型

实型数(Real Number)也称为浮点型数(Floating Point Number)，即小数点位置可以浮动，如 3.14159，–42.8 等。浮点数主要分为单精度(float)、双精度(double)和长双精度型(long double)。

1) 基本类型定义

类型说明符：float(单精度型)，double(双精度型)，long double(长双精度型)

2) 实数存储与取值范围

在计算机中，实数是以浮点数形式存储的，所以通常将单精度实数称为浮点数。由计算机基础知道，浮点数在计算机中是按指数形式存储的，即把一个实型数据分成小数和指数两部分。例如单精度实型数据在计算机中的存放形式如图 2.2 所示。其中，小数部分一般都采用规格化的数据形式。

图 2.2　单精度实型数据在计算机中的存放形式

实际上计算机中存放的是二进制数，这里仅用十进制数说明其存放形式。标准 C 没有规定用多少位表示小数，多少位表示指数部分，由 C 编译系统自定。例如，对于 float 型数据来说，很多编译系统以 24 位表示小数部分，8 位表示指数部分。小数部分占的位数多，实型数据的有效数字多，精度高；指数部分占的位数多，则表示的数值范围大。这样，单精度实数的精度就取决于小数部分的 23 位二进制数位所能表达的数值位数，将其转换为十进制，最多可表示 7 位十进制数字，所以单精度实数的有效位是 7 位。

由实型数据的存储形式可见，由于机器存储位数的限制，浮点数都是近似值，而且多个浮点数运算后误差累积很快，所以引进了双精度型和长双精度型，用于扩大存储位数，目的是增加实数的长度，减少累积误差，改善计算精度。

在 Visual C++6.0 环境中，单精度型实数占 4 个字节的内存空间，其数值范围为 |–3.4E–38～3.4E+38|，只能提供 7 位有效数字。双精度型实数占 8 个字节(64 位)内存空间，其数值范围为|–1.7E–308～1.7E+308|，可提供 16 位有效数字。Visual C++6.0 中实型数据属性参见表 2.3。

表 2.3　Visual C++6.0 中实型数据属性表

数据类型	比特数(字节数)	有效数字	数的范围
float	32(4)	6～7	|−3.4E−38～3.4E+38|
double	64(8)	15～16	|−1.7E−308～1.7E+308|
long double	64(8)	18～19	|−1.7E−308～1.7E+308|

对于 long double 类型的实数，它是由计算机系统决定的，所以对于不同平台可能有不同的实数。如在 Visual C++6.0 中是 8 字节，在 Turbo C 中是 10 字节，一般来说 long double 的精度要大于等于 double。

3) 浮点数的表示形式

在 C 语言中，实数表示只采用十进制。它有二种形式：十进制数形式和指数形式。

(1) 十进制数形式。由整数、小数部分和小数点组成，整数和小数都是十进制形式。例如，0.123，−125.46，.78，80.0 等都是合法形式。

(2) 指数形式。由尾数、指数符号 e 或 E 和指数组成，尾数是小数点左边有且只有一位非零数字的实数。e 或 E 前面必须有数字，e 或 E 后面必须是整数。指数形式用于表示较大或者较小的实数。例如，0.00000532 可以写成 5.32e-6，也可以写成 0.532e-7；45786.54 可以写成 4.578654e+4 等。而 e3，2e3.5 都是不合法的表示形式。

一个实数可以有多种指数表示形式。例如 123.456 可以表示为 123.456e0，12.3456e1、1.23456e2、0.123456e3、0.0123456e4、0.00123456e5 等。把其中的 1.23456e2 称为"规范化的指数形式"，即在字母 e(或 E)之前的小数部分中，小数点左边应有一位(且只能有一位)非零的数字。例如 2.3478e2、3.0999e5 都属于规范化的指数形式，而 12.908e10、756e0 则不属于规范化的指数形式。一个实数在用指数形式输出时，是按规范化的指数形式输出的。例如，指定将实数 5689.65 按指数形式输出，必然输出 5.68965e+003，而不会是 0.568965e+004 或 56.8965e+002。

注意：太大或太小的数据若超出了计算机中数的表示范围，则称为溢出，溢出发生时表示计算出错，需要做适当的调整。

3. 字符型

C 语言中，字符数据分为字符和字符串数据两类。字符数据是指由单引号括起来的单个字符，如"a"、"2"、"#"等；字符串数据是指由双引号括起来的一串字符序列，如"good"、"0132"、"w1"、"a" 等。

1) 基本类型定义

类型说明符：char

2) 字符型数据存储与取值范围

字符型数据的取值范围：ASCII 码字符集中的可打印字符。字符数据存储占 1 个字节，存储时实际上存储的是对应字符的 ASCII 码值(即一个整数值)。

3) 字符型数据的表示方法

字符型数据在计算机中存储的是字符的 ASCII 码值的二进制形式，一个字符的存储占用一个字节。因为 ASCII 码形式上就是 0 到 255 之间的整数，因此 C 语言中字符型数据和整型数据可以通用。例如，字符"a"的 ASCII 码值用二进制数表示是 1100001，用十进制数表示是 97，在计算机中的存储示意图如图 2.3 所示。由图可见，字符"a"的存储形式实际上就是一个整型数 97，所以它可以直接与整型数据进行运算，可以与整型变量相互赋值，也可以将字符型数据以字符或整数两种形式输出。以字符形式输出时，先将 ASCII 码值转换为相应的字符，然后再输出；以整数形式输出时，直接将 ASCII 码值作为整数输出。

字符"a"的ASCII码(一个字节)　| 0 | 1 | 1 | 0 | 0 | 0 | 0 | 1 |

图 2.3　字符型数据存储示意图

C 语言从语法上共提供了三种字符类型，其取值范围如表 2.4 所示。在 Visual C++6.0 中，若不指定字符变量的类型，则默认为 signed char 类型。因为字符类型主要是用来处理字符的，故对它不能用 long 或 short 类型修饰符修饰。

表 2.4　字符型数据取值范围

类型(关键字)	二进制长度	值　域
char	8	−128～127
signed char	8	−128～127
unsigned char	8	0～255

字符数据：指用单引号括起来的单个字符数据，如 'A'，'%'，': '，'9' 等。而 '12' 或 'abc' 是不合法的字符数据。

字符串数据：指用双引号括起来的单个或一串字符数据，如"good"、"0132"、"w1"、"a" 等。

注意："a" 是字符串数据而不是字符数据。

为了便于 C 程序判断字符串是否结束，系统在对每个字符串数据存储时都在末尾添加一个结束标志，即 ASCII 码值为 0 的空操作符 '\0'，它既不会引起任何动作也不会显示输出，所以存储一个字符串的字节数应该是字符串的长度加 1。

例如"zhang"在计算机中表示形式如图 2.4 所示。

'z'	'h'	'a'	'n'	'g'	'\0'
122	104	97	110	103	0

图 2.4　"zhang"在计算机中的存储示意图

2.2.3　常量与变量

C 语言处理的数据包括常量和变量两类。对于常量来说，它的属性由其取值形式表明，而变量的属性则必须在使用前明确地加以说明。数据的属性可以通过它们的数据类型和存储类型来描述。

1. 常量

1) 常量的数据类型

常量是一种在程序运行过程中保持固定类型和固定值的数据形式。C 语言中使用的常量有数值型常量、字符型常量、符号型常量等多种形式。整型、单精度实型、双精度实型常量统称为数值型常量。字符型常量包括字符常量和字符串常量。常量的值域与相应类型的变量相同，常量的类型和实例见表 2.5。

表 2.5　常量的数据类型和实例

数据类型	含　义	常量实例
char	字符型	'a', '/', '9', '\n', '\x51', '\201'
int	整型	1, 123, 21000, −234, 071, 0xf1
long int	长整型	65350L, −34L
unsigned int	无符号整型	10000, 30000
float	单精度实型	123.34, 123456, 1e-5
double	双精度实型	1.23456789, −1.98765432e15

2) 常量的表示方法

(1) 数值常量的书写方法和其他高级语言基本相同：整型数值常量有十进制表示方法、八进制表示方法(以 0 开头)和十六进制表示方法(以 0x 开头)，如：65、0101 和 0x41 都是十进制的 65。无符号后缀 u 或 U 用于指明无符号整型常量，同时长整型常量通常要在数字后面加字母 l 或 L。长整数 158L 和基本整型常数 158 在数值上并无区别。但对 158L，在 Turbo C 编译系统下，因为是长整型量，将为它分配 4 个字节存储空间。而对 158，因为是基本整型，只分配 2 个字节的存储空间。因此在运算和输出格式上要予以注意，避免出错。前缀，后缀可同时使用以表示各种类型的数。如 0XA5Lu 表示十六进制无符号长整数 A5，其十进制为 165。

而字符常量则是用单引号括起来的单个字符，如例中的 'a' 和 '/'，或转义字符，如 '\n'、'\x41' 和 '\101' 等，字符常量也可以用一个整数表示，例如 65、0101、0x41 都可以表示字母常量 A。

(2) 常量也可以用标识符来表示，称为符号常量。一般用大写字母表示。使用前要用宏定义命令先定义，后使用。

宏定义命令 #define 用来定义一个标识符和一个字符串，在程序中每次遇到该标识符时就用所定义的字符串替换它。这个标识符叫做宏名，替换过程叫做宏替换或宏展开。宏定义命令 #define 的一般形式是：

　　　#define　宏名　字符串

例如：在学生管理信息系统中，用 MAXNUM 表示每个班最大学生人数为 50，可以用宏定义#define 来说明：

　　　#define MAXNUM 50

这样在编译时，每当在源程序中遇到 MAXNUM 就自动用 50 代替，这就是宏展开。

若定义了一个宏名，这个名字还可以做为其他宏定义的一个部分来使用。例如：

　　　#define MAXNUM 50

　　　#define MAXNUM2 2* MAXNUM

则在程序中出现的"MAXNUM2"处被"2*50"来替换。

使用符号常量有两点好处：增加可读性；增强程序的可维护性。

但应注意宏替换仅是简单地用所说明的字符串来替换对应的宏名，无实际的运算发生，也不作语法检查。例如：

> #define MAXNUM 50；
>
> totalmax= MAXNUM *4；

经过宏替换后，该语句展开为

> totalmax =50；*4；

经编译将出现语法错误。

符号常量也可以用关键字 const 来定义，如：const int MAXNUM=50；符号常量可以像普通常量那样参加运算，但是符号常量的值在程序执行中不允许被修改，也不能再次赋值。

(3) C 语言还支持字符串常量，字符串常量是用双引号括起来的一串字符，如"zhang san"。系统在存储时自动在字符串的结束处加上终止符 '\0'，即字符串的储存要多占一个字符。因此 'A' 和 "A" 是不同的。由于字符串往往是用字符数组来处理的，所以将在后面的章节中进一步讨论它。

(4) 常量的长度、值域根据其类型不同而不同。

(5) 空类型没有常量，常量也没有指针类型。

2. 变量

在程序运行中其值会被改变的量称为变量。一个 C 程序中会有许多变量被定义，用来表示各种类型的数据。每个变量应该有一个名字，称为变量名；一个变量根据数据类型不同会在内存中占据一定的存储空间，称为存储单元；在该存储单元中存放对应变量的值。变量名、变量值和存储单元(又称变量存储地址)是不同的概念，其相互关系如图 2.5 所示。

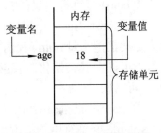

图 2.5　变量与存储的关系

1) 变量的类型

变量的类型与数据类型是对应的，变量的基本类型有：字符型、整型、单精度实型、双精度实型等，它们分别用 char、int、float 和 double 来定义，空类型用 void 来定义。

字符型变量用于存储 ASCII 字符，也用于存储 8 位二进制整数；整型变量用于存储整型量；单精度型和双精度型用于存储实数。

空类型有两个用途。第一个用途是明确表示一个函数不返回任何值；第二个用途是产生同一类型的指针。这两个用途将在后续章节中介绍。

变量的指针和组合类型将在后续章节中讨论。

2) 变量定义的方法

C 语言规定任何程序中的所有对象，如函数、变量、符号常量、数组、结构体、联合体、指针、标号及宏等，都必须先定义后使用。当然，变量也必须遵守先定义后使用的原则，定义的位置一般在函数体的开头。变量定义的一般形式如下：

> [类型修饰符] 数据类型 变量表；

其中，数据类型必须是 C 语言的有效的数据类型；变量表可以是一个以逗号分隔的标识符名表。

变量的定义可以在程序中的三个地方出现：在函数的内部、在函数的参数中或在所有函数的外部，由此定义的变量分别称为局部变量、形式参数和全局变量。

特别值得注意的是：

(1) 分号是语句的组成部分，C 程序的任何语句都是以分号结束的；

(2) C 语言的变量名和它的类型毫无关系；

(3) 在函数或复合语句中必须把要定义的变量全部定义，即不允许在后面的执行语句中插入变量的定义。

3) 类型修饰符

除了空类型外，基本数据类型可以带有各种修饰前缀以进行数据的扩展。修饰符明确了基本数据类型的含义，以准确地适应不同情况下的要求。类型修饰符有如下四种形式：

signed	有符号
unsigned	无符号
long	长
short	短

4) 访问修饰符

C 语言有两个用于控制访问和修改变量方式的修饰符，它们分别是常量(const)和易失变量(volatile)。

带 const 修饰符定义的常量在程序运行过程中值始终保持不变。例如：

```
const   int   num;
```

定义整型常量 num，其值不能被程序所修改，但可以在其他类型的表达式中使用。const型常量可以在其初始化时直接被赋值，或通过某些硬件的方法赋值，例如 num 要定义成100，可写成：

```
const int num=100;
```

volatile 修饰符用于提醒编译程序，该变量的值可以不通过程序中明确定义的方法来改变。例如，一个全程变量用于存储系统的实时时钟值。在这种情况下，变量的内容在程序中没有明确的赋值语句对它赋值时，也会发生改变。这一点是很重要的，因为在假定表达式内变量内容不变的前提下，C 编译程序会自动地优化某些表达式，有的优化处理将会改变表达式的求值顺序。修饰符 volatile 就可以防止上述情况发生。

5) 变量的初始化

在定义变量的同时给它赋予一个初值的过程叫变量的初始化。它的一般形式是

```
[类型修饰符] 数据类型 变量名 = 常量[, 变量名 = 常量, …];
```

例如：

```
void main()
{
    unsigned char ch='a';          /*赋予字符变量 ch 初值为字符 a*/
    int i=0, j=0, k=0;             /*赋予整型变量 i、j、k 初值为 0*/
    float x=100.45;               /*赋予变量 x 初值为 100.45*/
    …

}
```

说明：

(1) 注意变量在赋值或运算时，其值要在该数据类型的值域内，否则会产生数据溢出。

例2.1　整型数据的溢出。

```
#include "stdio.h"
void main()
{
    short int a,b;
    a=32767;
    b=a+1;
    printf("%d,%d" , a , b);
}
```

运行结果为

　　32767, −32768

从图 2.6 中可以看到：变量 a 的最高位为"0"，后 15 位全为"1"。加 1 后变成第 1 位为"1"，后面 15 位全为"0"。而它是−32768 的补码形式，所以输出变量 b 的值为 −32768。请注意：在 Visual C++ 6.0 环境下，一个 short int 型变量只能容纳 −32768～32767 范围内的数，无法表示大于 32767 的数。遇此情况就发生"溢出"，但运行时并不报错。它好像时钟一样，达到最大值 12 以后，又从最小值开始计数。所以，32767 加 1 得不到 32768，而得到 −32768，这可能与程序编制者的原意不同。从这里可以看到：C 的用法比较灵活，往往出现副作用，而系统又不给出出错信息，要靠程序员的细心和经验来保证结果的正确。将变量 b 改成 int 型就可得到预期的结果 32768。

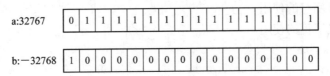

a:32767 | 0 1 1 1 1 1 1 1 1 1 1 1 1 1 1 1

b:−32768 | 1 0 0 0 0 0 0 0 0 0 0 0 0 0 0 0

图 2.6　变量在内存中的存储示意图

(2) 由于实型变量是由有限的存储单元组成的，因此能提供的有效数字总是有限的，在有效位以外的数字将被舍去。由此可能会产生一些误差。例如，a 加 10 的结果显然应该比 a 大。请分析下面的程序：

例2.2　实型数据的舍入误差。

```
#include "stdio.h"
void main()
{
    float a,b,c,d;
    a=12345.6789e3;
    b=12345.6784e3;
    c=a+10;        /*理论值应是12345688.900000*/
    d=b+10;        /*理论值应是12345688.400000*/
    printf("c=%f\n", c);
```

```
    /*实型变量只能保证的有效数字是 7 位有效数字，运行结果是理论结果四舍五入得到的*/
    printf("d=%f\n", d);
}
```

运行结果：

```
c=12345689.000000
d=12345688.000000
```

(3) 字符型数据与整型数据可通用，增加了程序设计的自由度，例如对字符作多种转换就比较方便。但也需注意，字符型数据与整型数据的通用是有条件的，即在 0～255 的范围之内才可以通用。

例 2.3　计算字符'B'与整型数据 20 的和。

```
#include "stdio.h"
void main()
{
    char a;                    /*说明 a 为字符型变量 */
    int b;                     /*说明 b 为整型变量 */
    a='B';                     /*为 a 赋字符常量'B' */
    b=a+20;                    /*计算 66+20 并赋值给字符变量 b */
    printf("%c,%d,%c,%d\n",a,a,b,b);   /*分别以字符型和整型两种格式输出 a、b */
}
```

程序运行的输出结果如下：

```
B，66，V，86
```

(4) 注意转义字符的使用。

例 2.4　转义字符的使用。

```
#include "stdio.h"
void main()
{
printf(" ab c\t de\rf\tg\n"); /*"\r"为"回车"(不换行)，返回到本行最左端(第 1 列)*/
printf("h\ti\b\bj k");/*"\t"跳至下一制表位，即第 9 列；*/
}
```

程序的运行结果为

```
f gde
h j k
```

注意：在打印机上最后看到的结果与上述显示结果不同，打印机上看到的结果是

```
fab c
gde h jik
```

实际上，屏幕上完全按程序要求输出了全部的字符，只是因为在输出前面的字符后很快又输出后面的字符，在人们还未看清楚之前，新的已取代了旧的，所以误以为未输出应输出的字符。而在打印机输出时，不像显示屏那样会"抹掉"原字符，留下了不可磨灭的痕迹，它能真正反映输出的过程和结果。

2.2.4 指针类型

C 语言中一种重要的数据类型就是指针，指针是 C 语言的特色之一。正确灵活运用指针，可以使程序编写简洁、紧凑、高效。利用指针变量可以有效表示各种复杂的数据结构，如队列(Queue)、栈(Stack)、链表(Linked Table)、树(Tree)、图(Graph)等。因此，熟练掌握和正确使用指针对一个成功的 C 语言程序设计人员来说是十分重要的。

1．指针的概念

为了使读者正确理解指针的概念以便正确地使用指针数据类型，首先解释几个与指针相关的概念。

1) 变量的地址与变量的内容

在计算机中，所有的数据都是以二进制形式存放在内存储器(简称内存)中的。一般把内存中的一个字节称为一个内存单元，不同的数据类型所占用的内存单元数不等。为了正确地访问这些内存单元，必须为每个内存单元编号。根据一个内存单元的编号即可准确地找到该内存单元所在位置，内存单元的编号叫做内存地址。

通过对变量概念的理解可知，C 语言中的每个变量在内存中都要占有一定字节数的存储单元，C 编译系统在对程序编译时会自动根据程序中定义的变量类型在内存中为其分配相应字节数的存储空间，用来存放变量的数值。变量在内存单元中存放的数据，称为变量的内容(Content)，而把存放该数据所占的存储单元位置(即内存地址)，称为变量的地址(Address)。各种类型的数据在计算机内存中的存储形式如图 2.7 所示。

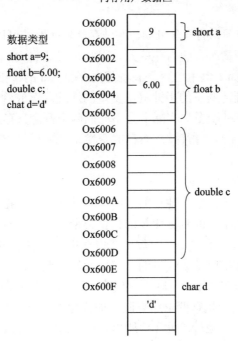

图 2.7 各种类型数据在内存中的存储形式

当编译系统读到说明语句"short a=9;"时，则给变量 a 分配两个字节(即两个存储单元)

的内存空间，它们的地址是 0x6000 和 0x6001(占两个字节单元)。

同样地，说明语句"float b=6.00;"被分配到的内存地址是 0x6002 到 0x6005(占四个字节单元)；"double c;"被分配到的内存地址是 0x6006 到 0x600D(占八个字节单元)；"char d= 'd';"分配的内存地址是 0x600E(占一个字节单元)。

特别注意，变量 a、b、d 在分配内存单元的同时也赋予了相应的初始值数据，而变量 c 只是定义了双精度实数类型，没有给变量赋予初值，编译系统仅为该变量分配了对应的八个字节的内存空间，等待在程序运行过程中随机存放数据。

2) 直接访问(寻址)与间接访问(寻址)

程序中欲对变量进行操作时，可以直接通过变量地址对其存储单元进行存取操作，把这种按变量地址存取变量值的方式称为"直接访问(寻址)"方式。通常情况下，只需要使用变量名就可以直接引用该变量在存储单元中的内容。

例如，对于图 2.6 程序中的变量定义语句：

    short   a=9；

已知编译程序为变量 a 分配了地址从 0x6000 到 0x6001 的两个字节存储单元并被赋予初值 9，变量名 a 的存储单元首地址是 0x6000，那么 a 就代表变量的内容 9。

如果将变量 a 的内存地址存放在另一个变量 p 中，为了访问变量 a，就必须通过先访问变量 p 获得变量 a 的内存首地址 0x6000 后，即经过变量 p "中介"，再到相应的地址中去访问变量 a 并得到 a 的值。把这种间接地得到变量 a 的值的方法称为"间接访问(寻址)"方式，这个专门用来存放内存地址数据的"中介变量 p"就是下面要介绍的指针类型变量，简称为指针变量。

3) 指针和指针变量

由内存单元"间接访问"的概念可知，通过存储单元地址可以找到所需要的变量单元，即该地址"指向"某个变量所在的内存单元。因此在 C 语言中，将一个变量的地址形象地称为该变量的"指针"，如上例中的变量 p 就是内存变量 a 的"指针变量"。

"指针"是一个地址，变量的指针就是变量的地址。存放着指向地址的变量叫做"指针变量"。"指针"和"指针变量"实际上是不同的两个概念。存放变量 a 的内容的存储单元首地址 0x6000 是变量 a 的"指针"，而存放变量 a "指针"的变量 p 才叫"指针变量"，这两个概念一定要搞清楚。

4) 指针变量的数据类型

指针变量是用来存放存储单元地址的，所以指针变量的数据类型并不代表指针变量本身的数据类型，而是它所指向的目标变量的数据类型。因此，目标变量的数据类型决定了指针变量的数据类型。由于各种类型的数据在内存单元中占据的空间(字节数多少)是不同的，所以指针变量只能是指向某个变量的存储单元的首地址，而不能随便指向该空间的其他地址。例如针对上述语句"short a=9;"的指针变量 p 必须指向变量 a 的内容所在单元的首地址 0x6000。因为当一个指针变量运算时，如执行"p++;"之后，指针变量 p 的值就成了 0x6002，已经指向另一个地址单元了。所以，一个指针变量+1 运算后，它会一次性跳过所指向的目标变量的类型所占用内存全部单元，这个"步长"根据数据类型是可变的，如针对字符型为 1；整型为 2；单精度型为 4；双精度型为 8；而针对数组、结构型等变量可以是任意的。

5) 使用指针变量应注意的原则

由于指针变量使用的灵活多样性，因此指针操作极其复杂，使用不当时极易出错，严重时会造成程序的错误甚至瘫痪。因此，使用指针必须注意以下原则：

(1) 指针变量使用前必须明确指向，否则会带来歧义；

(2) 一个类型的指针变量只能用来指向同一数据类型的目标变量，而且必须指向目标变量所在存储单元空间的首地址；

(3) 指针变量指向数组元素时，要注意防止数组下标出界；

(4) 分析程序时要特别注意指针变量当前的值，尤其是在指针变量运算后的当前值。

2. 指针变量的定义

指针变量的使用规则也是必须先定义，后使用。指针变量是专门存放地址的，因此在使用前必须将它定义成指针类型。

1) 指针变量的定义

指针变量定义的一般形式为

　　[类型修饰符] 数据类型　　*变量名列表;

例如：

　　int i,j;

　　int *p1,*p2;

定义了两个整型变量 i、j 和两个指向整型变量的指针变量 p1、p2。

可以分别使每个指针变量指向一个整型变量：

　　p1=&i;

　　p2=&j;

指针变量名遵循标识符的命名规则。

说明：

(1) 变量名前的*号，表示该变量为指针变量，以上定义的 p1 和 p2 是指针变量，而不是说*p1 和*p2 是指针变量。

(2) 指针变量的类型绝不是指针变量本身的类型，不管是整型、实型还是字符型指针变量它们都是用来存放地址的，所以指针变量就其本身来说没有类型之分，这里所说的类型是指它指向的目标变量的数据类型。一个类型的指针变量只能用来指向同一数据类型的目标变量，例如一个整型指针变量只能指向整型变量而不能指向其他类型的变量。也就是说，只有同一类型变量的地址才能够存放到指向该类型变量的指针变量中。

例如：

　　int *p;

　　char *str;

　　float *q;

其中，p 是指向整型数据的指针变量；str 是指向字符型数据的指针变量；q 是指向实型数据的指针变量。

(3) 同一存储属性和同一数据类型的变量、数组、指针等可以在一行中定义。

2) 指针变量的初始化

给指针变量赋予数值的过程称为指针变量初始化。指针变量在定义的同时也可以进行初始化。例如：

```
int *p=&a;
```

说明：

(1) "*"只表示其后面跟的标识符是个指针变量，"&"表示取地址符，取出变量的地址给该指针变量赋值。

(2) 把一个变量的地址作为初始值赋予指针变量时，该变量必须在此之前已经被定义过。因为变量只有在定义后才被分配存储单元。

(3) 指针变量定义时的数据类型必须和它所指向的目标变量的数据类型一致。

(4) 可以用初始化了的指针变量给另一个指针变量进行初始化赋值。例如：

```
int x;
int *p=&x;
int *q=p;        /*用已经赋值的指针变量 p 给另一个指针变量 q 赋值*/
```

(5) 不能用数值作为指针变量的初值，但可以将一个指针变量初始化为一个空指针。例如：

```
int *p=6000;    /*非法*/
int *p=0;        /*合法，代表将 p 初始化为空指针，"0"代表 NULL 的 ASCII 字符*/
```

3) 指针变量的引用

下面通过上述已经出现的两个相关的运算符对指针变量的引用进行说明。

(1) *：称为指针运算符或称为"间接访问内存地址"运算符；在定义时，通过它标明某个变量被定义为指针变量，而在使用时，*p 则表示 p 所指向变量的内容。

(2) &：称为取地址运算符，通过它获得目标变量所在存储单元的地址。

例 2.5 指针变量的引用。

```
#include<stdio.h>
void main()
{
    int age,grade;
    int *pointer_1, *pointer_2;
    age=18;
    grade=1;
    pointer_1=&age;                /*把变量 age 的地址赋给指针变量 pointer_1*/
    pointer_2=&grade;              /*把变量 grade 的地址赋给指针变量 pointer_2*/
    printf("%d, %d\n",age,grade);
    printf("%d, %d\n",* pointer_1, *pointer_2);
}
```

程序运行结果为

```
100, 10
100, 10
```

2.2.5 运算符和表达式

表达式由操作数和运算符构成，操作数描述数据的状态信息，运算符限定了建立在操作数之上的处理动作。简单的运算符表达式对应着程序设计语言中的一条指令。在表达式后加一个分号";"就构成表达式语句，用于表达式的求值计算。例如"x=y"是赋值表达式，"x=y；"是赋值语句。

运算符也称操作符，是一种表示对数据进行某种运算处理的符号。C 语言编译器通过识别这些运算符，完成各种算术运算、逻辑运算、位运算等运算。C 语言的运算符按所完成的运算操作性质可以分为算术运算符、关系运算符、逻辑运算符、赋值运算符和其他运算符五类；按参与运算的操作数又可以分为单目运算符、双目运算符与三目运算符。

运算符具有优先级(Precedence)和结合性(Associativity)。运算符的优先级是指运算符执行的先后顺序。第 1 级优先级最高，第 15 级优先级最低。表达式求值按运算符的优先级别从高到低的顺序进行，通过圆括号运算可改变运算的优先顺序。运算符的结合性是指优先级相同的运算从左到右(左结合性)还是从右至左进行(右结合性)，左结合性是人们习惯的计算顺序。当一个表达式包含多个运算符时，先进行优先级高的运算，再进行优先级低的运算。如果表达式中出现了多个相同优先级的运算，运算顺序就要看运算符的结合性了。表 2.6 按运算的优先级(从高到低)列出了 C 语言所有的操作符。

表 2.6 运算符优先级和结合性

优先级	运算符	名 称	操作数个数	结合规则
1	( ) [ ] -> .	圆括号运算符 数组下标运算符 指向结构指针成员运算符 取结构成员运算符		-> (从左至右)
2	! ~ ++ -- - (类型) * & sizeof	逻辑非运算符 按位取反运算符 自增运算符 自减运算符 负号运算符 强制类型转换运算符 取地址的内容(指针运算) 取地址运算符 求字节数运算符	1 (单目运算符)	<- (从右至左)
3	* / %	乘法运算符 除法运算符 求余运算符	2 (双目运算符)	->
4	+ -	加法运算符 减法运算符	2 (双目运算符)	->
5	<< >>	左移运算符 右移运算符	2 (双目运算符)	->

优先级	运算符	名　　称	操作数个数	结合规则
6	 ＜ ＜= ＞ ＞=	小于运算符 小于等于运算符 大于运算符 大于等于运算符	2 (双目运算符)	->
7	== !=	等于运算符 不等于运算符	2 (双目运算符)	->
8	&	按位"与"运算符	2 (双目运算符)	->
9	^	按位"异或"运算符	2 (双目运算符)	->
10	|	按位"或"运算符	2 (双目运算符)	->
11	&&	逻辑与运算符	2 (双目运算符)	->
12	||	逻辑或运算符	2 (双目运算符)	->
13	?:	条件运算符	3 (三目运算符)	<-
14	= += -= *= /= %= >>= <<= &= ^ =|=	赋值运算符	2 (双目运算符)	<-
15	,	逗号运算符(顺序求值运算符)		->

　　表达式是描述运算过程并且符合 C 语法规则的式子,用以描述对数据的基本操作,是程序设计中描述算法的基础。表达式由运算符和操作数组成,操作数是运算符的操作对象,可以是常量、变量、函数和表达式。

　　例如:a/b+9*c+'d' 就是一个合法的 C 语言表达式。

　　C 语言的表达式虽然源于数学表达式,是数学表达式在计算机中的表示,但是限于计算机识别文字符号的特殊性,将数学表达式在计算机世界中表示出来需要严格遵循 C 语言表达式书写的原则。

　　(1) C 语言的表达式采用线性形式书写。例如:数学表达式 $\frac{1}{6} - i + j^6$ 应该写成 1/6-i+j*j*j*j*j*j。

　　(2) C 语言的表达式只能使用 C 语言中合法的运算符和操作数,对有些操作必须调用 C 语言提供的标准库函数完成,而且运算符不能省略。例如:

　　$2\pi r$ 应该写成 2*3.14159*r

　　$\sqrt{b^2 - 4ac}$ 应该写成 sqrt(b*b-4*a*c)

　　|z-y| 应该写成 fabs(z-y),其中变量 y 和 z 是 double 型变量。

$2\sin\alpha\cos\alpha$ 应该写成 2*sin(alpha)*cos(alpha)，由于 α 不能在 C 语言中显示，所以我们定义一个 double 型变量 alpha 代替 α。

C 语言表达式的种类很多，有多种分类方法。一般根据运算的特征将表达式分为：算术表达式、关系表达式、逻辑表达式、赋值表达式、条件表达式、逗号表达式等。下面就来详细讨论各种类型的运算符及表达式。

1. 算术运算符和算术表达式

1）算术运算符

C 语言中的算术运算符包括基本算术运算符和自增自减运算符。

(1) 基本算术运算符。基本算术运算符包括双目的 "+"、"–"、"*"、"/" 四则运算符，"%" 运算符以及单目的 "–"(负号)运算符。

说明：

① 基本算术运算符的意义与数学中相应符号的意义是一致的。它们之间的相对优先级关系与数学中也是一致的，即先乘除、后加减，同级运算自左至右进行。

② 两个整数相除的结果仍为整数，自动舍去小数部分的值。若其中一个操作数为实数时，则整数与实数运算的结果为 double 型。例如，6/4 与 6.0/4 运算的结果是不同的，6/4 的结果值为整数 1，而 6.0/4 的结果值为实型数 1.5。若两操作数都是正的，则两者相除的结果是小于两者代数商的最大整数；若两操作数中至少有一个为负，则相除的结果可以是小于等于两者代数商的最大整数，也可以是大于两者代数商的最小整数，具体取值依赖于具体的编译系统。例如：

设 a=13，b=-4，c=-13，则：

a/b 的结果可以是–3，也可以是–4；

c/b 的结果可以是 3，也可以是 4(取决于具体的编译系统)。

③ 运算符 "–" 除了用作减法运算符之外，还有另一种用法，即用作负号运算符。用作负号运算符时只要一个操作数，其运算结果是取操作数的负值。如– (3+5)的结果是–8。

④ 求余运算也称求模运算，即求两个数相除之后的余数。求模运算要求两个操作数只能是整型数据，如 5.8%2 或 5%2.0 都是不正确的。其中，运算符左侧的操作数为被除数，右侧的操作数为除数(除数不能为 0，否则会引起异常)，运算结果为整除后的余数，余数的符号与被除数的符号相同。例如：

12%7=5，12%(–7)=5，(–12)%7=–5

(2) 自增、自减运算符。C 语言有两个自增和自减运算符，分别是 "++" 和 "--"。

① 自增运算符的一般形式为：++。自增运算符是单目运算符，操作数只能是整型变量，有前置、后置两种方式：

++i，在使用 i 之前，先使 i 的值增加 1，又称其为先增后用。

i++，先使用 i 的值，然后使 i 的值增加 1，又称其为先用后增。

自增运算符优先级处于第 2 级，结合性自右向左。

② 自减运算符的一般形式为--。自减运算符与自增运算符一样也是单目运算符，操作数也只能是整型变量，同样有前置、后置两种方式：

--i，在使用 i 之前，先使 i 的值减 1，又称其为先减后用。

i--，先使用 i 的值，然后使 i 的值减 1，又称其为先用后减。

自减运算符和自增运算符一样，优先级也处于第 2 级，结合性自右向左。

说明：

① 自增、自减运算符只能用于整型变量，而不能用于常量或表达式。

② 自增、自减运算比等价的赋值语句生成的目标代码更高效。

③ 该运算常用于循环语句中，使循环控制变量自动加、减 1，或用于指针变量，使指针向下递增或向上递减一个地址。

④ C 语言的表达式中"++"，"--"运算符，如果使用不当，很容易导致错误。

例如：表达式"i+++++j"在编译时是通不过的，应该写成：

    (i++)+ (++j)

又如，设 i=3，则表达式"k=(i++)+(i++)+(i++)"的值是多少呢？

在 VC++6.0 环境中，把 3 作为表达式中所有 i 的值，3 个 i 相加得到 k=9，然后 i 自加三次，i=6。相当于：

    k=i+i+i; i++; i++; i++;

再如，设 i=3，则表达式"k=(++i)+(++i)+(++i)"的值是多少呢？

在 VC++中，从左到右使 i 增加，结果为 k=16，i=6；先计算了两个++i，它相当于

    ++i; ++i; k=i+i+(++i);

不同的 C 编译系统结合方式不一样，所以以不同的编译系统中，针对上述表达式得出的答案并不一定同编程者的原意相同。所以在使用"++"和"--"时要特别小心，避免出现歧义性。如要避免 k=(i++)+(i++)+(i++)出现歧义性，可写为

    A=i++;

    B=i++;

    C=i++;

    k=A+B+C;

例 2.6 自增自减运算的应用。

```c
#include "stdio.h"
void main()
{ int i,j;
    i=j=5;
    printf ("i++=%d, j--=%d\n", i++, j--);
    printf ("++i=%d, --j=%d\n", ++i, --j);
    printf ("i++=%d, j--=%d\n", i++, j--);
    printf ("++i=%d, --j=%d\n", ++i, --j);
    printf ("i=%d, j=%d\n", i, j);
}
```

运行结果：

    i++=5, j--=5

    ++i=7, --j=3

    i++=7, j--=3

```
++i=9, --j=1
i=9, j=1
```

2) 算术表达式

算术表达式由算术运算符和操作数组成，相当于数学中的计算公式。算术表达式可以出现在任何值出现的地方，如 a+2*b-5，18/3*(2.5+8)-'a'等。算术表达式类似于数学中的表达式，这里不再赘述了。

2．关系运算符和关系表达式

关系运算实际上就是比较运算，这种运算将两个值进行比较，根据两个值比较运算的结果给出一个逻辑值(即真假值)。C 语言没有专门提供逻辑类型，而是借用整型、字符型和实型来描述逻辑值，逻辑数据真为"1"，逻辑数据假为"0"；但在使用中判断一个量是否为"真"时，以"0"代表"假"，以非"0"代表"真"。

1) 关系运算符及其优先次序

C 语言提供了 6 种关系运算符，即"<"，"<="，">"，">="，"=="和"!="，其具体含义、优先级及结合性见表 2.6。

2) 关系表达式

用关系运算符将两个表达式(可以是算术表达式，关系表达式，逻辑表达式，赋值表达式或者字符表达式等)连接起来的式子，称为关系表达式。关系表达式是逻辑表达式中的一种特殊情况，由关系运算符和操作数组成，关系运算完成两个操作数的比较运算。例如：a/21+3>b，(a=3)>(b=5)，'a'< 'b'，(a>b)<(b<c)等都是关系表达式。

关系表达式的结果只能有真(true)和假(false)两种可能性。在 C 语言中，true 是不为 0 的任何值，表示其逻辑值为"真"；而 false 是"0"，表示其逻辑值为"假"。

例如：若 a=3，b=2，c=1　　则

a>b	表达式的值为 1，即代表其逻辑值为"真"
(a>b)= =c	表达式的值为 1，即代表其逻辑值为"真"
b+c<a	表达式的值为 0，即代表其逻辑值为"假"
d=a>b	表达式的值为 1，即代表其逻辑值为"真"
f =a>b>c	表达式的值为 0，即代表其逻辑值为"假"

注意：

(1) 由于关系运算符的结果不是 0 就是 1，因而它们的值也可作为算术值处理。例如：

```
int x;
x=100;
printf("%d", x>10);    /*这个程序输出为 1*/
```

(2) 注意与数学公式的区别。例如：int a=8, b=5, c=2; 数学上 a>b>c 成立，但 C 语言的表达式 a>b>c 却不成立，其结果为"0"，而不是"1"。只有写成 a>b&&b>c，结果才是"1"。

3．逻辑运算符和逻辑表达式

逻辑运算实际上也是比较运算，这种运算将两个操作数的逻辑值进行比较，根据两个逻辑值的运算结果得出一个逻辑值(也是真假值)。

1) 逻辑运算符及其优先次序

C 语言提供了 3 种逻辑运算符：&&、‖、!，其具体含义、优先级及结合性见表 2.7。

2) 逻辑表达式

用逻辑运算符将表达式连接起来的式子就是逻辑表达式。逻辑表达式由逻辑运算符和关系表达式或逻辑量组成，逻辑表达式用于程序设计中的条件描述。例如，!a，a+3 && b，x ‖ y，(i>3)&&(j=4)等都是逻辑表达式。逻辑表达式的结果只能有真(true)和假(false)两种可能性。逻辑运算真值表如表 2.7 所示。

表 2.7　逻辑运算真值表

a	b	a&&b	a‖b	!a	!b
0	0	0	0	1	1
0	非 0	0	1	1	0
非 0	0	0	1	0	1
非 0	非 0	1	1	0	0

注意：在计算逻辑表达式时，&&和‖是一种短路运算。所谓短路运算，是指在计算的过程中，只要表达式的值能确定，便不再计算下去。如果逻辑与运算到某个操作数为假，可确定表达式的值为假时，剩余的操作数就不再继续考虑；如果逻辑或运算到某个操作数为真，可确定表达式的值为真时，剩余的操作数也不再需要考虑。例如：

(1) e1&&e2，若 e1 为 0，则可确定表达式的值为逻辑 0，便不再计算 e2。

(2) e1‖e2，若 e1 为真，则可确定表达式的值为真，也不再计算 e2。

(3) 注意与数学式子的区别。例如：当 a=8，b=5，c=2 时，数学写法 a>b>c 成立，但 C 语言的逻辑表达式必须写成 a>b&&b>c。

4．条件运算符和条件表达式

条件运算实际上也是比较运算，这种运算将两个以上的操作数运算后的逻辑值进行比较，根据其结果的逻辑值(也是真假值)进行判断并决定执行的顺序。

1) 条件运算符

(1) 在条件表达式中，条件运算符能用来代替某些 if-else 形式的语句功能。在 C 语言中，它是一个功能强大、使用灵活的运算符。

(2) 条件运算符由"？"和"："联合组成。一般形式如下：

　　　表达式 1？　表达式 2：表达式 3

条件运算符的含义是：表达式 1 必须为逻辑表达式，如果表达式 1 的值为真(非零)，则计算表达式 2 的值，并将它作为整个表达式的值；如果表达式 1 的值为假(零)，则计算表达式 3 的值，并把它作为整个表达式的值。即如果表达式 1 为真，则条件表达式取表达式 2 的值，否则取表达式 3 的值。例如：

　　　max=(a>b)？a：b；

如果 a>b 成立，则 max 取 a 的值，否则就取 b 的值。

条件表达式具体含义、优先级及结合性见表 2.6。

说明：

① 条件运算符是 C 语言中唯一的一个三目运算符。

② 条件运算符优先于赋值运算符。

③ 条件运算符的结合方向为"从右向左"。

例如：

　　a>b？a：c>d？c：d　　等价于　a>b？a：(c>d？c：d)

如果 a=1，b=2，c=3，d=4，则条件表达式的值为 4。

④ 表达式 1、2、3 可以是任意类型(字符型，整形、实型)的表达式。

2) 条件表达式

条件表达式由条件运算符和操作数组成，用以将条件语句以表达式的形式出现，完成选择判断处理。它简化了条件判断语句(或分支程序结构)的构造。

例 2.7　条件表达式的应用——判断成绩是否及格

```
#include "stdio.h"
void main()
{   int score;
    scanf("%d", &score);
    score>=60?printf("%s","Pass"):printf("%s","Not Pass");
}
```

5. 逗号运算符和逗号表达式

逗号运算提供了一个顺序求值运算形式，相当于某操作数的一个接力运算。

1) 逗号运算符

逗号运算符又称为顺序求值运算符，其具体含义、优先级及结合性见表 2.7。逗号运算符只能用于逗号表达式中，一般形式如下：

　　表达式 1，表达式 2

逗号运算符的含义是：先计算表达式 1，再计算表达式 2，并以此作为整个表达式的值。例如表达式："a=3*5，a*4"，先求解 a=3*5 得 a=15，然后求解 a*4 得 60，所以整个逗号表达式的值是 60。

2) 逗号表达式

逗号表达式由逗号运算符和操作数组成，用以将多个表达式连接成一个表达式。也就是将要计算的一些表达式放在一起，用逗号分隔，并以最后一个表达式的值作为整个表达式的最终结果值。逗号表达式的更一般使用形式为

　　表达式 1，表达式 2，表达式 3，…，表达式 n

计算时顺序求表达式 1、表达式 2、直至表达式 n 的值，但整个表达式的值是由表达式 n 的值决定的。例如整个表达式"x=a=3,6*x,6*a,a+x"的值为 6。

说明：

(1) 圆括号在逗号表达式的应用。例如：下面两个表达式是不相同的：

　　x=(a=3,6*3)

　　x=a=3,6*3

前一个是赋值表达式，将逗号表达式的值赋给变量 x，x 的值等于 18；下面一个是逗号表达式，它包含一个赋值表达式和一个算术表达式，x 的值是 3，整个表达式的值是 18。

（2）逗号表达式可以嵌套。例如：整个表达式"(a=3*5,a*4),a+5"的值为 20。

（3）求解逗号表达式时，要注意其他运算符的优先级。例如：

　　i=3，i++，i++，i+5

先求解赋值表达式"i=3"（"="优于","），i 的值为 3，然后 i 自增两次。i 的值变为 5，然后求解 i+5，得到表达式"i+5"的值为 10，因此整个逗号表达式的值为 10。

（4）逗号表达式是把若干个表达式"串连"起来。在许多情况下，使用逗号表达式的目的只是想分别得到各个表达式的值，而并非一定要得到和使用整个逗号表达式的值，逗号表达式最常用于 for 语句中。

6. 赋值运算符和赋值表达式

赋值运算是一种在程序设计中应用十分频繁的操作，通过赋值运算可以访问存储单元内容，让变量得到初始值，完成表达式的计算等。

1）赋值运算符

赋值运算符用在赋值表达式中。其作用是计算"="右边表达式的值并存入"="左边的变量中，其具体含义、优先级及结合性见表 2.6。

2）赋值表达式

赋值表达式由赋值运算符和操作数组成。赋值表达式的一般格式为

　　<变量名>=<表达式>

赋值运算符的右边是表达式，此表达式可以是常量、变量或具有确定值的数据；左边可以是变量或数组元素。赋值表达式的末尾加上分号就是赋值语句。赋值表达式通常用来构造赋值语句，也常用在条件语句中。如 i=20；或 j=i；等就是赋值语句。

3）复合赋值运算符

（1）在基本赋值运算符"="之前加上任一双目算术运算符及位运算符可构成赋值运算符，又称带运算的赋值运算符。

（2）复合赋值运算符分类：

算术复合赋值运算符有 5 种：+=、−=、*=、/=、%=

位复合赋值运算符有 5 种：　<<=、>>=、&=、^=、|=

复合赋值运算符的优先级和结合性同赋值运算符，优先级为 14 级，结合性从右至左。

4）复合赋值表达式

复合赋值表达式是由复合赋值运算符将一个变量和一个表达式连接起来的式子。复合赋值运算表达式的一般形式为

　　变量☆=表达式

该表达式等价于：变量=变量☆表达式，其中，☆号代表任一双目运算符或位运算符。

引入复合赋值运算符的目的：一是为了简化程序，使程序精炼；二是为了提高编译效率。

例 2.8　赋值运算应用实例。

```
#include "stdio.h"
void main()
{
    long id;
```

```
        int age;
        float englishScore, mathScore,score;
        id=10002;
        age=19;
        englishScore=90.5;
        mathScore=88.5;
        printf ("id=%ld, age=%d\n", id, age);
        score=englishScore+mathScore;
        printf ("englishScore=%4.2f,mathScore=%4.2f\n", englishScore, mathScore);
        printf ("total=%4.2f,n",score);
        score/=2;
        printf ("avg=%4.2f,n",score);
    }
```

运行结果为

```
    id=10002, age=19
    englishScore=90.50, mathScore=88.50
    total=179.00
    avg=89.50
```

7. 位运算符和位运算表达式

数据在计算机里是以二进制形式表示的。在实际问题中，常常也有一些数据对象的情况比较简单，只需要一个或几个二进制位就能够编码表示，如果大量的这种数据用基本数据类型表示，对计算机资源是一种浪费。另一方面，许多系统程序需要对二进制位表示的数据直接操作，例如许多计算机硬件设备的状态信息通常是用二进制位串形式表示的；如果要对硬件设备进行操作，也要送出一个二进制位串的方式发出命令。因此 C 语言提供的对二进制位的操作功能，称为位运算。

位运算仅应用于整型数据，即把整型数据看成是固定的二进制序列，然后对这些二进制序列进行按位运算。

1) 位运算符

位运算符包括位逻辑运算符 4 种：&、|、^、~；位移位运算符 2 种：<<、>>。其具体含义、优先级及结合性见表 2.7。

2) 位运算表达式

位运算表达式由位运算符和操作数组成，位运算对整型数据内部的二进制位进行按位操作。

(1) 位逻辑运算。

① 按位取反运算。

按位取反运算符：~

按位取反运算用来对一个二进制数按位求反，即 "1" 变为 "0"，"0" 变为 "1"。例如机器字长为 8 位，对十进制整数 5 进行按位取反运算，5 的二进制数是 00000101(用十六进制数表示为 0x05)，按位取反操作后得到的结果是 11111010(用十六进制数表示为 0xfa)。

按位取反运算常用于产生一些特殊的数。如高 4 位全"1"低 4 位全"0"的数 0xf0，按位取反后变为 0x0f。例如，~1 运算后，在 8 位、16 位和 32 位计算机系统中，它都表示只有最低位为"0"的整数。

按位取反运算还常用于加密子程序。例如，对文件加密时，一种简单的方法就是对每个字节按位取反，例如：

初始字节内容　　　　00000101

一次取反后　　　　　11111010

二次取反后　　　　　00000101

在上述操作中，经连续两次求反后，又恢复了原始初值，因此，第一次求反可用于加密，第二次求反可用于解密。

② 按位与运算。

按位与运算符：&

按位与运算的规则是：若两个操作数的对应位都是 1，则该位的运算结果为 1，否则为"0"。例如：0x29&0x37 的运算，0x29 与 0x37 的二进制表示为：00101001 与 00110111，按位与运算后的结果为：00100001，即 0x21。

按位与运算主要用途是清零、指定取操作数的某些位或保留操作数的某些位。例如：

a&0 运算后，将使数 a 清 0。

a&0xF0 运算后，保留数 a 的高 4 位为原值，使低 4 位清 0。

a&0x0F 运算后，保留数 a 的低 4 位为原值，使高 4 位清 0。

③ 按位或运算。

按位或运算符：|

按位或运算的规则是：若两个操作数的对应位都是 0，则该位的运算结果为 0，否则为 1。例如：0x29|0x37 的运算，0x29 与 0x37 的二进制表示为：00101001 与 00110111，按位或运算后的结果为：00111111，即等于 0x3f。

利用或运算的功能可以将操作数的部分位或所有位置为 1。例如：

a|0x0F 运算后，使操作数 a 的低 4 位全置 1，其余位保留原值。

a|0xFF 运算后，使操作数 a 的每一位全置 1。

④ 按位异或运算。

按位异或运算符：^

按位异或运算的规则是：若两个操作数的对应位相同，则该位的运算结果为 0，否则为 1。例如：0x29 ^ 0x37 的运算，0x29 与 0x37 的二进制表示为：00101001 与 00110111，按位异或的结果为：00011110，即等于 0x1e。

利用 ^ 运算的功能可以将数的特定位翻转，保留原值，不用中间变量就可以交换两个变量的值。例如：

a ^ 0x0F 运算后，将操作数 a 的低 4 位翻转，高 4 位不变。

a ^ 0x00 运算后，将保留操作数 a 的原值。

a=a ^ b；b=b ^ a；a=a ^ b；运算后，不用中间变量交换 a、b 的值，就可以实现操作数 a 和 b 的交换。若 a=3, b=4，则要求将 a 和 b 的内容交换。

使用中间变量交换：

　　　c=a；a=b；b=c；

采用异或运算交换：

　　　a=a＾b；b=b＾a；a=a＾b；

因为

　　　b=b＾a= b＾(a＾b)= b＾a＾b= b＾b＾a=0＾a=a

　　　a=a＾b= a＾(b＾a)= a＾b＾a= a＾a＾b=0＾b=b

(2) 移位运算。

① 向左移位运算。

左移位运算符：<<

左移位运算的左操作数是要进行移位的整数，右操作数是要移的位数。

左移位运算的规则是将左操作数的高位左移后溢出并舍弃，空出的右边低位补 0。例如：15<<2 运算，15 的二进制表示为 00001111，左移 2 位的结果为 00111100，等于 60。

左移 1 位相当于该数乘以 2，左移 2 位相当于该数乘以 $4(2^2)$。使用左移位运算可以实现快速乘 2 运算。

② 右移位运算。

右移位运算符：>>

右移位运算的左操作数是要进行移位的整数，右操作数是要移的位数。

右移位运算规则是低位右移后被舍弃，空出的左边高位，对无符号数补入 0；对带符号数，正数时空出的左边高位补入 0，负数时空出的左边高位补入其符号位的值(算术右移)。例如：15>>2 的运算，15 的二进制表示为 00001111，右移 2 位的结果为 00000011，结果为 3；–15>>2 的运算，–15 的二进制表示为 11110001，右移 2 位的结果为 11111100，结果为–4。

右移 1 位相当于该数除以 2，右移 2 位相当于该数除以 $4(2^2)$。使用右移位运算可以实现快速除 2 运算。

例 2.9　取一个正整数 a(用二进制数表示)从右端开始的 4～7 位(最低位从 0 开始)。

```
#include "stdio.h"
void main()
{
    unsigned int a,b,c,d;
    scanf("%o",&a);             /*八进制形式输入 */
    b=a>>4;                     /*a 右移四位 */
    c=~(~0<<4);                 /*得到一个 4 位全为 1，其余位为 0 的数 */
    d=b&c;                      /*取 b 的 0～3 位，即得到 a 的 4～7 位 */
    printf("a=%o, a(4~7)=%o",a,d);
}
```

输入数据：

　　　123

运行结果为

a=123，a(4～7)=5

8．其他运算表达式

其他运算主要介绍取地址运算：&，求字节数运算：sizeof，括号运算：()和[]，其具体含义、优先级及结合性见表 2.6。

1) 取地址运算

取地址运算符：&

取地址运算可以得到变量的地址，其操作数只能是变量。C 语言程序设计中的许多场合要用到地址数据。例如：输入函数 scanf()，输入参数就要求是地址列表，其操作结果是将读入的数据送到变量对应的存储单元中。例如：

scanf("%d, %f", &a, &b);

其中，&a，&b 是地址列表，该语句表示输入变量 a，b 的值。

2) 求字节数运算

求字节数运算符：sizeof

求字节数运算的操作数可以是类型名，也可以是变量、表达式，运算后可以求得相应类型或数据所占的字节数，即它返回变量或类型修饰符的字节长度。

例如：

```
float f;
printf("%d", sizeof(f));         /*输出实型变量 f 所占的存储单元字节个数*/
printf("%d", sizeof(int));       /*输出整型类型所占的存储单元字节个数*/
```

不同的编译环境下，同样类型进行求字节数运算，其结果可能是不同的，如在 TurboC2.0 环境下，输出的结果为 4 和 2，而在 VC++环境下输出结果为 4 和 4。

使用 sizeof 的目的是为了增强程序的可移植性，使之不受计算机固有的数据类型长度限制。sizeof 用于数据类型时，数据类型必须用圆括号括起来；用于变量时，可以不用圆括号括起来。例如：sizeof(int)；sizeof(f)与 sizeof f 等价。

3) 括号运算

在其他语言中，括号是某些语法成分的描述符，但 C 语言中还将括号作为运算符处理。

(1) 圆括号运算符。

圆括号运算符：()

圆括号运算一方面用来改变运算的优先级顺序，圆括号在运算符优先级内最优先；另一方面可以用来强制数据类型转换。例如：

① (double)a 运算是将变量 a 的值强制改变为 double 类型。

② (int)(x+y) 运算是将(x+y)的值强制改变为整型。

③ (float)5/2 运算，本来 5/2 运算结果为 2，属于整型运算，经此强制类型转换后使数据类型变为实型，结果为 2.5，等价于：5.0/2。

(2) 下标运算符。

下标运算符：[]

下标运算符又称中括号运算符，主要用在数组中，用于得到数组的分量下标值。其应用详见数组章节内容。

9．表达式的类型转换

当不同类型的变量和常量在表达式中混合使用时，它们最终将转换为同一类型。最终类型是表达式中数据取值域最长的类型。C 语言提供了自动类型转换、强制类型转换和赋值表达式中的类型转换三种情况。

1) 自动类型转换

自动类型转换是编译系统自动进行的。自动类型转换遵循以下规则：

(1) 若参与运算量的类型不同，则先转换成同一类型，然后进行运算。

(2) 转换按数据长度增加的方向进行，以保证精度不降低。如 int 型和 long 型运算时，先把 int 量转成 long 型后再进行运算。

(3) 所有的浮点运算都是以双精度进行的，即使仅含 float 单精度量运算的表达式，也要先转换成 double 型，再作运算。

(4) char 型和 short 型参与运算时，必须先转换成 int 型。

总之，转换的顺序是由精度低的类型向精度高的类型转换的，即转换次序是

　　　char，short->int->unsigned->long-> double <-float

例如：表达式 10+'a'+1.5-8765.1234*'b'，在计算机执行的过程中从左向右扫描，运算次序为

① 进行 10+'a'的运算，先将'a'转换成为整数 97，计算结果为 107；

② 将 107 转换成 double 型的，再与 1.5 相加，结果是 double 型；

③ 由于"*"比"-"优先，故先进行 8765.1234*'b'的运算，运算时同样先将'b'转换成为整型数，然后再转换为实型数后计算，但是计算结果是 double 型数；

④ 最后，将两部分计算的结果相减，结果为 double 型数。

2) 强制类型转换

通过使用强制类型转换，可以把表达式的值强迫转换为另一种特定的类型。

一般的形式如下：

　　　(类型)表达式

其中，类型是 C 语言中的基本数据类型。例如：(float)x/2 强迫 x 的值为单精度型。

强制类型转换是单目运算符，它与其他单目运算符有相同的优先级。

注意：由于强制运算符的优先级比较高，所被强制部分要用圆括号括起来。另外，被强制改变类型的变量仅在本次运算中有效，其原来的数据类型在内存中保持不变。

3) 赋值表达式中的类型转换

若赋值表达式的表达式类型和被赋值的变量的类型不一致，则表达式的类型被自动转换为变量的类型之后再进行赋值。

(1) 将实型数据(包括单、双精度)赋给整型变量时，舍弃实数的小数部分。如 i 为整型变量，执行"i=5.55"的结果是使 i 的值为 5，在内存中以整数形式存储。

(2) 将整型数据赋给单、双精度变量时，数值不变，但以浮点数形式存储到变量中，如将 35 赋给 float 变量 f，即 f=35，先将 35 转换成 35.000000，再存储在 f 中。如将 35 赋给 double 型变量 d，即 d=35，以双精度浮点数形式将 35 存储到 d 中。

(3) 将一个 double 型数据赋给 float 变量时，截取其前面 7 位有效数字，存放到 float

变量的存储单元(32 位)中。但应注意数值范围不能溢出。例如：

```
float f;
double d=123.456789e100;
f=d;
```

就出现溢出的错误。

将一个 float 型数据赋给 double 变量时，数值不变，有效位数扩展到 16 位，在内存中以 64 位存储。

(4) 字符型数据赋给整型变量时，由于字符只占 1 个字节，而整型变量为 2 个字节，因此将字符数据(8 位)放到整型变量低 8 位中。有两种情况：

① 如果所用系统将字符处理为无符号的量或对 unsigned char 型变量赋值，则将字符的 8 位放到整型变量低 8 位，高 8 位补 "0"。例如：将字符 '\366' 赋给 int 型变量 i，如图 2.8(a)所示。

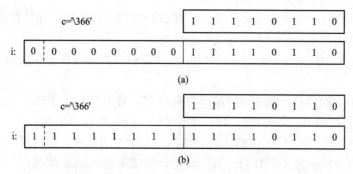

图 2.8 字符型数据赋给整型变量时变量变化示意图

② 如果所用系统(如 Turbo C)将字符处理为带符号的(即 signed char)，若字符最高位为 "0"，则整型变量高 8 位补 "0"；若字符最高位为 1，则高 8 位全补 "1"，如图 2.8(b)所示。这称为 "符号扩展"，这样做的目的是使数值保持不变，如变量 c(字符 '\366')以整数形式输出为−10，i 的值也是-10。

(5) 将一个 int、short、long 型数据赋给一个 char 型变量时，只将其低 8 位原封不动地送到 char 型变量(即截断)。例如：

```
int i=307;
char c='a';
c=i;
```

赋值情况如图 2.9 所示。c 的值为 51，如果用 "%c" 输出 c，将得到字符 '3' (其 ASCII 码为 51)。

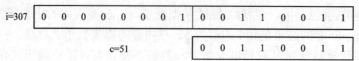

图 2.9 给 char 型变量赋值时变量变化示意图

(6) 在某些编译环境下，将带符号的整型数据(int 型)赋给 long 型变量时，要进行符号扩展，将整型数的 16 位送到 long 型低 16 位中，如果 int 型数据为正值(符号位为 "0")，则 long 型变量的高 16 位补"0";如果 int 型变量为负值(符号位为"1"),则 long 型变量的高 16 位补"1",以保持数值不改变。反之,若将一个 long 型数据赋给一个 int 型变量,只将 long 型数据中低 16 位原封不动地送到整型变量(即截断)。

(7) 将 unsigned int 型数据赋给 long int 型变量时,不存在符号扩展问题,只需将高位补"0"即可。将一个 unsigned 类型数据赋给一个占字节数相同的整型变量(例如:unsigned int=>int,unsigned long=>long,unsigned short=>short),将 unsigned 型变量的内容原样地送到非 unsigned 型变量中,但如果数据范围超过相应整型的范围,则会出现数据错误。

(8) 将非 unsigned 型数据赋给长度相同的 unsigned 型变量,也是原样照赋(连原有的符号位也作为数值一起传送)。

以上的赋值规则看起来比较复杂,其实,不同类型的整型数据间的赋值归根到底就是一条:按存储单元中的存储形式直接传送。

例 2.10　赋值表达式中的类型转换。

```c
void main()
{
    int i=43;
    float a=55.5,a1;
    double b=123456789.123456789;
    char c='B';
    printf("i=%d,a=%f,b=%f,c=%c\n",i,a,b,c); /* 输出 i,a,b,c 的初始值 */
    a1=i;                /* int 型变量 i 的值赋值给 float 型变量 a1*/
    i=a;                 /*float 型变量 a 的值赋值给 int 型变量 i,会舍去小数部分*/
    a=b;                 /*double 型变量 b 的值赋值给 float 型变量 a,有精度损失*/
    c= i;                /*int 型变量 i 的值赋值给 char 变量 c,会截取 int 型低 8 位*/
    printf("i=%d,a=%f,a1=%f,c=%c\n",i,a,a1,c);  /*输出 i, a, a1, c 赋值以后的值 */
}
```

运行该程序的输出结果如下:

i=43，a=55.500000，b=123456789.123457，c=B

i=55，a=123456792.000000，a1=43.000000，c=7

2.3　单个学生信息管理系统实现

在第 1 章中,对学生信息管理系统需求进行了简要分析,而本章学习了基本数据类型后,可对单个学生的一些基本信息进行管理,实现系统的部分功能。

源代码如下:

```
/**********************************************
作者:C 语言程序设计编写组
版本:v1.0
创建时间:2015.8
```

主要功能:

单个学生信息管理系统

1. 实现对学生基本信息的输入及输出。

2. 求学生 3 门课成绩的平均值。

附加说明:

系统功能未完全实现,还需完善。

```c
*********************************************/
#include<stdio.h>        /*I/O 函数*/
#include<stdlib.h>       /*其他说明*/
int main()
{
    /* 变量说明*/
    long code;           /*学号*/
    int age;             /*年龄*/
    char sex;            /*性别*/
    float   score1;      /*c 语言成绩*/
    float   score2;      /*高数成绩*/
    float   score3;      /*英语成绩*/
    float total,avg;
    /* 欢迎界面*/
    printf(" \n\n                    \n\n");
    printf("   **************************************************** \n\n");
    printf("   *                 学生信息管理系统              *\n \n");
    printf("   **************************************************** \n\n");
    printf("*******************系统功能菜单************************* \n");
    printf("      ---------------------    ---------------------    \n");
    printf("    ***************************************        \n");
    printf("    * 0. 系统帮助及说明  * *  1. 刷新学生信息   *    \n");
    printf("    ***************************************        \n");
    printf("    * 2. 查询学生信息    * *  3. 修改学生信息    *    \n");
    printf("    ***************************************        \n");
    printf("    * 4. 增加学生信息    * *  5. 按学号删除信息  *    \n");
    printf("    ***************************************        \n");
    printf("    * 6. 显示当前信息    * *  7. 保存当前学生信息*    \n");
    printf("    ****************** *******************        \n");
    printf("    * 8. 退出系统        *              \n");
    printf("    *******************              \n");
    printf("      ---------------------    ---------------------    \n");
    /*录入学生信息*/
```

```
printf("        *  录入学生信息:     \n");
printf("        ******************************************            \n");
printf("请输入学生的学号:\n");
scanf("%d",&code);
printf("请输入学生的年龄:\n");
scanf("%d",&age);
printf("请输入学生的性别:\n");
scanf(" %c",&sex);
/*显示学生信息*/
printf("        ---------------------    ---------------------    \n");
printf("        ******************************************            \n");
printf("        *  显示学生信息:     \n");
printf("        ******************************************            \n");
printf("        学生学号   年龄 性别          \n");
printf("--------------------------------------------------------------\n");
printf("        %6d   %6d %6c \n",code,age,sex);
/*录入学生考试成绩*/
printf("        ---------------------    ---------------------    \n");
printf("        ******************************************            \n");
printf("        *  录入学生考试成绩:     \n");
printf("        ******************************************            \n");
printf("请输入学生的 C 语言成绩:\n");
scanf("%f",&score1);
printf("请输入学生的高数成绩:\n");
scanf("%f",&score2);
printf("请输入学生的英语成绩:\n");
scanf("%f",&score3);
/*显示学生成绩统计信息*/
printf("        ---------------------    ---------------------    \n");
printf("        ******************************************            \n");
printf("        *  统计学生考试成绩:     \n");
printf("        ******************************************            \n");
total=score1+score2+score3;
avg=total/3;
printf("学生%d 的平均成绩为:%f\n",code,avg);
printf("学生%d 的总成绩为:%f\n",code,total);
return 0;
}
```

从示例程序中可以看出，系统的功能无法选择，3 门科目成绩的输入方式繁琐，如果学生信息量更多，则程序的规模会变得庞大。如何对功能进行选择？如何更有效地完成功能重复的语句？输出的成绩数据小数点后出现了很多的无用的 0，如何控制输出格式？第 3 章要介绍的程序基本结构、基本输入输出语句将会解决读者的一系列疑问。

本 章 小 结

本章详细地介绍了计算机程序设计中的词法、句法和语法概念与用途。词法由字符集、标识符、关键字、运算符、常量、注释符构成，它们有严格的使用规定；程序中规定了数据使用的各种类型，如整型、实型(即浮点类型)、字符类型和指针类型等，要求准确理解和掌握其特点和使用限制，随着学习的深入还将出现其他数据类型；常量和变量中重点掌握变量的各种特征和用法；运算符作为连接各种运算对象的纽带，要求掌握其结合性和优先规则；掌握数据类型在表达式中的转换特征；表达式构成计算序列，是程序算法的结果体现，要求掌握各类运算符构成表达式的规则，根据数据对象的属性和运算符的优先级进行准确计算。

习 题 二

1. 选择题

(1) 设 x 为 int 型变量，则执行以下语句后，x 的值为_____。

    x=10;
    x+=x-=x-x;

    A. 10   B. 20   C. 40   D. 30

(2) 以下合法的赋值语句是_____。

    A. x=y=100   B. d--;   C. x+y;   D. c=int(a+b);

(3) 若已定义 x 和 y 为 double 型，则表达式：x=1，y=x+3/2 的值是_____。

    A. 1   B. 2   C. 2.0   D. 2.5

(4) 在以下一组运算符中，优先级最高的运算符是_____。

    A. <=   B. =   C. %   D. &&

(5) 下列能正确表示 A≥10 或 A≤0 的关系表达式是_____。

    A. A>=10 or A<=0   B. A>=10 | A<=0

    C. A>=10 || A<=0   D. A>=10 && A<=0

(6) 设 x, y, z, t 均为 int 型变量，则执行以下语句后，t 的值为_____。

    x=y=z=1;
    t=++x||++y&&++z;

    A. 不定值   B. 2   C. 1   D. 0

(7) 设 a=1，b=2, c=3, d=4 则表达式 a<b? a: c<d? a: d 的结果为_____。

　　A. 4　　　　　　　B. 3　　　　　　　C. 2　　　　　　　D. 1

(8) 表达式：10! =9 的值是_____。

　　A. true　　　　　　B. 非零值　　　　C. 0　　　　　　　D. 1

(9) 假定 w、x、y、z、m 均为 int 型变量，有如下程序段：则该程序运行后，m 的值是_____。

```
w=1; x=2; y=3; z=4;
m=(w<x)?w:x;
m=(m<y)?m:y;
m=(m<z)?m:z;
```

　　A. 4　　　　　　　B. 3　　　　　　　C. 2　　　　　　　D. 1

(10) 设 int b=2;，表达式(b<<2)/(b>>1)的值是_____。

　　A. 0　　　　　　　B. 2　　　　　　　C. 4　　　　　　　D. 8

(11) 以下程序的输出结果是_____。

```
void main()
{
    int x=05;
    char z='a';
    printf("%d\n",(x&1)&&(z<'z'));
}
```

　　A. 0　　　　　　　B. 1　　　　　　　C. 2　　　　　　　D. 3

(12) 语句 printf("a\bre\'hi\'y\\\bou\n");的输出结果是_____。

　　A. a\bre\'hi\'y\\\bou　　　　　　　　B. a\bre\'hi\'y\bou

　　C. re'hi'you　　　　　　　　　　　　D. abre'hi'y\bou

　　(说明：'\b'是退格符)

(13) 以下程序的输出结果是_____。

```
void main()
{
    int a=5,b=4,c=6,d;
    printf("%d\n", d=a>b? a>c?a:c:b);
}
```

　　A. 5　　　　　　　B. 4　　　　　　　C. 6　　　　　　　D. 不确定

(14) 已知 i、j、k 为 int 型变量，若从键盘输入：1，2，3<回车>，使 i 的值为 1、j 的值为 2、k 的值为 3，以下选项中正确的输入语句是_____。

　　A. scanf("%2d%2d%2 dtt, &i, &j, &k);

　　B. scanf("%d　%d　%d", &i, &j, &k);

　　C. scanf("%d, %d, %d", &i, &j, &k);

　　D. scanf("i=%d, j=%d, k=%d-t, &i, &j, &k);

(15) 若有以下程序段：

```
int m=0xabc,n=0xabc;
```

```
printf("%X%x\n",m,n);
```

执行后输出结果是_____。

    A．0Xabc　0xabc   B．0xABC　0Xabc

    C．ABC　abc   D．abc　abc

(16) 设有以下程序段：

```
int x=2002,y=2003;
printf("%d\n",(x,y));
```

则以下叙述正确的是_____。

    A．输出语句格式说明符的个数少于输出项的个数，不能正确输出

    B．运行时产生错误信息

    C．输出值为 2002

    D．输出值为 2003

(17) 有以下定义语句：

```
double a,b; int w; long c;
```

若各变量已正确赋值，则下列选项中正确的表达式是_____。

    A．a+=a+b=b++   B．w%((int)a+b)

    C．(c+w)%(int)a   D．w=a&b

(18) 若 x 和 y 代表整型数，以下表达式中不能正确表示数学关系|x-y|<10 的是_____。

    A．abs(x-y)<10   B．x-y>-10&& x-y<10

    C．!(x-y)<-10||!(y-x)>10   D．(x-y)*(x-y)<100

(19) 有以下程序：

```
void main()
{
    char a,b,c,d;
    scanf("%c,%c,%d,%d",&a,&b,&c,&d);
    printf( "%c,%c,%c,%c ",a,b,c,d);
}
```

若运行时从键盘上输入：6,5,65,66<回车>。则输出结果是_____。

    A．6,5,A,B   B．6,5,65,66   C．6,5,6,5   D．6,5,6,6

(20) 有以下程序段：

```
int m=0,n=0;
char c='a';
scanf("%d%c%d",&m,&c,&n);
printf("%d,%c,%d\n",m,c,n);
```

若从键盘上输入：10A10<回车>，则输出结果是_____。

    A．10,A,10   B．10,a,10   C．10,a,0   D．10,A,0

2．填空题

(1) 以下程序的输出结果是_____。

```
        void main()
        {
                unsigned short a=65536;
                int b;
                printf("%d\n",b=a);
        }
```

(2) 设有说明：

```
        char w;int x; floar y; double z;
```

则表达式 w*x+z-y 值的数据类型为_____。

(3) 设有 int x=11；则表达式(x++*1/3)的值为_____。

(4) 下列程序的输出结果是_____。

```
        void main()
        {
                double d=3.2;
                int x,y;
                x=1.2;
                y=(x+3.8)/5.0;
                printf("%f \n", d*y);
        }
```

(5) 已知 a=10，b=20，则表达式!a>b 的值为_____。

(6) 若想通过以下输入语句给 a 赋于 1，给 b 赋于 2，则输入数据的形式应该是_____。

```
        int a,b;
        scanf("a=%b,b=%d",&a,&b);
```

(7) 以下程序的输出结果是_____。

```
        void main()
        {
                int a=5,b=5,c=3,d;
                d=(a>b>c);
                printf("%d\n",d);
        }
```

(8) 若有语句：

```
        int i=-19,j;
        j=i%4;
        printf("%d\n",j);
```

则输出结果是_____。

(9) 有以下语句段：

```
        int n1=10,n2=20;
        printf(" _____ ",n1,n2);
```

要求按以下格式输出 n1 和 n2 的值，每个输出行从第一列开始，请填空。

      n1=10

      n2=20

3. 编程题

根据第 1 章中图书信息管理系统需求分析的结果，仿照本章 2.3 节，编写程序实现对单个读者信息，单个图书信息进行管理。

第 3 章　C 语言程序设计

教学目标 ✍

☑ 了解 C 语言的基本语句和程序构成。
☑ 掌握数据输入、输出函数的调用规则和格式控制字符的正确使用。
☑ 掌握赋值语句的使用方法及顺序结构程序的设计方法。
☑ 掌握分支结构程序的设计方法。
☑ 掌握循环结构程序的设计方法。
☑ 掌握结构化程序设计的方法和步骤。

学习数据类型和表达式之后，可以根据需要提取待解决问题中的各种数据，比如学生信息管理系统中学生的学号、姓名、成绩等，在计算机中可以通过字符型数据、浮点型数据来描述，然而如何将实际的数据信息和抽象出来的不同类型的数据联系起来呢？如何根据姓名查询学生的信息呢？这些问题的解决是对数据进行处理和加工的过程，可依靠计算机编程语言的语句序列来完成，即要设计一段程序。具体来说，一个程序包含了两个部分信息，一部分是对数据的描述，另一部分是对数据的操作，这些操作都是由语句来实现的。本章通过对语句和程序结构的学习，建立运用三种基本结构(顺序结构、选择结构、循环结构)进行编程的思想，实现数据的输入、数据的处理以及数据的输出。

3.1　C 语言程序的构成

首先来看一个例子，求半径为 20 的圆的面积，圆的面积的计算方法是 $S = \pi * R^2$，欲让计算机理解程序员的计算思路并进行正确计算，则必须告知计算机已知的半径数据 R 以及常量π，从而根据算法进行计算，并输出计算的结果。人与人之间的交流需要通过语言来进行，若要让计算机完成一定的数据处理功能，则要通过计算机能够识别的语言并告知计算机计算的方法，亦即采用 C 语言来编写计算程序。下面给出用 C 语言编写的计算圆面积的程序。

例 3.1　计算圆面积的 C 语言程序。

```
#define PI 3.1415926          /*预处理命令，定义圆周率常数*/
#include "stdio.h"            /*预处理命令，打开标准库文件 */
```

```
void main( )                    /*主函数 */
{   float r,s;                  /*变量定义部分 */
    r = 20;                     /*给定圆半径数值 */
    s = r*r*PI;                 /*计算圆面积 */
    printf ("area=%f\n",s);     /*输出计算结果*/
}
```

以上是一个 C 语言编写的源程序文件。由例 3.1 可以看出，一个完整的源程序可以由若干个函数、预处理命令、变量定义部分以及计算表达式组成，一个函数由数据或变量定义部分和执行部分组成。函数的执行部分由语句按一定的控制流程构成，由{开始,}结束。

3.1.1　C 语言语句概述

程序包括数据描述和数据操作。数据描述主要定义数据结构(用数据类型表示)和数据初值，数据操作的任务是对已提供的数据进行加工。C 程序对数据的处理和加工是通过语句的执行来实现的。

在上一章介绍了 C 语言的常量、变量、运算符和表达式等，这些都是一个 C 程序最基本的组成要素，但是这些基本要素还必须与其他元素按一定规则组合在一起构成 C 语句，才能让计算机完成一定的操作任务。一个实现特定目的的程序应当包含若干条语句，一条语句完成一项操作或功能，经编译后产生若干条机器指令。

C 语言的语句分类如图 3.1 所示。

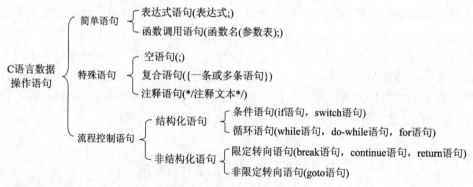

图 3.1　C 语言数据操作语句

1. 简单语句

简单语句是程序中使用最频繁的语句，之所以简单是因为语句实体来自于一个表达式或者函数调用，结尾加分号就构成一个语句。例如："a=6"是赋值表达式，而"a=6;"则是赋值语句；"printf"是系统函数，"printf("I love this game . ");"就构成了函数调用语句。

由此可见，分号已经成为语句中不可缺少的一部分，任何表达式都可以加上分号构成一个语句。

C 语言允许一行写多个语句，每条语句后面必须要有分号，也允许一个语句写在多行。

表达式语句中最常用的是赋值语句，有以下三种常用形式：

(1) 简单赋值：变量=表达式；例如：x=2*y+1; s=sqrt(5);

(2) 多重赋值：变量 1=变量 2=…=变量 n=表达式；例如：a=b=c=2; i=j=k=m+1;

(3) 复合赋值：变量双目操作符=表达式；例如：sum+=i;等价于 sum=sum+i;

使用赋值语句时需注意以下两点：

(1) 变量初始化时不能像赋值语句那样采用多重赋值形式。例如，"int a=b=c=1;"是错误的，应改为："int a=1,b=1,c=1;"而赋值语句"a=b=c=1;"是正确的。

(2) 赋值表达式可以出现在任何允许表达式出现的地方，而赋值语句则不能。例如，语句："x=(y=2)+(z=3+y);"是正确的，其中"y=2"和"z=3+y"是赋值表达式；若写成"x=(y=2;)+(z=3+y;);"就错了，因为"y=2;"和"z=3+y;"是赋值语句，不能出现在表达式中。

2．特殊语句

空语句、复合语句都属于特殊语句。

(1) 如果语句只有一个分号，就是空语句。程序执行空语句时不产生任何动作，它可以作为循环语句中的空循环体，或代替模块化程序设计中还尚未实现的以及暂不加入的部分。

(2) 复合语句是指用"{ }"把一些语句括在一起，又称为分程序。复合语句中可以有自己的数据说明部分。例如：

```
int a=100;
    {    int a=80;
        printf("a= %d \n",a);
    }
    printf("a= %d \n",a);
```

运行结果：

　　　a=80　　　　　(此时的 a 为复合语句中的 a)

　　　a=100　　　　 (此时的 a 为 main 函数中的 a)

复合语句内的各条语句都必须以分号";"结尾，在括号"}"外不能加分号。

3．流程控制语句

C 语言中有多种流程控制语句，用来完成一定的控制功能，包含结构化语句和非结构化语句。这部分内容将在本章后续的小节中详细介绍。

3.1.2　三种程序结构

C 语言是结构化程序设计语言，它的最大特点是以控制结构为单位，每个单位只有一个入口和一个出口，程序的结构清晰、可读性强，从而提高程序设计的效率和质量。结构化程序由三种基本结构构成：顺序结构，选择结构和循环结构。

1．顺序结构

所谓顺序结构，就是程序按照语句出现的先后顺序依次执行，整个程序的执行流程呈直线向下。程序的 N-S 结构如图 1.4(a)所示。

2．选择结构

所谓选择结构，就是程序经过条件判断以后，再确定执行哪一段代码段。根据条件 P

成立与否来选择执行程序的某部分，即：当条件 P 成立("真")时，执行 A 操作，否则执行 B 操作。但无论选择哪部分，程序均将汇集到同一个出口。N-S 结构如图 1.4(b)所示。

　　选择结构还可以派生出"多分支选择结构"，如图 3.2 所示，可根据 k 的值(k1、k2、…、kn)不同来选择执行多路分支 A1、A2、…、An 之一。虽然这种结构可以利用双分支的嵌套来实现，但 C 语言以及多数高级语言都提供了直接实现这种结构的语句。

条件k			
k1	k2	…	kn
A1	A2	…	An

图 3.2　多分支选择结构

3．循环结构

循环结构是当指定条件成立时反复执行一组语句的程序结构。循环结构有两种：

1) 当型循环结构

当条件 P 成立("真")时，反复执行 A 操作，直到 P 为"假"时才停止循环。循环结构程序 N-S 结构如图 1.4(c1)所示。

循环结构的特点：

(1) 先判别条件，若条件满足，则执行 A。

(2) 在第一次判别条件时，若条件不满足，则 A 一次也不执行。

2) 直到型循环结构

先执行 A 操作，再判别条件 P 是否为"真"，若为"真"，再执行 A，如此反复，直到 P 为"假"时止。程序 N-S 结构如图 1.4(c2)所示。

直到型循环操作的特点：

(1) 先执行 A 再判别条件，若条件满足再执行 A。

(2) A 至少被执行一次。

使用循环结构时，在进入循环前，应设置循环的初始条件。同时，在循环过程中，应修改循环条件，以便程序退出循环。如果不修改循环条件或循环条件错误修改，可能导致程序不能退出循环，即进入"死循环"。

　　三种基本结构可以处理任何复杂的问题。图 1.4 中的 A 框或 B 框，可以是一个简单的操作(例如输入数据或打印输出)，也可以是三个基本结构之一。

3.2　数据的输入与输出

　　数据的输入和输出是程序设计中使用最常用的基本操作。数据的输入和输出是以计算机运行的程序为中心来判断的，数据流向程序为输入，数据由程序流向其他设备为输出。程序运行所需的数据要从外部设备(如键盘、文件、扫描仪等)输入，程序的运行结果也要输出到外部设备(如打印机、显示器、绘图仪、文件等)。　例如要通过计算机来管理学生的信息，需要有基本的菜单(图 3.3 所示，输出各项提示信息)，通过键盘输入学生的姓名、年龄、成绩等(输入实际数据)，并且把这些数据保存起来(将数据输出到硬盘)，能查看一个学生的信息或者平均成绩等数据(要能够将计算的结果显示在显示器上或者打印出来)。由此可见，输入、输出是用户与程序之间交互的主要手段。

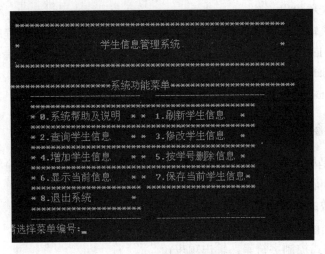

图 3.3　学生信息管理系统界面

例 3.2　实现图 3.3 给出的界面。

```c
void main()/* 界面*/
{
    printf(" \n\n                    \n\n");
    printf("    ***********************************************\n\n");
    printf("    *                学生信息管理系统              *\n \n");
    printf("    ***********************************************\n\n");
    printf("    ********************系统功能菜单********************\n");
    printf("       ---------------------     ----------------------  \n");
    printf("    *********************************************\n");
    printf("    * 0. 系统帮助及说明  * *   1. 刷新学生信息    *   \n");
    printf("    ********************************************* \n");
    printf("    * 2. 查询学生信息     * *   3. 修改学生信息    *   \n");
    printf("    *********************************************\n");
    printf("    * 4. 增加学生信息     * *   5. 按学号删除信息 *   \n");
    printf("    *********************************************\n");
    printf("    * 6. 显示当前信息     * *   7. 保存当前学生信息*   \n");
    printf("    ******************** ********************* \n");
    printf("    * 8. 退出系统          *                      \n");
    printf("    ********************                      \n");
    printf("       ---------------------     ----------------------\n");
    printf("请选择菜单编号:");
}
```

C 语言本身并没有提供用于输入和输出操作的语句，但提供了输入和输出标准库函数(简称标准函数或库函数)。例如，printf(格式输出)、scanf(格式输入)、putchar(输出字符)、getchar(输入字符)等。这些函数都包含在 C 语言的标准函数库中，通过对它们的调用，可以实现数据的输入和输出。

由于标准输入输出函数的原型放在头文件 stdio.h 中，因此在编写程序时，要用编译预处理命令"#include"将头文件 stdio.h 包括到用户源文件中。#include 命令的格式为

    #include<stdio.h>

或   #include"stdio.h"

3.2.1 printf( )函数

printf( )函数是标准格式输出函数，使用该函数可以灵活地向外部输出设备以各种格式输出变量、常量和表达式的值。

1. printf 函数的一般格式

标准格式输出函数格式如下：

    printf (格式控制字符串，输出项表);

函数功能：将各输出项的值按指定的格式显示在标准输出设备(如屏幕)上。例如：

    printf("sum is %d\n",sum);

    "sum is %d\n"为格式控制字符串；sum 为输出项表

(1) 调用 printf 函数时至少给出一个实际参数，即格式控制字符串。格式控制字符串是用双引号括起来的字符串，可以包含两类字符：

    "sum is %d \n"

       ① ② ③

① 普通字符，是作为输出提示的文字信息，将会进行原样输出。例如：

    printf("This is my book! ");

输出的结果为：This is my book!

② 格式说明，用于指定输出格式，其形式为

    %[格式修饰]格式字符

它的作用是将内存中需要输出的数据由二进制形式转换为指定的格式输出。其中，[格式修饰]包括：标志、类型修饰、输出最小宽度和精度等，可根据需要取舍。

(2) 输出项表是要输出的数据对象，可以是变量、常量和表达式。输出项表中的各输出项要用逗号隔开。printf( )函数的一般格式还可以表示为：

    printf(格式控制字符串，输出参数 1，输出参数 2，…，输出参数 n);

输出数据项的数目任意，但是格式说明的个数要与输出项的个数相同，使用的格式字符也要与它们一一对应，且类型匹配。例如：

    printf("x=%d,y=%f\n",x,y);

语句中的"x=%d,y=%f\n"是格式控制字符串，x,y 是输出项表。格式字符 d 与输出项 x 对应，格式字符 f 与输出项 y 对应。输出过程是：在当前光标位置处先原样输出"x="，接下来用"%d"格式输出变量 x 的值，再原样输出字符串"y="，然后以"%f"格式输出 y

的值，最后输出转义字符"\n"(换行)，使输出位置移到下一行的开头处。当 x=1，y=2.0时，上述语句输出结果为：x=1，y=2.000000。

2．printf()函数的格式字符

不同的数据类型输出所用的格式也是不同的。每个格式控制说明都必须用"%"开头，以一个格式字符作为结束；在此之间可以根据需要插入格式修饰符。表 3.1 列出了 C 语言中常用的格式字符。

表 3.1　printf( )使用的格式字符及其说明

格式字符	说　　　　明
d 或 i	输出带符号的十进制整数(正数不输出符号)
o	以八进制无符号形式输出整数(不带前导 0)
X 或 x	以十六进制无符号形式输出整数(不带前导 0x 或 0X)。对于 0x 用小写形式 abcdef 输出；对于 0X，用大写形式 ABCDEF 输出
u	按无符号的十进制形式输出整数
c	输出一个字符
s	输出字符串中的字符，直到遇到'\0'，或者输出由精度指定的字符数
f	以[-]mmm.dddddd 带小数点的形式输出单精度和双精度数，d 的个数由精度指定。隐含的精度为 6，若指定的精度为零，小数部分(包括小数点)都不输出
E 或 e	以[-]m.ddddddde±xx 或[-]m.ddddddE±xx 的指数形式输出单精度和双精度数。d 的个数由精度指定，隐含的精度为 6，若指定的精度为 0，小数部分(包括小数点)都不输出
G 或 g	由系统决定采用%f 格式还是采用%e 格式，以使输出宽度最小
p	无符号十六进制整数，用于输出变量或数组的地址
%	输出一个%

3．格式修饰符

为了使程序的输出结果更加整齐美观，可以在格式字符的前面加上格式修饰符。格式修饰符有以下四种类型：

(1) 标志。标志字符主要有-、+、#三种。-表示输出值左对齐。+表示输出结果右对齐，输出符号位(数据为正时输出正号，为负时输出负号)。#对 c、s、d、u 格式无影响；对 o 格式输出时加前缀 0；对 x 格式输出时加前缀 0x；对 e、g、f 格式，当结果有小数部分时才输出小数点。

(2) 输出宽度。通常所用的%d、%c、%f 等格式，都是按照数据实际宽度输出显示，并采用右对齐形式。也可以根据需要，用十进制整数限定输出数据的位数。例如："printf("%5d",24);"表示整数 24 以 5 位宽度右对齐输出显示，即输出为：□□□24(本章用"□"表示一个空格)。实际数据若超过定义宽度，则按实际位数输出；若少于定义宽度，则补空格。

(3) 精度。对于 float 或 double 类型的实型数据，可以用"m.n"的形式指定数据的输出宽度和小数位数(即精度)。m、n 为正整数，其中 m 为数据输出的总宽度，n 对 e、f 格式符而言，是指小数位数。当小数位大于 n 时，自动四舍五入截去右边多余的小数；当小于

指定宽度时，在小数部分最右边自动添 0。当宽度大于 m 时，整数部分不丢失，小数部分仍按上述规则处理。例如："printf("%8.1f",123.45);" 输出结果为：□□□123.5。

(4) 类型修饰。类型修饰符为 h 和 l 两种。当用于 d、o、u、x 格式时，h 表示输出项是短整型(short)或无符号短整型(unsigned short)；l 表示输出项是长整型或无符号长整型。l 用于格式符 e、f、g，表示对应的输出项是双精度(double)实型。

说明：

(1) %d 格式符：输出带符号的十进制整数。若 x=1234, y=12345，则使用%d 格式符输出结果见表 3.2。

表 3.2 使用%d 格式符输出结果

格式说明	总列宽	对齐方式	输出语句	输出结果
%d	实际长度	右对齐	printf("x=%d,y=%d", x,y);	x=1234, y=12345
%md	m 列	右对齐	printf("x=%5d,y=%3d", x,y);	x=□1234, y=12345
	如果实际宽度少于 m，则补空格；如果实际宽度大于 m，则 m 失效，按数据的实际宽度进行输出			
%-md	m 列	左对齐	printf("x=%-5d, y=%-5d",x,y);	x=1234□, y=12345

(2) %o 格式符：以八进制数形式输出整数。输出的数据不带符号，符号位也作为数据的一部分进行输出。若 a=-1，则使用%o 格式符输出结果见表 3.3。

表 3.3 使用%o 格式符输出结果

格式说明	总列宽	对齐方式	输出语句	输出结果
%o	实际长度	右对齐	printf("%d,%o",a,a);	−1, 37777777777
	因为−1 的补码形式是：1111 1111 1111 1111 1111 1111 1111 1111(二进制表示形式)，所以转换成八进制形式就是 37777777777			
%mo	m 列	右对齐	printf("%3o,%12o", 0xFFFF, -1);	177777, □37777777777
%-mo	m 列	左对齐	printf("%-12o", 0xFFFFF);	3777777□□□□□

(3) %x 格式符：以十六进制形式输出整数的。输出的数据也不带符号。若 x=-1，则使用%x 格式符输出结果见表 3.4。

表 3.4 使用%x 格式符输出结果

格式说明	总列宽	对齐方式	输出语句	输出结果
%x	实际长度	右对齐	printf("x=%x,x=%d",x,x);	x=ffffffff, x=-1
%mx	m 列	右对齐	printf("%12x",x);	□□□□ffffffff
%-mx	m 列	左对齐	printf("%-12x",x);	ffffffff□□□□

(4) %u 格式符：以十进制形式输出无符号数据。若 int i=-1; unsigned int j=65535，则使用%u 格式符输出结果见表 3.5。

表 3.5 使用%u 格式符输出结果

输 出 语 句	输 出 结 果
printf("i=%d,%o,%X,%u\n",i,i,i,i);	i=-1, 37777777777, FFFFFFFF, 4294967295
printf("j=%d,%o,%X,%u\n",j,j,j,j);	j=65535, 177777, FFFF, 65535
$(65535)_{补}=(0000\ 0000\ 0000\ 0000\ 1111\ 1111\ 1111\ 1111)_2$	

同样，%u 也可以添加 l、m、-格式修饰符。

(5) %c 格式符：用来输出一个字符。在 0～255 范围的一个整数，可以用字符形式输出，结果为该整数作为 ASCII 码所对应的字符；反之，一个字符也可以用整数形式输出。设 char x='A'；int B=66，使用%c 格式符的输出结果见表 3.6。

表 3.6　使用%c 格式符的输出结果

格式说明	总列宽	对齐方式	输出语句	输出结果
%c	实际长度	右对齐	printf("x=%c,y=%c",'A',66);	x=A, y=B
%d	实际长度	右对齐	printf("x=%d,y=%d",'A',66);	x=65, y=66
%mc	m 列	右对齐	printf("x=%5c",66);	x=□□□□B

(6) %s 格式符：用来输出一个字符串。使用%c 格式符的输出字符串常量"china"的结果见表 3.7。

表 3.7　使用%s 格式符的输出结果

格式说明	总列宽	对齐方式	输出语句	输出结果
%s	实际长度	右对齐	printf("%s","china");	china
%ms	m 列	右对齐	printf("%8s","china");	□□□china
%-ms	m 列	左对齐	printf("%-8s", "china");	china□□□
%m.ns	m 列	右对齐	printf("%7.2s,%.4s","china","china");	□□□□□ch, chin
	按照 m 指定的宽度进行输出，但是只输出字符串从左端开始的 n 个字符。如果 n 小于 m，则左端补空格；如果 n 大于 m，则突破 m 的限制，保证 n 个字符正常输出			
%-m.ns	m 列	左对齐	printf("%-5.3s","china");	chi□□

(7) %f 格式符：用来输出实数，以小数形式输出。若 float f=123.456，则使用%f 格式符的输出结果见表 3.8。

表 3.8　使用%f 格式符的输出结果

格式说明	总列宽	对齐方式	输出语句	输出结果
%f	整数部分全部输出，小数部分保留 6 位	右对齐	printf("%f,",f);	123.456001
%mf	m 列,小数部分保留 6 位	右对齐	printf("%12f,",f);	□□123.456001
%-mf	m 列,小数部分保留 6 位	左对齐	printf("%-12f,",f);	123.456001□□
%m.nf	m 列，小数部分为 n 位	右对齐	printf("%10.2f,",f);	□□□□123.46
	输出的数据共占 m 位，小数部分为 n 位。小数点也需占用 1 位。如果实际宽度小于 m，则数据右靠齐，左端补空格。如果实际宽度大于 m，则按数据的实际宽度进行输出			
%-m.nf	m 列，小数部分为 n 位	左对齐	printf("%-10.2f,",f);	123.46□□□□
%.nf	整数部分全部输出，小数部分为 n 位	右对齐	printf("%.2f,",f);	123.46

(8) %e 格式符：以指数形式输出实数。设 float f=123.456，使用%e 格式符的输出结果见表 3.9。

表 3.9　　使用 %e 格式符的输出结果

格式说明	总列宽	对齐方式	输出语句	输出结果
%e	13 位	右对齐	printf("%e,",f);	1.234560e+002
	小数点前有且只有 1 位非零的有效数字，小数部分保留 6 位，指数部分占 5 位(其中 "e" 占 1 位，指数符号占 1 位，指数数据占 3 位)			
%m.ne	M 列，小数部分为 n 位	右对齐	printf("%10.2e,",f);	□1.23e+002
%-m.ne	M 列，小数部分为 n 位	左对齐	printf("%-10.2e,",f);	1.23e+002□
%.ne	整数部分全部输出，小数部分为 n 位	右对齐	printf("%.2e,",f);	1.23e+002

(9) %g 格式符：自动选择实数输出的 f 或 e 格式，且不输出无意义的零。若 float f=123.456 则使用 %e 格式符的输出结果见表 3.10。

表 3.10　　使用 %g 格式符的输出结果

输出语句	输出结果
printf("%f,%e,%g\n",f,f,f);	123.456001, 1.234560e+002, 123.456

(10) %% 格式符：作用是输出一个 %。例如使用字符串"这个月的出勤率是 96%%"的输出结果见表 3.11。

表 3.11　　使用 %% 格式符的输出结果

输出语句	输出结果
printf("这个月的出勤率是 96%%");	这个月的出勤率是 96%

在使用 printf( )函数时要注意以下事项：

(1) 除了 X，E，G 外，其他格式字符必须用小写字母；

(2) 格式控制字符串中，可包含转义字符；

(3) 格式说明必须以"%"开头；

(4) 不同的系统在实现格式输出时，输出结果可能会有一些小的差别。

3.2.2　scanf()函数

赋值语句和输入语句都可以给变量赋值。但赋值语句是静态赋值，是将数值写在程序中的；数据输入语句则是动态赋值，即在程序运行过程中接受输入数值。例如猜数字游戏，计算机随机产生一个数据，玩家通过键盘输入一个数字作为所猜数据，让计算机进行判断，通过键盘输入数据就是给程序中的变量进行动态赋值。与数据的输出一样，C 语言也提供了标准的数据输入函数。

1. scanf()函数一般格式

scanf()函数一般格式为

scanf (格式控制字符串，输入项表);

其功能是按照指定的格式接收由键盘输入的数据，并存入输入项变量所在的内存单元中。其中的格式控制字符串构成的内容与 printf 函数类似，包含格式说明和普通字符。输入项表中的各输入项用逗号隔开，各输入项必须为地址引用，通常由"&"后面跟变量名组成或者是数组、字符串的首地址。例如，对于"scanf("%d%f",&n,&f);"语句，""%d%f""是格式控制字符串，"&n"和"&f"分别表示 n 和 f 的地址，这个地址是编译系统在内存中给 n 和 f 变量分配的。同时，要注意输入时在两个数据之间要用一个或多个空格分隔，也可以用回车键(用✓表示)、跳格键 Tab。如果输入时可以采用：8□9.2✓ 或 8□□□9.2✓ 或 8(按 Tab 键)9.2✓ 或 8 ✓9.2✓。则 8 和 9.2 分别存入变量 n 和 f 所在的内存单元中。

2．scanf()函数格式字符

格式字符用于规定相应输入项的输入格式，每个格式说明都必须用"%"开头，以一个"格式字符"作为结束。允许用于输入的格式字符和它们的功能如表 3.12 所示。

表 3.12　scanf()使用的格式字符及其说明

格式字符	说　　　明
d	输入十进制整数
i	输入整数，整数可以是带前导 0 的八进制数，带前导 0x(或 0X)的十六进制数
o	以八进制形式输入整数(有无前导 0 均可)
x, X	以十六进制形式输入整数(有无前导 0x 或 0X 均可)
u	输入无符号十进制整数
c	输入一个字符
s	输入字符串
f	以带小数点形式或指数形式输入实数
e, E, g, G	与 f 的作用相同

说明：

(1) %o, %x 用于输入八进制、十六进制的数。例如：

```
scanf("%o%x",&a,&b);
printf("%d,%d",a,b);
```

若输入为 12□12✓ 或 012□0x12，则得到结果为 10，18。

(2) 输入数据宽度：在格式字符前可以用一个整数指定输入数据所占的宽度，由系统自动截取所需数据。例如：

```
scanf("%3d%3d",&x,&y);
```

若输入为 123456✓，则得到的结果为 x=123，y=456。即系统自动截取前 3 位赋给变量 x，继续截取 3 位赋给变量 y。

但是，在输入实型数据时，不允许指定小数位的宽度，这一点有别于 printf 函数。例如，"scanf("%5.2f",&x);"是错误的，不能用此语句输入 2 位小数的实型数。

(3) 类型修饰符：同 printf 函数一样，scanf 函数的类型修饰符为 h 和 l，分别表示输入短整型数据和长整型数据(或双精度实型数)。例如：

```
scanf("%ld%lo%lx",&x,&y,&z);
scanf("%lf%le",&a,&b);
scanf("%hd%ho%hx",&m,&n,&k);
```

(4) "*" 表示空过一个数据。例如：

    scanf("%d%*d%d",&x,&y);

若输入为 3□4□5↙，则得到的结果为 x=3，y=5。

(5) 对于 unsinged 型的数据可以用%u，%d，%o，%x 输入皆可。

3. 使用 scanf( )时应注意的问题

(1) 输入项表只能是地址，表示将输入的数据送到相应的地址单元中，所以对于基本类型变量，一定要加 "&"，而不能只写变量名。例如，定义 int x；用 scanf("%d",x)；是错误的，应改为 scanf("%d",&x)。但使用 s 格式输入时，如果变量名本身就是字符串的首地址，则不需加地址运算符。例如：定义 "char str[6];" 用 "scanf("%s",str);" 就是正确的。

(2) 当调用 scanf()函数从键盘输入数据时，最后一定要按下回车键(Enter 键)，scanf( )函数才能接受从键盘输入的数据。当从键盘输入数据时，输入的数据之间用间隔符(空格、跳格键或回车键)隔开，间隔符个数不限。

(3) 在 "格式控制字符串" 中，格式说明的类型与输入项的类型应一一对应匹配。例如，"double a,b;scanf("%d%d",&a,&b);" 是错误的，因为变量 "a"、"b" 不是整型数。

(4) 在 "格式控制字符串" 中，格式说明的个数应该与输入项的个数相同。当格式说明的个数少于输入项的个数时，scanf()函数结束输入，多余的数据项并没有从终端接受新的数据；当格式说明的个数多于输入项的个数时，scanf()函数同样也结束输入。

(5) 如果在 "格式控制字符串" 中插了其他普通字符，这些字符不能输出到屏幕上。但在输入时要求按一一对应的位置原样输入这些字符。例如：

    scanf("%d,%d",&i,&j);

则实现其赋值的输入数据格式为

    1,2↙

1 和 2 之间的是逗号，与 "格式控制" 中逗号对应，而不能是其他字符。又如：

    scanf("input the number %d",&x);

输入 input the number 3，才能使 x 得到 3 这个值。又如：

    scanf("x=%d,y=%d",&x,&y);

输入形式为 x=3,y=4↙，如果想在输入之前进行提示，先用一条 printf()输出提示即可。例如：

    printf("Input the number:\n");

    scanf("%d",&x);

(6) 在用 "%c" 格式输入字符时无需用分隔符将各字符分开。例如：

    scanf("%c%c%c",&c1,&c2,&c3);

若输入 a□b□c↙，则得到 c1='a'，c2='□'，c3='b'。因为 "%c" 只要求输入一个单个的字符，后面不需要用分隔符作为两个字符的间隔。这时，空格字符、转义字符均为有效字符。因此，对于语句："scanf("%d%c%d%c",&a1,&c1,&a2,&c2);"中的格式控制串""%d%c%d%c""，正确的输入方式为 10a20b，不能用空格间隔。为了使数据输入清楚有序，最好把语句改为 scanf("%d,%c,%d,%c",&a1,&c1,&a2,&c2);输入数据时键入 10, a, 20, b 即可。

在输入字符型数据时，由于前面的数据在输入后需以回车结束，而回车作为字符影响本次用户输入的字符。例如：

```
printf("请输入新的年龄:\n");
scanf("%d", &age);
printf("请输入新的性别:\n");
scanf("%c",&sex );
```

输入以下数据：

```
18✓

g✓
```

变量 sex 得到的值为回车符，而不能得到正确的值'g'，原因是数值 18 后面的回车作为字符送入变量 sex。解决方法：

① 多加一个空格。

```
printf("请输入新的年龄:\n");
scanf("%d", &age);
printf("请输入新的性别:\n");
scanf("% c",&sex ); /* % c 之后的空格与回车匹配*/
```

② 调用标准函数实现。

```
printf("请输入新的年龄:\n");
scanf("%d", &age);
fflusg(stdin);   /*  清空输入缓冲区*/
printf("请输入新的性别:\n");
scanf("%c",&sex );
```

(7) 某一数据输入时，遇到下列输入则认为当前输入结束。

① 遇到空格、回车键、跳格键时输入结束。

② 到达指定宽度时结束，如 "%3d" 则只取 3 列。

③ 遇到非法输入时，例如：

```
scanf("%d%c%f",&x,&y,&z);
```

如果输入为 1234k543o.22✓，则得到 x=1234，y='k', z=543，遇到字母 "o" 认为非法，数据输入到此结束。

例 3.3　计算两个数的和，比较下面(a)、(b)、(c)三个程序的运行过程和结果，分析哪个程序为用户最好用的程序。

(a)

```
#include <stdio.h>
void main( )
{
    int x=1,y=1,sum;
    sum=x+y;
    printf("sum=%d\n", sum);
}
```

(b)

```
#include stdio.h>
```

```
        void mian()
        {
            int x,y,sum;
            scanf("%d%d",&x,&y);
            sum=x+y;
            printf("sum=%d\n", sum);
        }
(c)
        #include <stdio.h>
        void main()
        {
            int x,y,sum;
            printf("\nEnter x y: ");
            scanf("%d%d",&x,&y);
            sum=x+y;
            printf("sum=%d\n",sum);
        }
```

程序(a)中，变量 x，y 的值由变量初始化得到，只能求 x=1 和 y=1 的和，如果要求其他数据的和，必须修改程序中的初始化，然后重新编译、连接并运行程序；程序(b)中，变量 x，y 的值是在程序运行过程中通过 scanf()函数输入的，这种方法不需要对程序做任何修改，就可以计算其他数据之和；程序(c)中，变量 x，y 的值也是在程序运行过程中通过 scanf()函数输入的，并在输入数据前，增加了屏幕提示信息。

3.2.3　字符输入输出函数

除了可以使用 scanf( )函数和 printf()函数进行输入与输出以外，还可以使用另外一些输入与输出字符的函数进行字符的输入与输出。如 getchar()、putchar()函数。

例 3.4　输入一个字符，并输出该字符。

```
        #include "stdio.h"
        void main()
        {   char c;
            c=getchar();        /*调用 getchar 函数，接收键盘输入的一个字符*/
            putchar(c);         /*调用 putchar 函数，输出字符型变量 c 的值，即输出一个字符*/
        }
```

程序运行到"c=getchar();"语句时，等待键盘键入字符，当输入一个字符(假如 A 字母)并按回车键后，系统才确定本次输入结束。键入的字符被赋给变量 c，调用 putchar 函数输出字符变量 c，程序输出结果也为字符 A。

注意：使用标准 I/O 函数库中的 putchar()函数和 getchar()函数时，应在程序的开头添加预处理命令"#include <stdio.h>"。

1．getchar()函数

getchar()函数是标准字符输入函数，其功能是从键盘上读取一个字符。该函数为无参数函数，一般形式为

　　　　getchar()

当调用此函数时，系统会等待外部的输入。getchar( )只能接受一个字符，用 getchar 函数得到的字符可以赋给一个字符型变量或者整型变量，也可以不赋给任何变量，只是作为表达式的一部分。可以将例 3.4 程序改写为如下，实现相同的功能。

```
#include <stdio.h>
void main()
{
    printf("%c",getchar());
}
```

注意：

(1) 输入后需键入回车键，字符才被送到变量所代表的内存单元中去；否则，认为输入没有结束。

(2) getchar()函数只能接受单个字符，而且得到的是字符的 ASCII 码，输入数字也按字符处理。输入多于一个字符时，只接收第一个字符。

2．putchar()函数

putchar()函数是 C 语言提供的标准字符输出函数，其作用是在显示器上输出给定的一个字符常量或字符变量，与 printf()函数中的%c 相当。putchar()必须有一个输出项，输出项可以是字符型常量(包括控制字符和转义字符)、字符型变量、整型常量、整型变量、表达式，但只能是单个字符而不能是字符串。例如：

```
putchar('A');          /*输出字母 A*/
putchar(65);           /*输出整数 65 作为 ASCII 码所对应的字符，结果也为字母 A*/
putchar(x);            /*这里 x 可以是整型或字符型变量*/
```

例 3.5　输出单个的字符。

```
#include <stdio.h>
void main()
{   char a,b,c;
    a='B';          b='O';          c='Y';
    putchar(a);     putchar(b);     putchar(c);
}
```

运行结果为

　　　　BOY

注意：若将上例 putchar(a);putchar(b);两句合并成 putchar(a,b); 是错误的。因为 putchar 函数只能带一个参数，即一次只能输出一个字符到屏幕上。对于转义字符也同样可以输出，例 3.5 算法改动如下：

```
#include <stdio.h>
void main()
```

```
{   char a,b,c;
    a='B';   b='O';   c='Y';
    putchar(a);   putchar('\n');
    putchar(b);   putchar('\n');
    putchar(c);   putchar('\n');
}
```

读者自行运行该程序，和例 3.5 的运行结果进行对比，看看有什么差别。

还可以利用"\"和字符的 ASCII 码值输出转义字符，如：

```
putchar('\101');            /*输出结果为：A*/
putchar('\'');              /*输出结果为：' */
putchar('\015');            /*输出回车，不换行*/
```

3.3 程 序 结 构

3.3.1 顺序结构的程序设计

在运行例 3.2 以及 2.3 节的学生信息管理系统时，不能选择编号运行相应的功能模块，所有的内容只能按照一个顺序显示和执行，原因是什么呢？源程序中的语句决定了程序的执行过程，按照语句书写的顺序连续执行的，这是程序设计语言中最基本、最简单的结构——顺序结构，程序流程如图 3.4 所示，先执行 A，再执行 B。其中 A、B 可由一条或多条语句实现。

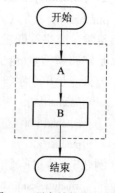

图 3.4　顺序结构执行流程

例 3.6　输入一个三位正整数，然后逆序输出。例如，输入 456，输出 654。

分析：本题的关键是设计一个分离三位整数的个、十和百位的算法。设输入的三位整数是 456。个位数可用对 10 求余的方法得到，如 456%10=6；百位数可用对 100 整除的方法得到，如 456/100=4；十位数既可通过将其变换为最高位后再整除的方法得到，如(456-4*100)/10=5，也可以通过将其变换为最低位再求余的方法得到，如(456/10)%10=5。

```
#include<stdio.h>
void main()
{   int x;                      /*保存输入的三位整数*/
    int x1,x10,x100;            /*分别保存 x 的个、十和百位数*/
    printf("请输入一个三位整数");
    scanf("%3d",&x);            /*输入一个三位整数*/
    x100=x/100;                 /*分离百位 */
    x10=(x-x100*100)/10;        /*分离十位 */
```

```
        x1=x%10;                          /*分离个位 */
        printf("%d 的逆序数是%d%d %d \n",x,x1,x10,x100);
    }
```

对于例 3.6，用户输入的数据如果不是正整数，不符合设定条件，应该提示用户输入错误，这种问题如何解决呢？根据不同的条件，选择不同的路径进行处理，这样的问题在 C 语言里是用选择结构来描述的。

3.3.2　选择结构的程序设计

在 2.3 节的单个学生信息系统中，希望输入不同编号执行相应的功能模块，这样就构成了选择性的执行程序，程序执行流程如图 3.5 所示；另外，若要对成绩进行分析，比如有几门课的成绩在 80 分以上，是否有"不通过"的科目(某一门课程考试成绩大于等于 60 分，该课程考核视为通过；如果考试成绩小于 60 分，则视为不通过。)等等类似的问题利用顺序结构程序是无法实现的，这类问题的解决首先要判断条件，根据判断结果确定数据处理的方法，即要用到选择结构。

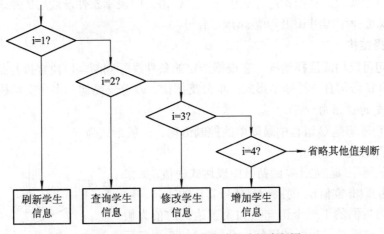

图 3.5　学生信息管理系统功能选择流程图

对于例 3.6，如果用户输入的数据小于 0，则应给出提示，如果数据大于等于 0，则进行逆序输出的处理。其分支流程图见图 3.6。

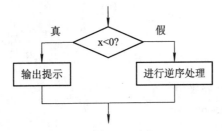

图 3.6　用户输入的数据小于 0 的分支流程图

例 3.7　改写例 3.6，实现用户输入数据小于 0 的处理。

```
#include<stdio.h>
    void main()
```

```
    {   int x;                          /*保存输入的三位整数*/
        int x1,x10,x100;                /*分别保存 x 的个、十和百位数*/
        printf("请输入一个三位整数");
        scanf("%3d",&x);                /*输入一个三位整数*/
        if(x<0)
            printf("请输入一个正确的三位整数！"); /*选择结构，判断输入数据是否合理*/
        else
        {   x100=x/100;                 /*分离百位 */
            x10=(x-x100*100)/10;        /*分离十位 */
            x1=x%10;                    /*分离个位 */
            printf("%d 的逆序数是%d%d %d \n",x,x1,x10,x100);
        }
    }
```

要设计选择结构程序，就要考虑两个方面的问题：一是在 C 语言中如何来表示条件，二是在 C 语言中实现选择结构用什么语句。在 C 语言中表示条件一般用关系表达式或逻辑表达式，实现选择结构用 if 语句或 switch 语句。

1．if 选择结构

用 if 语句可以构成选择结构。它根据给定的条件进行判断，以决定执行某个分支程序段。C 语言的 if 语句有三种基本形式：单分支结构、双分支结构和多分支结构。

1) 单分支的 if 语句

单分支 if 语句是 C 语言中最简单的控制语句。一般形式为

　　　if(表达式)　语句;

遇到 if 关键字，首先计算圆括号中表达式的值，如果表达式的值为真(非零值)，则执行圆括号其后的语句，然后执行该语句后面的下一个语句。如果表达式的值为假("0")，则跳过圆括号后面的语句，直接执行 if 语句后面的下一个语句。执行过程如图 3.7 所示。

例 3.8　输入两个整数，输出其中较大的数。
```
#include "stdio.h"
void main()
{
    int a,b,max;
    printf("请输入两个整数: ");
    scanf("%d%d",&a,&b);
    max=a;
    if (max<b)    max=b;
    printf("max=%d",max);
}
```

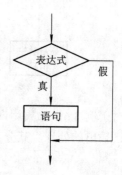

图 3.7　单分支 if 语句执行流程图

也可改写为

```
#include "stdio.h"
void main()
{
    int a,b;
    printf("请输入两个整数: ");
    scanf("%d%d",&a,&b);
    if (a>b)    printf("max=%d",a);
    if (a<=b)    printf("max=%d",b);
}
```

例 3.9　有 3 个数 a、b、c，要求按由小到大的顺序输出。

```
#include "stdio.h"
void main( )
{
    float a, b,c,t;
    scanf("%f, %f,%f",&a, &b,&c);
    if (a>b)    {t=a;   a=b;   b=t;}       /*如果 a 大于 b，则进行交换，把小的数放入 a 中*/
    if (a>c)    {t=a;   a=c;   c=t;}       /*如果 a 大于 c，则进行交换，把小的数放入 a 中*/
                                          /*至此 a,b,c 中最小的数已放入 a 中*/
    if (b>c)    {t=b;   b=c;   c=t;}       /*如果 b 大于 c，则进行交换，把小的数放入 b 中*/
                                          /*至此 a,b,c 中的数已按由小到大顺序排好*/
    printf ("%6.2f, %6.2f, %6.2f",a, b ,c);
}
```

由于 if(表达式)后面所完成的功能(两个数的交换)不能用一条语句完成，因此均采用复合语句来完成，构成复合语句的一对大括号"{}"不可缺少，如果没有大括号"{}"，if 语句的分支作用只是对其后的第一条语句起作用，而对另外两条语句不起作用。

读者还可以考虑重新改变比较顺序来实现本题。

2) 双分支的 if 语句

双分支的 if 语句可以选择执行一条语句(可能是复合语句)或者什么都不做。在例 3.6中，当输入两个整数后，必然只有两种结果，第一个数字大或第二个数字大。对于必有两个分支的结果，采用双分支 if-else 语句比较适当，其一般形式为

　　　if (表达式)　语句 1；
　　　else　　　语句 2；

遇到 if 关键字，首先计算小括号中的表达式，如果表达式的值为真(非"0")，则执行紧跟其后的语句 1，执行完语句 1 后，接着执行 if-else 结构后面的下一条语句；如果表达式的值为假("0")，则执行 else 关键字后面的语句 2，接着执行 if-else 结构后面的语句。执行过程如图 3.8 所示。

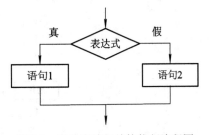

图 3.8　双分支选择结构执行流程图

例 3.10 输入两个整数，用双分支的 if 语句，输出其中的较大数。

```c
#include "stdio.h"
void main()
{
    int a,b;
    printf("请输入两个整数: ");
    scanf("%d%d",&a,&b);
    if (a>b)      printf("max=%d",a);
    else      printf("max=%d",b);
}
```

如果输出条件变为

当 a 大于 b 时，输出 "a>b"；

当 a 小于 b 时，输出 "a<b"；

当 a 等于 b 时，输出 "a=b"。

上述输出条件大于两个，即有多个分支，如何用 if 语句表达这样的选择输出呢？

3) 多分支选择语句

当有多个分支选择时，可采用多分支 if-else if-else 语句，其一般形式为

  if (表达式 1)   语句 1；

  else if (表达式 2) 语句 2；

  else if (表达式 3) 语句 3；

  …

  else if (表达式 m) 语句 m；

  else   语句 n；

其执行流程：先判断表达式 1 的值，若为真(非 "0")，则执行语句 1，然后跳到整个 if 语句之外继续执行下一条语句；若为假("0")，则执行下一个表达式 2 的判断，若表达式 2 的值为真(非 "0")，则执行语句 2，然后同样跳到整个 if 语句之外执行 if 语句之后的下一条语句；否则一直这样继续判断，当出现某个表达式的值为真时，执行其后对应的语句，然后跳到整个 if 语句之外继续执行程序；如果所有的表达式均为假，则执行语句 n，然后继续执行后续程序。执行过程如图 3.9 所示。

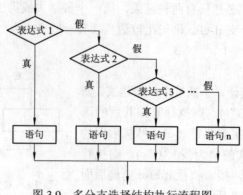

图 3.9　多分支选择结构执行流程图

例 3.11　根据输入的学生成绩按 A(90～100)，B(80～89)，C(70～79)，D(60～69)，E(60 分以下)输出相应的等级，如果成绩大于 100 或小于 0，则输出"Input Error!"

分析：该问题可以按照如下步骤实现：

(1) 输入成绩 score——数据。

(2) 判断成绩 score，如果该数大于 100 或者小于 0，则输出"input error!"，程序结束；否则执行(3)。

(3) 判断成绩 score，如果该数在 90～100 之间，则输出 A，程序结束；否则执行(4)。

(4) 判断成绩 score，如果该数在 80～89 之间，则输出 B，程序结束；否则执行(5)。

(5) 判断成绩 score，如果该数在 70～79 之间，则输出 C，程序结束；否则执行(6)。

(6) 判断成绩 score，如果该数在 60～69 之间，则输出 D，程序结束；否则执行(7)。

(7) 输出 E，程序结束。

```c
#include "stdio.h"
void main ( )
{    int score;
     printf ("请输入成绩 : " );
     scanf ("%d", &score );
     if (score<0 || score>100 )    printf ("input error! \n" );
     else if (score>=90 )    printf ("\n%d-----A\n", score );
     else if (score>=80 )    printf ("\n%d-----B\n", score );
     else if (score>=70 )    printf ("\n%d-----C\n", score );
     else if (score>=60 )    printf ("\n%d-----D\n", score );
     else    printf ("\n%d-----E\n", score );
}
```

说明：

(1) 以上 3 种 if 语句中 if 后面的条件表达式，一般是逻辑表达式或关系表达式，例如：

```c
if(salary >2000&& salary <=2500)    printf("税率为 5%");
```

也可以是其他表达式，如赋值表达式等，甚至也可以是一个变量、常量。例如：

```c
if(b)  语句;
if(5)  语句;
```

都是允许的。

在执行 if 语句时，系统先对表达式进行求解，若表达式的值为"0"，按"假"处理；若表达式的值为非"0"，则按"真"处理，执行指定的语句。例如在"if(5) …;"中，因为表达式的值为 5，是非"0"的，按"真"处理，所以其后的语句总是要执行的。当然，这种情况在程序中不一定会出现，但在语法上是合法的。又如，有程序段：　if(a=b)

```c
printf("%d",a);
else        printf("a=0");
```

此语句在执行时，先把 b 变量的值赋予 a 变量，如为非"0"则输出该值，否则输出"a=0"字符串。这种用法在程序中是经常出现的。

(2) 在 if 语句中，条件判断表达式必须用圆括号括起来，在语句之后必须加分号。else 子句不能作为语句单独使用，它必须是 if 语句的一部分，与 if 配对使用。

(3) 在 if 语句的三种形式中，所有的语句应为单个语句，如果要想在满足条件时执行多个语句，则必须把这多个语句用"{}"括起来组成一个复合语句。但要注意的是在"}"之后不能再加分号。

2. switch 选择结构

C 语言还提供了另一种有效的、结构清晰的多分支选择语句，即 switch 语句，也称开关语句。它根据给出的表达式的值，将程序控制转移到某个语句处执行。使用它可以克服嵌套的 if 语句易于造成混乱及过于复杂等问题。C 程序设计中常用它来实现分类、菜单设计等处理。其一般形式为

```
switch(表达式)
{    case 常量表达式 1: 语句 1;
     case 常量表达式 2: 语句 2;
     …
     case 常量表达式 n: 语句 n;
     default : 语句 n+1;
}
```

其中，表达式是任意符合 C 语言语法规则的表达式，但其值只能是字符型或整型；常量表达式只能是由常量所组成的表达式，其值也只能是字符型常量或整型常量；语句序列均可由一个或多个语句组成；default 子句可以省略，如果有的话，可以放在整个语句组中的任何位置，但通常作为整个语句组的最后一个分支。

执行流程如下：先求表达式的值，再依次与 case 后面的常量表达式值比较，若与某个常量表达式的值相等，则从该 case 开始执行，然后不再进行判断，继续执行后面所有 case 后的语句，直到 switch 语句的右花括号为止。如果表达式的值与所有 case 后面的常量表达式均不相同，当有 default 分支时，则执行 default 后的语句，否则什么也不执行。

例 3.12 要求输入一个数字，输出一个英文单词。

```
#include "stdio.h"
void main()
{    int a;
     printf("input integer number: ");
     scanf("%d",&a);
     switch (a)
     {    case 1: printf("Monday.");
          case 2: printf("Tuesday.");
          case 3: printf("Wednesday.");
          case 4: printf("Thursday.");
          case 5: printf("Friday.");
          case 6: printf("Saturday.");
          case 7: printf("Sunday.");
```

```
                default:printf("error.");
            }
        }
```

从键盘输入数字 5 之后，程序运行结果输出：Friday. Saturday. Sunday. error.。

这反映了 switch 语句的特点。"case 常量表达式"只相当于一个语句标号，若表达式的值和某标号相同，则从该标号开始执行，执行完一个 case 后面的语句后，流程控制转移到下一个 case 继续执行，不能在执行完该标号的语句后自动跳出整个 switch 语句。这是与前面的 if 语句不同的，应该引起注意。

为了避免上述情况，应该在执行一个 case 分支后，使流程跳出 switch 语句，即终止 switch 语句的执行，可以在每一个 case 语句之后增加 break 语句来达到此目的，最后一个分支可以不加 break 语句。

```
        switch (a)
        {    case 1: printf("Monday."); break;
             case 2: printf("Tuesday."); break;
             case 3: printf("Wednesday."); break;
             case 4: printf("Thursday."); break;
             case 5: printf("Friday."); break;
             case 6: printf("Saturday."); break;
             case 7: printf("Sunday."); break;
             default:printf("error.");
        }
```

break 语句只能用在 switch 语句或循环语句中，其作用是跳出 switch 语句或跳出本层循环，转去执行后面的程序。

在使用 switch 语句时还应该注意以下几点：

(1) 一定要用圆括号把 switch 后面的表达式括起来，否则会给出出错信息。

(2) 常量表达式与 case 之间通常应有至少一个空格，否则可能被编译系统认为是语句标号，如 case5，出现语法错误，这类错误较难查找。

(3) 所有 case 子句后所列的常量表达式值必须互不相同，否则就会互相矛盾。

(4) 每个 case 后面的常量表达式的类型，必须与 switch 关键字后面的表达式类型一致。每个 case 只能列举一个整型常量或字符型常量，否则会出现语法错误。

```
        float x;
        int a=3,b=4,c;
        switch(x*2)              /*错：x*2 为实数。可改成：(int)(x*2)*/
        {    case 2.5：c=1;       /*错：2.5 非整型常量。可改成：(int)(2.5)*/
             case a+b：c=2;       /*错：a+b 不是常量表达式。可改成：3+4*/
             case 1,2,3：c=3;     /*错：不允许。可改成：case 1:case 2:case 3:*/
        }
```

(5) 一定要用花括号将 switch 里的 case、default 等括起来。在 case 后面可以包含多条执行语句，但可以不必用花括号括起来，系统会自动顺序地执行本 case 后面所有的执行语句。当然加上花括号也可以。

(6) switch 语句结构清晰，易理解。任一 switch 语句均可用 if 语句来实现，但反之不然。原因是 switch 语句中的表达式只能取整型或字符型，而 if 语句中的表达式可取任意类型的值。

(7) 多个 case 还可以共用一组执行语句。

例 3.13　假设公民缴纳个人所得税的税率如下(amount 代表个人收入，rate 代表税率)

$$
\begin{cases}
\text{rate=0} & \text{(amount<2000 元)} \\
\text{rate=5\%} & \text{(2000 元≤amount<3000 元)} \\
\text{rate=10\%} & \text{(3000 元≤amount<4000 元)} \\
\text{rate=15\%} & \text{(4000 元≤amount<5000 元)} \\
\text{rate=20\%} & \text{(amount≥5000 元)}
\end{cases}
$$

编写程序，要求从键盘上输入个人收入，根据以上税率计算出相应的税金并输出。

分析：将收入划分为 5 个不同范围，即 5 种情况，根据不同的收入，选择不同的税率，这个问题适合用多分支选择语句来解决。

设：个人收入为 amount；税率为 rate；实际税金为 tax；p 代表 5 种情况。

```c
#include <stdio.h>
void main()
{   float amount, rate,tax;
    int p;
    printf ("请输入个人收入：");
    scanf("%f",&amount);
    if(amount>=5000)
        p=5;
    else
        p=amount/1000;
    switch(p)
    {   case 0:
        case 1:tax=0;  break;
        case 2:tax=0.05*(amount-2000);break;
        case 3:tax=50+0.1*(amount-3000);break;
        case 4:tax=150+0.15*(a-4000);break;
        case 5: tax=300+0.2*(a-5000); break;
    }
    printf ("应付税金为：%.3f 元\n", tax);
}
```

3．选择结构嵌套

从键盘输入两个整数，比较这两个整数的关系，并输出结果。解决问题的思路如图 3.10 所示，从流程图中可以看出，在第一个条件判断为真的情况下，嵌入了另外一个条件的判断，也就是在选择结构中嵌入了选择结构，构成了选择结构的嵌套，用 C 语言实现的源程序如下。

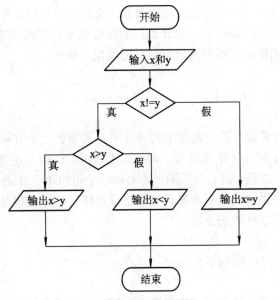

图 3.10　程序流程图

例 3.14　输入两个整数，判断并输出两个数之间的大小关系。

```c
#include <stdio.h>
void main()
{    int x, y;
     printf("Enter integer x and y: ");
     scanf("%d%d",&x,&y);
     if (x!=y)
         if (x>y)
              printf("%d>%d\n",x,y);
         else
              printf("%d<%d\n",x,y);
     else    printf("%d=%d\n",x,y);
}
```

1) if 语句的嵌套

if(表达式)或 else 后面的语句有一个或多个 if 语句时，就形成了 if 语句的嵌套结构。其一般形式可表示如下：

　　if(表达式 1)

　　　　if(表达式 1_1) 语句 1_1

　　　　else 语句 1_2

　　else

　　　　if(表达式 2_1) 语句 2_1

　　　　else 语句 2_2

一般而言，如果嵌套的 if 语句都带 else 子句，那么 if 的个数与 else 的个数总相等，加之良好的书写习惯，则嵌套中出现混乱与错误的机会就会少一些。但在实际程序设计中常需要使用带 else 子句和不带 else 子句的 if 语句的混合嵌套。在这种情况下，嵌套中就会出现 if 与 else 个数不等的情况，很容易出现混乱的现象。例如：

```
if(表达式 1)
    if(表达式 2)   语句 1
else    语句 2
```

从形式上看，编程者似乎希望程序中的 else 子句属于第一个 if 语句，但编译程序并不这样认为，仍然把它与第二个 if 相联系。对于这类情况，C 语言明确规定：if 嵌套结构中的 else 总是属于在它上面的、离它最近的、又无 else 子句的那个 if 语句。尽管有这类规定，建议还是应尽量避免使用这类嵌套为好。如果必须这样做，应使用复合语句的形式明显指出 else 的配对关系。可以这样来处理：

```
if(表达式 1)
    { if(表达式 2)   语句 1 }
else    语句 2
```

例 3.15　比较两个整数的关系，有以下几种写法，请读者判断哪些是正确的？

程序 1：
```
if(x>=y)
    if (x>y)   c='>';
    else   c='=';
else
    c='<';
printf ("%d%c%d\n",x,c,y);
```

程序 2：将上面程序的 if 语句改为
```
if ( x<y )   c='<';
else   if ( x>y )   c='>';
    else      c='=';
```

程序 3：将上面程序的 if 语句改为
```
c='<';
if ( x!=y )
    if ( x>y )   c='>';
else      c='=';
```

程序 4：
```
c='=';
if ( x>=y )
    if ( x>y )   c='>';
else      c='<';
```

只有程序 1 和程序 2 是正确的。一般把内嵌的 if 语句放在外层的 else 子句中(如程序 2 那样)，这样由于有外层的 else 相隔，内嵌的 else 不会和外层的 if 配对，而只能与内嵌的 if

配对，从而不致搞混，如像程序 3、4 那样就容易混淆。

　　例 3.16　输入三个边长 a、b、c，判断它们是否能构成三角形，若能构成三角形，则进一步判断此三角形是哪种类型的三角形(等边三角形、等腰三角形、一般三角形)。

```c
#include "stdio.h"
void main( )
{
    int a,b,c;
    printf("请输入三角形三个边长：");
    scanf("%d%d%d",&a,&b,&c);
    printf("边长 a=%d,b=%d,c=%d",a, b,c);
    if(a+b>c&&a+c>b&&b+c>a)    /*输入的 3 条边 a、b、c 能否构成三角形*/
        if(a==b&&b==c)    printf("等边三角形\n");     /*是否为等边三角形*/
        else if(a==b||a==c||b==c)    printf("等腰三角形\n"); /*是否为等腰三角形*/
        else if((a*a+b*b==c*c)||(a*a+c*c==b*b)||(b*b+c*c==a*a))
            printf("直角三角形\n");                  /*是否为直角三角形*/
        else    printf("一般三角形\n");
    else    printf("不能构成三角形\n");
}
```

2) switch 与 if 的混合嵌套

switch 语句中包含 if 语句或者 if 语句中包含 switch 语句时，就形成了 switch 与 if 的混合嵌套结构。

　　例 3.17　计算器程序。用户输入运算数和四则运算符，输出计算结果。考虑除数为 0 的情况。(运算的结果通过运算符来实现，运算符有 4 种具体的符号，所以选用多分支选择语句处理运算符。)

```c
#include "stdio.h"
void main()
{   float a,b;
    char c;
    printf("Please input expression: a+(-,*,/)b \n");
    scanf("%f%c%f",&a,&c,&b);
    switch(c)
    {   case '+': printf("%f\n",a+b);break;
        case '-': printf("%f\n",a-b);break;
        case '*': printf("%f\n",a*b);break;
        case '/': if(b!=0)
                    printf("%f\n",a/b);
                else
                    printf("除数为零\n");
                break;
```

```
        default: printf("input error\n");
        }
    }
```

3) switch 语句的嵌套

在 switch 语句中有包含一个或多个 switch 语句时，就形成了 switch 语句的嵌套结构。

例 3.18 switch 语句的嵌套的例子。

```
#include "stdio.h"
void main()
{   int x=1,y=0,a=0,b=0;
    switch(x)
    {   case 1: switch(y)
            {   case 0:a++;break;
                case 1:b++;break;
            }
        case 2:a++;b++;break;
    }
    printf("a=%d,b=%d\n",a,b);
}
```

4. 选择结构程序实例

选择结构程序设计一般要解决 3 个问题：

(1) 选择结构语句的选择，即是选择 if 语句还是选择 switch 语句。如果处理的分支多，各个分支的条件可以通过不同的值进行描述，则采用 switch 语句；如果处理的分支多，各分支条件没有办法统一描述，则采用多分支的 if 语句或多条 if 语句实现。分支少的情况下，采用 if 语句。

(2) 设置判断条件。对于 if 语句是条件表达式的设计，对 switch 语句是处理情况的分类和选择条件的设计。

(3) 选择体语句的设计，即每个分支的具体操作设计。

例 3.19 求一元二次方程 $ax^2+bx+c=0$ 的解，其中系数 a、b、c 从键盘上输入。

分析：输入量：方程系数 a、b、c(float);输出量：两个实根 x_1、x_2(float)

中间量：判别式 $\Delta = b^2 - 4ac$ (disc, float)

对系数 a、b、c 考虑以下情形：

(1) 若 a=0：

① b<>0，则 x=-c/b；

② b=0，则若：c=0，则 x 有无穷解；

c<>0，则 x 无解。

(2) 若 a<>0：

① $b^2 - 4ac > 0$，有两个不等的实根 $x = \dfrac{-b \pm \sqrt{b^2 - 4ac}}{2a}$；

② $b^2 - 4ac = 0$，有两个相等的实根 $x = \dfrac{-b}{2a}$；

③ $b^2 - 4ac < 0$，有两个共轭复根。

```c
#include "stdio.h"
#include "math.h"
void main()
{    float a,b,c,disc,x1,x2,p,q;
     printf("请输入一元二次方程系数(a,b,c)：");
     scanf("%f,%f,%f",&a,&b,&c);
     if(fabs(a)<=1e-6)
         if(fabs(b)>1e-6)
             printf("方程的根为：%f\n",-c/b);
         else if(fabs(c)<=1e-6)
             printf("此方程有无穷解\n");
         else
             printf("此方程无解!\n");
     else
     {    disc=b*b-4*a*c;
          if (fabs(disc)<=1e-6)              /*fabs()：求浮点数绝对值库函数*/
              printf("x1=x2=%7.2f\n",-b/(2*a));   /*输出两个相等的实根*/
          else if (disc>1e-6)
          {    x1=(-b+sqrt(disc))/(2*a);      /*求出两个不相等的实根*/
               x2=(-b-sqrt(disc))/(2*a);
               printf("x1=%7.2f,x2=%7.2f\n",x1,x2);
          }
          else
          {    p=-b/(2*a);                    /*求出两个共轭复根*/
               q=sqrt(fabs(disc))/(2*a);
               printf("x1=%7.2f+%7.2fi\n",p,q);    /*输出两个共轭复根*/
               printf("x2=%7.2f-%7.2fi\n",p,q);
          }
     }
}
```

由于 a、b、c、disc($b^2 - 4ac$)是一个实数，而实数在计算机中存储时经常会有一些微小误差，所以不能直接判断 a、b、c、disc 是否等于 0。本例采取的方法是(以 disc 为例)：判断 disc 的绝对值是否小于一个很小的数(例如 10^{-6})，如果小于此数，就认为 disc=0。

一般情况下，如果有两个以上基于同一个数值型变量(整型变量、字符型变量、枚举类型变量等)的条件表达式，尤其是对于作为判断的数值型变量的取值很有限，且对每一个不同的取值，所做的处理也不一样的情况，最好使用 switch 语句，这样更易于阅读和维护。

这里有两点需要注意：① 作为判断条件的变量是数值型的；② 所有的判断条件都是基于同一个数值变量，而不是多个变量。

例如，例 3.11 "根据录入的百分制成绩，显示相应的成绩等级" 中用 if 语句实现的程序更适合用 switch 语句表达。

例 3.20 给出百分制成绩，要求输出等级 'A'，'B'，'C'，'D'，'E'。90 分以上为'A'，80～89 分为'B'，70～79 分为'C'，60～69 分为'D'，60 分以下为'E'。

```
#include <stdio.h>
void main()
{   int score,num;
    char grade;
    printf("请输入成绩：");
    scanf("%d",&score);
    if(score>=0&&score<=100)
    {   num=score/10;          /*利用两个整数相除，结果自动取整的特性*/
        switch(num)
        {   case 10:
            case 9 : grade='A'; break;
            case 8 : grade='B'; break;
            case 7 : grade='C'; break;
            case 6 : grade='D'; break;
            default : grade='E';
        }
        printf("%d 分是%c 等级\n",score,grade);
    }
    else
        printf("input error\n");
}
```

3.3.3　循环结构的程序设计

在 2.3 节的单个学生信息管理系统中，管理了一个学生的信息，如果管理 200 个人的信息，如何实现呢？可以使用简单的顺序结构语句来编写(如，可用 200 个 scanf 语句输入学生信息)，但编写出来的程序会很长，效率较低。在编制程序解决一个较大问题时，往往会遇到这样的情况：多次反复执行同一段程序，C 程序中可用循环结构来简化这样的问题。

循环是一种有规律的重复，是指在一定条件下对同一程序段重复执行若干次，被重复执行的部分称为循环体，循环的执行条件称为循环条件，实现循环的程序结构称为循环结构。

C 语言提供了 4 种循环语句组成各种不同形式的循环结构：

(1) 用 for 语句；

(2) 用 while 语句；

(3) 用 do-while 语句；

(4) 用 goto 语句和 if 语句构成循环。

1. while 语句

while 语句用于实现"当型"循环结构，一般形式为

　　while(表达式)　语句；

其中，表达式是循环条件，语句为循环体语句。

执行 while 语句时，首先计算表达式的值，当值为真(非"0")时，执行循环体语句。之后继续判断表达式的值是否为真(非"0")，如果为真(非"0")，继续执行循环体语句，如此重复，直到表达式的值为假("0")，则离开循环结构，转去执行 while 语句后面的下一条语句。while 循环的执行过程如图 3.11 所示。

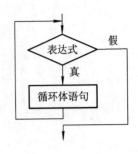

图 3.11　while 循环执行流程图

例 3.21　用 while 语句求 1～100 的累计和。

```
#include "stdio.h"
void main()
{   int i=1,sum=0;          /*初始化循环控制变量 i=1 和累加器 sum=0*/
    while(i<=100)
    {   sum+= i;            /*实现累加*/
        i++;               /*循环控制变量 i 增 1*/
    }
    printf("sum=%d\n", sum);
}
```

程序运行结果为：sum=5050。程序流程如图 3.12 所示。

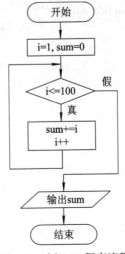

图 3.12　例 3.21 程序流程

例 3.22　用 while 语句求 n！

分析：求一个数的阶乘也就是 n*(n-1)*(n-2)*…*2*1，那么反过来从 1 乘到 n 也成立。当 n=1 和 0 时要单独考虑，它们的阶乘都是 1。其流程图如图 3.13 所示。

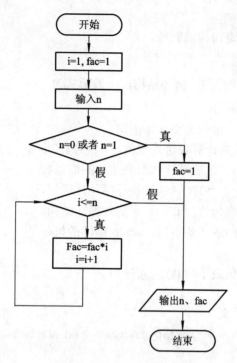

图 3.13　例 3.22 程序流程图

```
#include <stdio.h>
void main()
    {
        int i=2,n;
        float fac=1;
        printf("please input an interger>=0.\n");
        scanf("%d",&n);
        if(n==0||n==1)
            {
                fac=1;
            }
        while (i<=n)
            {
                fac=fac*i;
                i++;
            }
        printf("factorial of %d is:%.2f.\n",n,fac);
    }
```

使用 while 语句应注意以下几点：

(1) while 语句：先判断表达式，后执行语句。循环体可能执行多次，也可能一次也不执行。

(2) while 语句中的表达式一般是关系表达式或逻辑表达式或任意合法的表达式，其两端的圆括号不能少，只要表达式的值为真(非"0")即可继续循环。例如：

```
x=10;   while(x!=0) x--;      /*退出循环时 x 为 0*/
```

等价于：

```
x=10;   while(x) x--;         /*退出循环时 x 为 0*/
```

也可写成：

```
x=10;   while(x--);           /*退出循环时 x 为-1*/
```

(3) 循环之前循环变量应有值，以能够在进入循环时计算条件(表达式)。

(4) 循环体语句如果包括一个以上的语句，则必须用一对大括号括起来，组成复合语句。如果不加大括号，则 while 语句的范围只到 while 后面第一个分号结束。

(5) 在循环体中，语句位置的先与后有时会影响运算结果。例如：

```
while(i<=100)
    { i++;   sum+= i; }
```

当 i=100 时，"i<=100"条件满足，继续执行循环体"i++"，使 i 等于 101，sum= sum+101，导致整个累加和的结果不是 1～100 而是 1～101。因此，初学者要特别注意条件表达式的边界与循环体中语句的对应位置。

(6) 不要把 if 语句构成的选择结构与 while 语句构成的循环语句等同起来。在 if 语句中，若条件表达式成立，则 if 块只执行一次；而在 while 语句中，只要条件表达式成立，就执行循环体直至条件为不成立为止。可见，循环体被执行的次数受条件控制，如果条件表达式永远成立，循环体就要一直执行下去。为了避免这种现象，在设计循环时，循环体内应该有改变条件表达式值的语句，使条件表达式的值最终变成 0 而结束循环。下面的程序显然是错误的：

```
#include "stdio.h"
void main()
{   int i=1,sum=0;            /*初始化循环控制变量 i 和累加器 sum*/
    while(i<=100)
        sum+= i;             /*实现累加*/
    printf("sum=%d\n", sum);
}
```

由于 i 的值始终是 1，循环条件永远成立，循环将无休止地做下去，形成死循环。

(7) while 循环常常用于事先不知道循环次数的情形。

(8) 注意循环的次数以及循环变量的终止值，该值可能在后面的语句中会用到。

2．do-while 语句

do-while 语句用于实现"当型"循环结构，一般形式为

```
    do
        语句;
    while(表达式);
```

其中，语句是循环体语句，表达式是循环条件。

do-while 语句的语义是：先执行循环体语句一次，再判别表达式的值，若为真(非"0")则继续执行循环体语句，然后再判断表达式的值，如此重复，直到表达式的值为假("0")时结束循环，转去执行 do-while 语句后的下一条语句。do-while 循环的执行过程如图 3.14 所示。

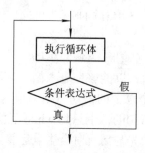

图 3.14　do-while 循环执行流程图

例 3.23　用 do-while 语句求解 1～100 的累计和。

```
#include "stdio.h"
void main()
{ int i=1,sum=0;              /*定义并初始化循环控制变量以及累加器*/
    do
    {   sum+=i;               /*累加*/
        i++;
    }while(i<=100);           /*循环继续条件：i<=100*/
    printf("sum=%d\n", sum);
}
```

程序流程如图 3.15 所示。

do-while 语句和 while 语句的区别在于 do-while 是先执行后判断，因此 do-while 至少要执行一次循环体。而 while 是先判断后执行，如果条件不满足，则一次循环体语句也不执行。while 语句和 do-while 语句一般都可以相互改写，要注意修改循环控制条件。如果 while 后面的表达式一开始就为假("0")，则两种循环的结果是不同的。

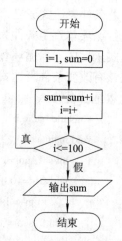

图 3.15　例 3.23 程序流程图

使用 do-while 语句还应注意以下几点：

(1) "表达式"为关系表达式、逻辑表达式和任意合法的表达式，两端的圆括号不能少。在 if 语句、while 语句中，表达式后面都不能加分号，而在 do-while 语句的表达式后面则必须加分号。

(2) 在 do 和 while 之间的循环体如果由多个语句组成，也必须用大括号括起来组成一个复合语句。

(3) 与 while 循环相同，循环体中应有改变循环变量的语句，以便能结束循环，否则会产生死循环。

(4) 一般地说，do-while 语句的使用不如 while 语句和 for 语句那样广泛，但在某些场合下，do-while 循环语句还是很有特色的。

请读者自己编写程序用 do-while 语句重新实现例 3.22。

3．for 循环结构

for 语句是 C 语言所提供的功能最强，使用最广泛的一种循环语句。它不仅可以用于循环次数已经确定的情况，也可用于循环次数虽然不确定，但是给出了循环条件的情况。其一般形式为

　　　　for(表达式 1；表达式 2；表达式 3)　语句；

其中：

"表达式 1"：通常用来给循环变量赋初值，一般是赋值表达式。也允许在 for 语句外给循环变量赋初值，此时可以省略该表达式。

"表达式 2"：通常是循环条件，一般为关系表达式或逻辑表达式。

"表达式 3"：通常可用来修改循环变量的值，一般是赋值语句。

这三个表达式都可以是逗号表达式，即每个表达式都可由多个表达式组成。三个表达式都是任选项，三部分均可缺省，甚至全部缺省，但其间的分号不能省略。

"语句"：循环体语句。如果是由多个语句组成的，则必须用一对大括号括起来，使其成为一个复合语句。如果不加大括号，则 for 语句的范围只到 for 后面第一个分号结束。

for 语句最简单的应用形式如下：

　　　　for(循环变量赋初值；循环条件；循环变量增值)　循环体语句；

for 语句的执行过程如图 3.16 所示。

for 语句的执行过程：

(1) 首先计算表达式 1 的值。严格地说，这时还没有开始循环。

(2) 再计算表达式 2 的值，若值为真(非"0")，则执行循环体语句一次，否则跳出循环，转至第(4)步。

(3) 然后再计算表达式 3 的值，转回第(2)步重复执行，如此循环。

(4) 结束循环，执行 for 语句后面的下一条其他语句。

在整个 for 循环过程中，"表达式 1"只计算一次，"表达式 2"和"表达式 3"则要执行多次(具体次数由"表达式 2"决定)。

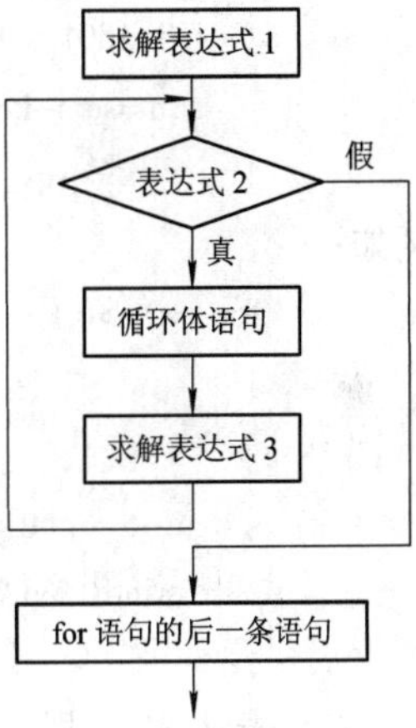

对于 for 循环语句的一般形式，就是如下的 while 循环形式：

　　　　表达式 1；
　　　　while(表达式 2)
　　　　{　　循环体语句
　　　　　　表达式 3；
　　　　}

图 3.16　for 循环执行流程图

编程时选用 while 语句还是 for 语句，在很大程度上取决于程序人员的个人爱好。如果不包含初始化或重新初始化部分，使用 while 循环语句比较自然。如果要做简单的初始化与增量处理，循环次数确定的情况下，那么最好还是使用 for 语句，因为它可以使循环控制的语句更紧凑、关系更密切，并把控制循环的信息放在循环语句的顶部，使程序更容易理解。

例 3.24 用 for 语句求 1~100 的累计和。

```
#include "stdio.h"
void main()
{    int i,sum=0;                        /*将累加器 sum 初始化为
0*/

        for(i=1;i<=100;i++) sum+=i;   /*实现累加*/
        printf ("sum=%d\n",sum);
}
```

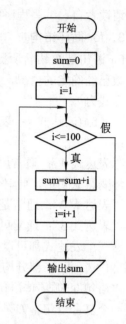

图 3.17 例 3.24 程序流程图

例 3.24 程序流程如图 3.17 所示。

在使用 for 语句中要注意以下几点：

(1) 如省去表达式 1，在执行流程中跳过求解表达式 1 这一步，直接求解并判断表达式 2；但相关变量赋初值要在 for 语句之前单独实现。如省去表达式 2，将不再进行循环条件测试，认为表达式 2 永为真；此时循环体中应有可结束循环的处理，否则死循环。如省去表达式 3，在流程中将跳过表达式 3 的求解，此时循环控制变量的增值可在循环体中实现。例如：

```
for(i=1; ; i++)
{    if(i>100)    break;        /*控制退出循环*/
     sum=sum+i;
}
```

又如：

```
for(a=0;n>0;)
{
     a++;
     n--;       /*由循环体内的 n--语句进行循环变量 n 的递减，以控制循环次数*/
     printf("%d ",a*2);
}
```

(2) 表达式 1 既可以是给循环变量赋初值的赋值表达式，也可以是与此无关的其他表达式(如逗号表达式)。例如：

```
for(sum=0;i<=100;i++)   sum+=i;        /*无关的表达式(i 在 for 之前已赋值)*/
for(sum=0,i=1;i<=100;i++)   sum+=i;    /*逗号表达式*/
```

(3) for 语句中条件判断总是在循环开始时进行。表达式 2 是一个逻辑量，除一般的关系表达式或逻辑表达式外，也允许是数值或字符表达式，只要其值为非零，就执行循环体语句。例如：

```
for( printf(":");scanf("%d",&x),t=x; printf(":"))   printf("x*x=%d t=%d\n",x*x,t);
```

当给 x 输入 0 时，以上 for 循环将结束执行。在此 for 语句中，"scanf("%d",&x),t=x;" 是循环控制表达式，这是一个逗号表达式，以 t=x 的值作为此表达式的值，因此只有 x 的值为 0 时，表达式的值为"假"，使循环结束。

(4) 循环体可以是空语句。例如：

```
#include"stdio.h"
void main()
{    int n=0;
     printf("input a string:\n");
     for(;getchar()!='\n';n++);
     printf("您共输入了%d 个字符\n",n);

}
```

本例中，省去了 for 语句的表达式 1。在表达式 2 中先从终端接收一个字符，然后判断此字符是否不等于'\n'(换行符)，如果不等于'\n'，就执行循环体。表达式 3 不是用来修改循环变量，而是用作输入字符的计数。这样，就把本来应该在循环体中完成的计数放在表达式中完成了，因此循环体是空语句。

同 for 语句一样，while 语句和 do-while 语句中的循环体也可以是空语句。例如：

```
while(getchar()!='\n');
```

和

```
do;
while(getchar()!='\n');
```

这两个循环都是直到键入回车为止。

注意：空语句后的分号不可少，如缺少此分号，for 语句和 while 语句将把后面的语句当成循环体来执行，而 do-while 语句也不能编译。反过来说，如果循环体不为空语句，决不能在表达式的括号后加分号，这样又会认为循环体是空语句而不能反复执行。这些都是编程中常见的错误，因此要十分注意。

例 3.25　用循环结构输入 5 个学生的基本信息以及成绩，并输出 5 名同学的相关信息，参考程序如下。

```
#include<stdio.h>       /*I/O 函数*/
#include<stdlib.h>      /*其他说明*/
void main()
{
     char code ;         /*学号*/
     char name ;         /*姓名*/
     int age=0;          *年龄*/
     char sex ;          /*性别:M—male；F—female*/
     float grade1=0,grade2=0,grade3=0,grade4=0,grade5=0,total,avg,totalno,i; /*变量说明*/
     printf(" \n\n                         \n\n");
     printf("  *********************************************\n\n");
     printf("  *                学生信息管理系统                *\n \n");
     printf("  *********************************************\n\n");
     printf("      ---------------------   ---------------------   \n");
     printf("      *********************************************       \n");
```

```
        printf("        * 本系统可完成学生信息的录入、显示与期末成绩统计的功能。\n");
        printf("        * 请按照提示操作：    \n");
/* 欢迎界面*/
        printf("        ---------------------    ---------------------    \n");
        printf("        ****************************************    \n");
        printf("        * 录入学生信息:    \n");
        printf("        ****************************************    \n");
        for (i=1;i<=5;i++)
        {
                printf("请输入%d 学生的学号:\n",i);
                scanf("%c",&code);
                getchar();
                printf("请输入%d 学生的姓名:\n",i);
                scanf("%c",&name);
                getchar();
                printf("请输入%d 学生的年龄:\n",i);
                scanf("%d",&age);
                printf("请输入%d 学生的性别:\n",i);
                scanf("%c",&sex);
                getchar();
        }
/*录入学生信息*/
        printf("        ---------------------    ---------------------    \n");
        printf("        ****************************************    \n");
        printf("        * 显示学生信息:    \n");
        printf("        ****************************************    \n");
        printf("学生学号 学生姓名   年龄   性别   出生年月   地址   电话   E-mail\n");
        for (i=1;i<=5;i++)
        {
                printf("-----------------------------------------------------------------\n");
                printf("%6d%c %6d %c %9d %c %10d%c\n",code,name,age,sex,time,add,tel,mail);
        }
/* 显示学生信息*/
        printf("        ---------------------    ---------------------    \n");
        printf("        ****************************************    \n");
        printf("        * 录入学生考试成绩:    \n");
        printf("        ****************************************    \n");
        for (i=1;i<=5;i++)
        {
```

```
            printf("请输入第%d 个学生的科目 1 成绩(正整数):\n",i);
            scanf("%d",&grade1);
            printf("请输入第%d 个学生的科目 2 成绩(正整数):\n",i);
            scanf("%d",&grade2);
            printf("请输入第%d 个学生的科目 3 成绩(正整数):\n",i);
            scanf("%d",&grade3);
            printf("请输入第%d 个学生的科目 4 成绩(正整数):\n",i);
            scanf("%d",&grade4);
            printf("请输入第%d 个学生的科目 5 成绩(正整数):\n",i);
            scanf("%d",&grade5);
        }
    /*录入学生考试成绩*/
        printf("      ---------------------   ---------------------                \n");
        printf("      ********************************************       \n");
        printf("      * 统计学生考试成绩:       \n");
        printf("      ********************************************       \n");
        total=grade1+grade2+grade3+grade4+grade5;
        avg=total/5;
            if (avg>=90 )    printf("学生%s 的平均成绩为优秀:%d\n",code,avg);
        else if (avg>=80 )    printf("学生%s 的平均成绩为良好:%d\n",code,avg);
        else if (avg>=70 ) printf("学生%s 的平均成绩为中等:%d\n",code,avg);
        else if (avg>=60 )    printf("学生%s 的平均成绩为及格:%d\n",code,avg);
        else    printf("学生%s 的平均成绩为不及格:%d\n",code,avg);
        printf("学生%s 的总成绩为:%d\n",code,total);
    /*显示学生成绩统计信息*/

    }
```

该程序希望输入和输出 5 名学生的信息以及成绩，请读者对程序结构进行分析，如果结果不能满足设计的要求，考虑如何改进？

4. 循环的嵌套

若循环结构中的循环体内又完整地包含了另一个或多个循环语句，则称为循环的嵌套。C 语言中的四种循环语句可以互相嵌套。循环嵌套的层数没有明确的限定，在实际应用中，两层或三层嵌套的使用非常普遍，分别称为二重循环与三重循环。每一层循环在逻辑上必须是完整的，循环之间可以并列但不能交叉。

使用多重循环时一定要分清循环的层次，为此，要注意几点：

(1) 不同层次循环一般要采用不同的循环控制变量。例如，外层循环用变量 i 控制循环，那么，内层循环就不要再用 i 来控制循环，否则就会造成逻辑上的混乱。

(2) 外循环每执行一遍，内循环从初值到终值完整执行一周。

(3) 内层循环一定要采用缩进的书写格式。

例如，二层循环嵌套(又称二重循环)结构如下：

```
        for( ; ; )                              /*for 称为外循环*/
        {
            语句 1
            while (表达式)                      /* while 称为内循环*/
            {
                循环体语句                      /*for 中嵌套一个 while 循环*/
            }
            语句 2
        }
```

例 3.26 在屏幕上输出下三角九九乘法表，输出结果如斜三角形式。

算法分析：

(1) 输出有 9 行，按照一定规律输出多行，用循环控制行的输出，for (i=1;i<=9;i++)

(2) 每一行有多列，每一行中按照规律输出多列，用循环控制列的输出，第 i 行的第 j 列 for(j=1;j<=i;j++)

按照(1)、(2)的分析，有两个循环，每一行的列数与行号相关，因此列的输出在行循环体内

(3) 循环体输出 i*j

```c
#include "stdio.h"
void main()
{
    int i,j;
    for(i=1;i<=9;i++)
    {
        for(j=1;j<=i;j++)
            printf("%d*%d=%-4d ", i,j,i*j);
        printf("\n");
    }
}
```

程序运行结果：

```
1*1=1
2*1=2   2*2=4
3*1=3   3*2=6    3*3=9
4*1=4   4*2=8    4*3=12   4*4=16
5*1=5   5*2=10   5*3=15   5*4=20   5*5=25
6*1=6   6*2=12   6*3=18   6*4=24   6*5=30   6*6=36
7*1=7   7*2=14   7*3=21   7*4=28   7*5=35   7*6=42   7*7=49
8*1=8   8*2=16   8*3=24   8*4=32   8*5=40   8*6=48   8*7=56   8*8=64
9*1=9   9*2=18   9*3=27   9*4=36   9*5=45   9*6=54   9*7=63   9*8=72   9*9=81
```

例 3.27　打印由"*"号组成的菱形图案：

```
   *
  ***
 *****
*******
 *****
  ***
   *
```

由键盘输入 n(n<15)，然后打印 2n−1 行由"*"号组成的图案。在上图中，n=4。

分析：由于从第 1 行到第 n 行星号是逐渐增加的，而从第 n+1 行到第 2n−1 行星号是逐渐减少的，因此图形可分为上、下两部分处理。对于上半部分，第 1 行先输出 n−1 个空格，再输出 1 个星号，第 2 行先输出 n−2 个空格，再输出 3 个星号，各行输出规律如下：

行号 i	空格数	空格数与行号的关系	星号数	星号数与行号的关系
1	3	4−1	1	2×1−1
2	2	4−2	3	2×2−1
3	1	4−3	5	2×3−1
4	0	4−4	7	2×4−1
i		n−i		2×i−1

有了最后一行给出的规律，程序就不难编写了。图形下半部分的规律请读者自行分析。

```c
#include "stdio.h"
void main()
{
    int i,j,n,k;
    printf("input n(<=10): ");
    scanf("%d",&n);
    for(i=1;i<=n;i++)
    {
        for(j=1;j<=n-i;j++)
            printf(" ");
        for(j=1;j<=2*i-1;j++)
            printf("*");
        printf("\n");
    }
    for(i=n-1;i>=1;i--)
    {   for(j=1;j<=n-i;j++)
            printf(" ");
        for(j=1;j<=2*i-1;j++)
            printf("*");
```

```
        printf("\n");
    }
}
```

5. 其他控制语句

1) continue 语句

continue 语句只能用在循环结构中，其一般格式为

    continue;

其语义是：结束本次循环，即不再执行循环体中 continue 语句之后的语句，转入下一次循环条件的判断与执行。应注意的是，本语句只结束本层本次的循环，并不跳出循环。

对于 while 和 do-while 循环，continue 语句跳过循环体中剩余的语句，使控制直接转向条件判断部分；对于 for 循环，遇到 continue 语句后，跳过本次循环体中剩余的语句，先计算 for 语句中表达式 3 的值，然后再执行条件判断(表达式 2)。

例 3.28　输出 200～300 之间为 9 的倍数的自然数。

```c
#include "stdio.h"
void main()
{
    int n;
    for(n=200;n<=300;n++)
    {
        if (n%9!=0)
        continue; /*n 不是 9 的倍数则不执行下一条语句，继续执行下一次循环*/
        printf("%4d ",n);   /*n 是 9 的倍数才执行该输出语句*/
    }
}
```

2) break 语句

break 语句只能用在 switch 语句或循环语句中，其作用是跳出 switch 语句或跳出本层循环，转去执行后面的程序。break 语句的一般形式为

    break;

使用 break 语句可以使循环语句有多个出口，在一些场合下使编程更加灵活、方便。

例 3.29　检查输入的一行中有无相邻两字符相同。

```c
#include "stdio.h"
void main()
{
    char a,b;
    printf("input a string:\n");
    b=getchar();
```

```
        while((a=getchar())!='\n')
    {    if(a==b)
        {
            printf("same character\n");
            break;
        }
            b=a;
        }
    }
```

continue 语句和 break 语句的区别是：continue 语句只结束本次循环，而不是终止整个循环的执行，而 break 语句则是结束整个循环过程，不再判断执行循环的条件是否成立。例如以下两个循环结构：

```
① while(表达式 1)                      ② while(表达式 1)
  {                                       {
     语句 1;                                 语句 1;
     if(表达式 2) break ；                    if(表达式 2) continue；
     语句 2;                                 语句 2;
  }                                       }
```

程序①的流程图如图 3.18 所示，而程序②的流程图如图 3.19 所示。请注意图 3.18 和图 3.19 中当"表达式 2"为真时流程图的转向。

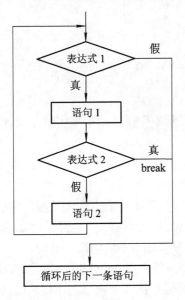

图 3.18　break 对程序流程的影响

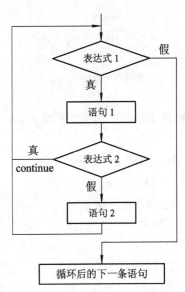

图 3.19　continue 对程序流程的影响

3）goto 语句

goto 语句也称为无条件转移语句，其一般格式为

　　goto　语句标号；

其中，语句标号是按标识符规定书写的符号，放在某一语句行的前面，标号后加冒号(:)。它的命名规则与变量名相同，即由字母、数字和下划线组成，其中第一个字符必须为字母或下划线。不能用整数来作标号。例如："goto step3;"是合法的，而"goto 3;"是不合法的。语句标号起标识语句的作用，与 goto 语句配合使用。例如：

```
label: i++;

loop: while(x<6)
```

C 语言不限制程序中使用标号的次数，但各标号不得重名。goto 语句的语义是改变程序流向，转去执行语句标号所标识的语句。

在结构化程序设计中一般不主张使用 goto 语句，以免造成程序流程的混乱，使理解和调试程序都产生困难。

一般来讲，goto 语句可以有两种用途：

(1) 与 if 语句一起构成循环结构；

(2) goto 语句可以随意从循环体中跳转到循环体外或从循环体外跳转至循环体内，所以使用时要慎重考虑程序的逻辑结构。

例 3.30　用 if 和 goto 语句构成循环求 1～100 的累计和。

```
#include"stdio.h"
void main()
{    int i,sum=0;
      i=1;
      loop: if(i<=100)
      {    sum=sum+i;
            i++;
            goto   loop;
      }
      printf("%d",sum);
}
```

本例使用的是"当型"循环结构，也可以用"直到型"循环结构来实现，请读者自己完成。

6. 循环结构程序举例

1) 循环结构应解决的问题

循环结构一般应解决的问题包括循环语句的选择、循环条件的设计以及循环体的设计。

(1) 循环语句的选择。同一个问题往往既可以用 while 语句解决，也可以用 do-while 或者 for 语句来解决，但在实际应用中，应根据具体情况来选用不同的循环语句。

for 语句和 while 语句先判断循环条件，后执行循环体；而 do-while 语句是先执行循环体，后进行循环条件的判断。for 语句和 while 语句可能一次也不执行循环体；而 do-while 语句至少执行一次循环体。for 和 while 循环属于当型循环；而 do-while 循环更适合第一次循环肯定执行的场合。

while 语句和 do-while 语句多用于循环次数不定的情况。对于循环次数确定的情况，使用 for 语句更方便。

　　while 语句和 do-while 语句只有一个表达式，用于控制循环是否进行。for 语句有三个表达式，不仅可以控制循环是否进行，而且能为循环变量赋初值及不断修改循环变量的值。for 语句比 while 和 do-while 语句功能更强，更灵活。

　　三种循环语句可以相互嵌套组成多重循环。循环之间可以并列但不能交叉。可以用转移语句把流程转出循环体外，但不能从外面转向循环体内。

　　(2) 循环条件的设计。需要设计循环体执行的条件和退出循环的条件。

　　(3) 循环体的设计。注意循环体外的语句不要放至循环体中，循环体中的语句不要放至循环体外。避免出现死循环，应保证循环变量的值在运行过程中可以得到修改，并使循环条件逐步变为假，从而结束循环。

　　2) 循环算法的两种基本方法

　　(1) 穷举。对问题的所有可能状态一一测试，直到找到解或将全部可能状态都测试过为止。循环控制有两种办法：计数法与标志法。计数法要先确定循环次数，然后逐次测试，完成测试次数后循环结束。标志法是指达到某一目标后，循环结束。

　　计数法使用起来很方便。但它要求在程序执行前必须先知道循环的总次数。使用标志法则无须先去数数，而是采取一种"有多少算多少"的办法，在测试中使用一个标志变量，在测试开始前给标志变量赋值为"没有测试完"(可用"0"代表)。然后每测试一次，看一次标志变量的值有无变化。测试完最后一个对象，让标志变量变成"测试完"(可用"1"代表)，于是跳出循环结构。也可以用其他条件确定是否还要穷举下去。

　　例 3.31　有三个正整数，其和为 30，第 1 个数、两倍的第 2 个数和四倍的第 3 个数三者的和为 88，第 1 个数与第 2 个数的和的两倍减去第 3 个数的三倍为–15。编程求这三个数。

　　解决这类问题可以采用穷举法，设第 1、2、3 个数分别为 A、B、C，即产生 0 到 30 的数分别赋给 A、B、C，然后按照条件"A+2*B+4*C=88，2*(A+B)–3*C=–15"进行筛选，符合条件的便显示出来。

```
#include "stdio.h"
void main()
{
    int A,B,C;
    for(A=0;A<=30;A++)
        for(B=0;B<=30;B++)
        {
            C=30-A-B;                    /*保证 A+B+C=30*/
            if(A+2*B+4*C==88 &&2*(A+B)-3*C==-15)
                printf ("A=%d, B=%d,C=%d \n",A,B,C);
        }
}
```

程序运行结果：

　　　　A=2, B=13, C=15

　　例 3.32　编程求出 150～200 之间的全部素数。可用穷举法来判断。

算法一：

素数是指除了 1 和 n 本身，不能被 2~(n-1)之间的任何整数整除的数。最小的素数是 2。判断一个数 n 是否为素数通常对所有可能的因子进行判断，用 n 去整除 2~(n-1)之间的每一个数，如果都不能被整除，则表示该数是一个素数。

需要引入中间变量：循环控制变量 i，j；标志变量 p，素数计数器 count。

```
#include "stdio.h"
#include "math.h"
void main( )
{
    int i, j;
    int p, count=0;
    printf("150~200 之间的素数如下：\n");
    for(i=150; i<=200; i++)
    {
        for(p=1, j=2; j<=i-1; j++)
            if (i%j==0)
            {
                p=0;
                break;
            }
        if (1==p)    /*建议在判断是否相等时，将数值写在左边，变量写在右边*/
                    /*避免出现漏写等号的情况*/
        {
            count++;
            printf("%5d", i);
            if(0== count%10)   printf("\n");
        }
    }
}
```

语句 "if(0== count%10) printf("\n");" 用来在一行上输出 10 个数据后进行换行。效仿该语句可以编写在一行上输出若干个数据的程序。通常屏幕一行有 80 个字符。

算法二：

实际上，2 以上的所有偶数均不是素数，因此可以使循环变量的步长值改为 2，即每次增加 2。此外 n 不必被 2~(n-1)的整数除，只需被 2~n/2 间的整数除即可，甚至只需被 2~$\sqrt{n}$ 之间的整数除即可。这样将大大减少循环次数，减少程序运行时间。

如果 n 能被 2 到 $\sqrt{n}$ 之中的任何一个整数整除，则提前结束循环，此时 i 必然小于或等于 $\sqrt{n}$ ；如果 n 不能被 2 到 $\sqrt{n}$ 之中的任何一个整数整除，则在完成最后一次循环后，i 还要加 1，因此 i=$\sqrt{n}$ +1，然后才中止循环。在循环之后判别 i 的值是否大于或等于 $\sqrt{n}$ +1，若是，则表明未曾被 2 到 $\sqrt{n}$ 之间的任一整数整除过，因此输出"是素数"。

```
#include "stdio.h"
#include "math.h"
void main()
{
    int n,i,k;
    int count=0;
    for(n=151;n<=200;n+=2 )
    {
        k=sqrt(n);
        for (i=2;i<=k;i++)
            if (0== n%i) break;
            if (i>=k+1)
        {
            count++;
            printf("%5d", n);
            if(0== count%10) printf("\n");
        }
    }
}
```

算法三:

判断一个数 n 是否是素数,可将 n 依次除以 2~n-1,如果能够被 2 整除,说明 n 不是素数;否则再将 n 除以 3,如果被整除,说明 n 不是素数;以此类推,直到 n 仍不能被 n-1 所整除,则 n 是素数。该方法效率不高,但易于理解。

```
#include<stdio.h>
void main()
{
    int i,j,n=0;
    for(i=150;i<=200;i++)
    {
        j=2;
        while(i%j!=0)
            j++;
        if(i==j)
        {
            printf("%5d",i);
            n++;
            if(0== n%10)
                printf("\n");
        }
```

```
        }
        printf("\n");
    }
```

运行该程序后，输出结果如下：

　　151　157　163　167　173　179　181　191　193　197　199

(2) 迭代。不断用新值取代旧值，或由旧值递推出变量的新值的过程。迭代与下列因素有关：初值；迭代公式；迭代次数。

例 3.33　求 Fibonacci 数列前 40 个数。

著名意大利数学家 Fibonacci 曾提出一个有趣的问题：设有一对新生兔子，从第三个月开始它们每个月都生一对兔子。按此规律，并假设没有兔子死亡，若干月后共有多少对兔子？

人们发现每月的兔子数组成如下数列

　　　1，1，2，3，5，8，13，21，34，…

并把它称为 Fibonacci 数列。

观察发现：从第三个数开始，每一个数都是其前面两个相邻数之和。这是因为，在没有兔子死亡的情况下，每个月的兔子数由两部分组成：上一月的老兔子数，这一月刚生下的新兔子数。上一月的老兔子数即其前一个数。这一月刚生下的新兔子数恰好为上上月的兔子数。因为上一月的兔子中还有一部分到这个月还不能生小兔子，只有上上月已有的兔子才能每对生一对小兔子。算法可以描述为

$$\text{fib}_{n-1} = \text{fib}_{n-2} = 1 \qquad (n < 3) \qquad\qquad ①$$
$$\text{fib}_n = \text{fib}_{n-1} + \text{fib}_{n-2} \qquad (n >= 3) \qquad\qquad ②$$

式②即为迭代公式，式①为初值。

```c
#include "stdio.h"
void main()
{
    long int f1,f2;
    int i;
    f1=1;
    f2=1;
    for (i=1;i<=20;i++)
    {
        printf("%12ld%12ld   ",f1,f2);
        if (0== i%2)
            printf("\n");
        f1=f1+f2;
        f2=f2+f1;
    }
}
```

例 3.34　给出两个正整数，求它们的最大公约数。

题目分析：约数也叫作因数，最大公约数也叫作最大公因数。最大公约数的定义是：设 A 与 B 是不为零的整数，若 C 是 A 与 B 的约数，则 C 叫作 A 与 B 的公约数，公约数中最大的叫作最大公约数。求两个数的最大公约数的方法有两种。

算法一(根据定义的求法)：找到两个数 m、n 中的最小的数(假定是 m)，用 m、m−1、m−2…等数依次去除 m、n 两数，当能同时整除 m 与 n 时，则该除数就是 m、n 两数的最大公约数。

算法二(辗转相除法)：

① 对于已知两数 m，n，使得 m>n；

② 用 m 除以 n 得到余数 r；

③ 若 r=0，则 n 为最大公约数，结束程序；否则执行④；

④ 　n→m，r→n，再重复执行②，直到 r=0 为止。

```c
#include "stdio.h"
void main()
{
    int m,n,temp,r;
    int a,b;
    printf("请输入两个整数，中间用逗号分隔\n");
    scanf("%d,%d",&m,&n);
    a=m;   b=n;
    if (m < n)   { temp = m; m = n; n = temp;}
    r = m % n;
    while (r !=0)
    {
        m = n;
        n = r;
        r = m % n;
    }
    printf("%d 和%d 的最大公约数是：%d \n",a,b,n);
}
```

程序运行结果：

　　12，8

12 和 8 的最大公约数是：4。

对于使用 do while 语句实现最大公约数的求解，请读者自己完成。

3.4　使用三种程序结构重构学生信息管理系统

在 2.3 节中建立的学生信息管理系统，对单一的学生信息进行管理，虽然有菜单项但不能选择，本章学习了选择结构，可以通过选择语句实现对不同功能的选择；对于重复的输入、输出可以用循环结构语句来简化程序；另外通常需要对多个学生的信息进行管理，即能够输入多个学生的信息，并且能够对信息进行查询，修改等操作。

　　本章的学生信息管理系统，采用循环结构来完成多个学生的信息操作，通过菜单 4 可以添加多名学生的信息，菜单 6 可以显示所有添加的学生的信息。对于不同的信息管理功能，通过选择结构按照序号选择不同的处理，学生信息管理系统的功能菜单如图 3.20 所示。

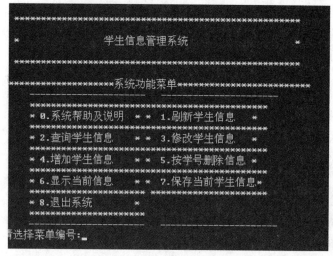

图 3.20　学生信息管理系统主界面

源代码如下：

```
/*********************************************

作者:C语言程序设计编写组

版本:v1.0

创建时间:2015.8

主要功能:

使用三种程序结构重构学生信息管理系统

附加说明:

系统功能未完全实现，还需完善。

*********************************************/


#include<stdio.h>        /*I/O 函数*/
#include<stdlib.h>       /*其他说明*/
#include<string.h>       /*字符串函数*/
#define N 100            /* 最大学生人数，实际请更改*/
int main()
{
        long code ; /* 学号*/
        char name ;/* 姓名*/
        int   age;  /* 年龄*/
```

```
char sex ;  /*  性别 M--男    F--女*/
int    score1;   /*C 语言成绩*/
int    score2; /*  高等数学成绩*/
int    score3; /*  英语成绩*/
int k=1,n,m,item;/*  定义变量*/
int i;
while(k)
{
        int num;
        printf(" \n\n                    \n\n");
        printf("   **************************************************\n\n");
        printf("   *                学生信息管理系统                *\n \n");
        printf("   **************************************************\n\n");
        printf("********************系统功能菜单*********************   \n");
        printf("     ---------------------  ---------------------    \n");
        printf("     *************************************************       \n");
        printf("     *0. 系统帮助及说明  * *  1. 刷新学生信息  *       \n");
        printf("     *************************************************       \n");
        printf("     *2. 查询学生信息    * *  3. 修改学生信息  *       \n");
        printf("     *************************************************       \n");
        printf("     *4. 增加学生信息     * *  5. 按学号删除信息 *       \n");
        printf("     *************************************************       \n");
        printf("     *6. 显示当前信息    * *  7. 保存当前学生信息*       \n");
        printf("     ********************* ***********************      \n");
        printf("     *8. 退出系统           *                  \n");
        printf("     *********************                  \n");
        printf("     ---------------------  ---------------------          \n");
        printf("请选择菜单编号:");
        scanf("%d",&num);
        switch(num)
        {
        case 0:
             printf("\n0.欢迎使用系统帮助！\n");
             printf("\n1.进入系统后，先刷新学生信息，再查询;\n");
             printf("\n2.按照菜单提示键入数字代号;\n");
             printf("\n3.增加学生信息后，切记保存按;\n");
             printf("\n4.谢谢您的使用！\n");
             break;
        case 1:
```

```
                    printf("该功能目前正在建设中\n");
                    system("pause");
                    break;
        case 2: printf("该功能目前正在建设中\n");    system("pause");break;
        case 3:
            {
                    printf("------------------\n");
                    printf("1.修改姓名\n");
                    printf("2.修改年龄\n");
                    printf("3.修改性别\n");
                    printf("4.修改 C 语言成绩\n");
                    printf("5.修改高等数学成绩\n");
                    printf("6.修改英语成绩\n");
                    printf("7.退出本菜单\n");
                    printf("------------------\n");
                    while(1)
                    {
                        printf("请选择子菜单编号:");
                        scanf("%d",&item);
                        switch(item)
                        {
                            case 1:
                                    printf("请输入新的姓名:\n");
                                    scanf("%c",&name);
                                    break;
                            case 2:
                                    printf("请输入新的年龄:\n");
                                    scanf("%d", &age);break;
                            case 3:
                                    printf("请输入新的性别:\n");
                                    scanf("%c",&sex );
                                        break;
                            case 4:
                                    printf("请输入新 C 语言成绩:\n");
                                    scanf("%d",&score1 );
                                    break;
                            case 5:
                                    printf("请输入新的高等数学成绩:\n");
                                    scanf("%d",& score2 );
```

```
                                    break;
                        case 6:
                                printf("请输入新的英语成绩:\n");
                                scanf("%d",&score3);
                                break;
                        case 7:return;
                        default:printf("请在 1-7 之间选择\n");
                    }
                }
            }
                break;
        case 4:
            printf("请输入增加的学生的人数!\n");
            scanf("%d",&n);
            for (i=1;i<=n;i++)
            {
                    printf("请输入第%d 个学生的学号:\n",i );
                    scanf("%ld",&code);
                    printf("请输入第%d 个学生的姓名:\n",i );
                    scanf("% c",&name);
                    printf("请输入第%d 个学生的年龄:\n",i );
                    scanf("%d",&age);
                    printf("请输入第%d 个学生的性别:\n" ,i);
                    scanf("% c",&sex);
                    printf("请输入第%d 个学生的 C 语言成绩:\n",i );
                    scanf("%d",& score1);
                    printf("请输入第%d 个学生的高等数学成绩 :\n",i );
                    scanf("%d",& score2);
                    printf("请输入第%d 个学生的英语成绩 :\n",i );
                    scanf("%d",& score3);
                    printf("第%d 个学生信息录入完毕！请核对！\n\n",i);
                    printf("学生学号 学生姓名 年龄 性别 C 语言成绩 高等数学成绩
                        英语成绩\n");
                    printf("-----------------------------------------------------------------------------\n");
                    printf("%6s %8s %7d %4c %9.1f %9.1f %9.1f \n", code, name, age,
                        sex, score1, score2, score3);
            }
            system("pause");
            break;
```

```
            case 5: printf("该功能目前正在建设中\n");    system("pause");break;
        case 6:
            printf("所有学生的信息为:\n");
            printf("学生学号 学生姓名 年龄 性别 C 语言成绩 高等数学成绩 英语成绩\n");
            printf("------------------------------------------------------------------------\n");
            for(i=0;i<n;i++)
            {
                printf("%6s %8s %7d %4c %9.1f %9.1f %9.1f \n", code, name, age,
                    sex, score1, score2,score3);
            }
            system("pause");
            break;
        case 7: printf("该功能目前正在建设中\n");    system("pause");break;
        case 8:k=0;break;
        default:printf("请在 0-8 之间选择\n");
        }
    }
    return 0;
}
```

对于学生信息的输入，本程序中采用循环输入了多名学生的信息，输入完一个学生的信息，输出核对时是正确的，但是通过菜单 6 "显示所有学生的信息" 时，显示的所有学生信息全部是最后一名学生的信息，原因是什么呢？如何对多个学生的信息有规律的组织呢，下一章数组中将会给出一种新的数据描述方式，来建立一组有规律的数据。

3.5　程序设计的风格

各行业有各行业的行规，程序设计风格就是一种个人编写程序时的习惯，是编写程序的经验和教训的提炼，不同程度和不同应用角度的程序设计人员对此问题也各有所见。

C 程序似一首诗，一定要追求程序外形的清晰、美观。应遵守的风格有下面几点：

(1) 合理加入空行。各自定义函数之间、功能相对独立的程序段之间宜加一空行相隔。

(2) 适当使用注释。注释是帮助程序员理解程序，提高程序可读性的重要手段，对某段程序或某行程序可适当加上注释。

(3) 标识符的命名要么符合人们习惯，要么见名知义(英文或拼音)。符号常量全用大写字母。指针变量名加前缀 "p"，文件指针变量名加前缀 "fp"。

(4) 同类变量的定义、每一条语句各占一行，便于识别和加入注释。

(5) 变量赋初值采用就近原则，最好定义变量的同时赋以初值。

(6) 建议在判断是否相等时，将数值写在左边，变量写在右边，避免将 "==" 写成 "=" 的情况，如错写，编译系统可检查出错误。

（7）选择结构的 if、else、switch，循环结构的 for、while、do 等关键字加上其后的条件、括号独占一行，并且"{"或"}"独占一行或合占一行，以保持括号配对。

（8）多层嵌套结构，各层应缩进对齐，且每层的"{"和"}"应严格垂直左对齐，以保持嵌套结构的层次关系一目了然，便于理解。(俗称"锯齿形")

（9）语句不宜太长，不要超出人的视力控制范围。如果语句太长，应断行。C 代码格式比较灵活，只要可以以空格间隔的代码中间都可以随意换行，但宏定义中如果断行须在上行尾使用续行符"\"。

本 章 小 结

程序设计工作主要包括数据结构和算法设计。算法是由一系列控制结构组成的，三种控制结构是构成复杂算法的基础，本章阐述了数据输入、输出的基本方法，全面介绍结构化程序设计中的三种基本控制结构——顺序结构、选择结构和循环结构，给出了三种基本结构的描述语句语法规则，要求熟练掌握顺序结构、选择结构和循环结构的概念及使用。

用 if 语句和 switch 语句描述选择结构，if 语句用于实现单路、双路和多路分支，switch 语句可以比 if 语句更简便地实现多路分支。用 for 语句、while 语句以及 do-while 语句描述循环结构，for 语句常用于循环次数能预定的计数循环结构；while 语句和 do-while 语句常用于循环次数不确定，由执行过程中条件变化控制循环次数的循环结构，两者不同之处是：while 语句先判断条件，后执行循环体，而 do-while 语句先执行循环体，后判断条件。在控制结构中用到了控制语句：break 语句、continue 语句和 break 语句。break 语句使控制跳转出 switch 结构或跳出循环结构。continue 语句只能用于循环结构，使控制立即转去执行下一次循环。两者相同点是均根据条件进行跳转，不同之处是：前者强制循环立即结束，而后者只能立即结束本次循环而开始判定下一次循环是否进行。goto 语句无条件转向指定语句继续执行。goto 语句应该有限制地使用，多用于直接退出深层循环嵌套。

习　题　三

1. 选择题

（1）以下程序的输出结果是_____。

```
void main()
{
    char c='z';
    printf("%c",c-25);
}
```
　　A．a　　　　　　　B．Z　　　　　　C．z-25　　　　　D．y

（2）假定 w、x、y、z、m 均为 int 型变量，有如下程序段：

```
w=1; x=2; y=3; z=4;
```

m=(w<x)?w; x; m=(m<y)?m;y; m=(m<z)?m; z;

则该程序运行后，m 的值是_____。

    A．4   B．3   C．2   D．1

(3) 若 x 和 y 都是 int 型变量，x=100，y=200 则语句 "printf ("%d", (x , y));" 的输出结果为_____。

    A．200   B．100

    C．100 200   D．输出格式符不够，输出不确定的值

(4) 为了避免嵌套的 if-else 的两义性，C 语言规定：else 与_____配对。

    A．缩排位置相同的 if   B．其之前最近的 if

    C．其之后最近的 if   D．同一行上的 if

(5) x、y、z 被定义为 int 型变量，若从键盘给 x、y、z 输入数据，正确的输入语句是_____。

    A．INPUT x、y、z;   B．scanf("%d%d%d",&x,&y,&z);

    C．scanf("%d%d%d",x,y,z);   D．read("%d%d%d",&x,&y,&z);

(6) 以下程序运行后的输出结果为_____。

```
#include <stdio.h>
viod main ( )
 {
     int x=3 , y=0 , z=0 ;
     if (x=y+z) printf ("* * * *") ;
     else printf ("# # # #") ;
     }
```

    A．有语法错误不能通过编译   B．输出 * * * *

    C．可以通过编译，但不能通过连接，因而不能运行   D．输出 # # # #

(7) 在下面的条件语句中，只有一个在功能上与其他三个语句不等价(其中 s1 和 s2 表示它是 C 语句)，这个不等价的语句是：_____。

    A．if(a) s1; else s2;   B．if(!a) s2; else s1;

    C．if(a!=0) s1; else s2;   D．if(a= =0) s1; else s2;

(8) 设有说明语句：int a=1, b=0; 则执行以下语句后输出为_____。

```
switch(a)
{
    case 1:
        switch(b)
        {
            case 0: printf("**0**");break;
            case 1: printf("**1**");break;
        }
    case 2: printf("**2**");break;
}
```

　　A．**0**　　　　　　　　　　B．**0****2**

　　C．**0****1****2**　　　　　D．有语法错误

(9) 两次运行下面的程序，如果从键盘上分别输入 6 和 4，则输出结果是_____。

```
void main( )
{
    int x;
    scanf("%d",&x);
    if(x + + > 5)
        printf("%d",x);
    else printf("%d\n",x - -);
}
```

　　A．7 和 5　　　　B．6 和 3　　　　C．7 和 4　　　　D．6 和 4

(10)　若有如下定义: float w; int a, b; 则合法的 switch 语句是_____。

```
A.  switch(w)
    {
        case 1.0: printf("*\n");
        case 2.0: printf("**\n");
    }
```

```
B.  switch(a);
    {
        case 1 printf("*\n");
        case 2 printf("**\n");
    }
```

```
C.  switch(b)
    {
        case 1: printf("*\n");
        default: printf("\n");
        case 1+2: printf("**\n");
    }
```

```
D.  switch(a+b);
    {
        case 1: printf("*\n");
        case 2: printf("**\n");
        default: printf("\n");
    }
```

(11) 有如下程序

```
void main( )
{
    int i,sum;
    for(i=1;i<=3;sum++)
    sum+=i;
    printf("%d\n",sum);
}
```

该程序的执行结果是_____。

　　A．6　　　　　　　B．3　　　　　　　C．死循环　　　　　　　D．0

(12) t 为 int 类型，进入下面的循环之前，t 的值为 0

```
while( t=1 )
    { … }
```

则以下叙述中正确的是_____。

　　A．循环控制表达式的值为 0　　　　B．循环控制表达式的值为 1

C. 循环控制表达式不合法　　　　D. 以上说法都不对

(13) 以下程序运行后的输出结果为_____。

```
void main()
{
    int a=0,b=0,c=0,d=0;
    if(a=1)    b=1;c=2;
    else d=3;
    printf("%d, %d, %d, %d\n",a,b,c,d);
}
```

　　A. 0, 1, 2, 0　　　　　　　B. 0, 0, 0, 3

　　C. 1, 1, 2, 0　　　　　　　D. 编译有错

(14) 以下程序的输出结果是_____。

```
void main()
{
    int num= 0;
    while(num<=2)
    {
        num++;
        printf("%d\n",num);
    }
}
```

　　A. 1　　　　　B. 1　　　　　C. 1　　　　　D. 1
　　　2　　　　　　2　　　　　　2
　　　3　　　　　　3
　　　4

(15) 以下程序段中与语句 k=a>b?(b>c?1:0):0；功能等价的是_____。

　　A. if((a>B) &&(b>C)) k=1;　　　　B. if((a>B) ||(b>C)) k=1
　　　　　else k=0;　　　　　　　　　　　else k=0;
　　C. if(a<=B) k=0;　　　　　　　　　D. if(a>B) k=1;
　　　　　else if(b<=C) k=1;　　　　　　　else if(b>C) k=1

(16) 有以下程序：

```
void main()
{
    int i,s=0;
    for(i=1;i<10;i+=2)
        s+=i+1;
    printf("%d\n",s);
}
```

程序执行后的输出结果是 _____。

A．自然数 1～9 的累加和　　　B．自然数 1～10 的累加和

C．自然数 1～9 中的奇数之和　　D．自然数 1～10 中的偶数之和

(17) 以下程序的输出结果是_____。

```
void  main()
{
    int i，j，x=0;
        for(i=0;i<2;i++)
        {
            x ++;
            for(j=0;j<=3;j++)
            {
                    if(j%2)  continue;
                x++;
            }
            x++;
        }
        printf("x=%d\n"，x);}
}
```

A．x=4　　　　　B．x=8　　　　　C．x=6　　　　　D．x=12

(18) 执行下面的程序后，a 的值为_____。

```
void main()
{
    int a,b;
    for (a=1,b=1;a<=100;a++)
    {
        if(b>=20)      break;
        if(b%3==1)
        {
            b+=3;
            continue;
        }
        b-=5;
    }
}
```

A．7　　　　　B．8　　　　　C．9　　　　　D．10

(19) 阅读下面程序，程序执行后的输出结果是_____。

```
void main( )
{
    int i,n=0;
```

```
for(i=2;i<5;i++)
{
    do
    {
        if(i%3)    continue;
         n++;
    }  while(!i);
    n++;
}
printf("n=%d\n",n);
}
```
A．n=5　　　　　B．n=2　　　　　C．n=3　　　　　D．n=4

(20) 分析下面程序，若要使程序的输出值为 2，则应该从键盘给 n 输入的值是_____。
```
void main()
{
    int s=0,a=1,n;
    scanf("%d",&n);
    do
    {
        s+=1;
        a=a-2;
    } while(a!=n);
    printf("%d\n",s);
}
```
A．–1　　　　　B．3　　　　　C．–5　　　　　D．0

(21) 有以下程序：
```
void main()
{
    int m,n,p;
    scanf("m=%dn=%dp=%d",&m,&n,&p);
    printf("%d%d%d ",m,n,p);
}
```
若想从键盘上输入数据，使变量 m 中的值为 123，n 中的值为 456，p 中的值为 789，则正确的输入是 _____。
　　A．m=123n=456p=789　　　　　　B．m=123 n=456 p=789
　　C．m=123，n=456，p=789　　　　D．123 456 789

(22) 分析下面程序，程序运行后的输出结果是 _____。
```
void main()
{
```

```
    int i=1,j=2,k=3;
    if(i++==1&&(++j==3||k++==3))
        printf("%d %d %d ",i,j,k);
}
```

　　A．1 2 3　　　　　B．2 3 4　　　　　C．2 2 3　　　　　D．2 3 3

(23) 要求以下程序的功能是计算：s= 1+1/2+1/3+…+1/10。

```
    void main()
    {
        int n; float s;
        s=1.0;
        for(n=10;n>1;n--)
                s=s+1/n;
        printf("%6.4f\n", s);
    }
```

程序运行后输出结果错误，导致错误结果的程序行是＿＿＿＿＿＿＿＿。

　　A．s=1.0;　　　　　　　　　　B．for(n=10;n>1;n--);

　　C　s=s+1/n;　　　　　　　　　D．printf("%6.4f\n",s);

2．填空题

(1) 有下面的输入语句：

```
    scanf("a=%db=%dc=%d",&a,&b,&c);
```

写出为使变量 a 的值为 1，b 的值为 3，c 的值为 2,从键盘输入数据的正确形式＿＿＿＿＿＿。

(2) 设 y 是 int 型变量，请写出判断 y 为奇数的关系表达式＿＿＿＿＿＿＿＿。

(3) 若要求在 if 后一对圆括号中表示 a 不等于 0 的关系,则能正确表示这一关系的表达式为＿＿＿＿＿＿＿＿＿ 。

(4) 以下两条 if 语句可合并成一条 if 语句为＿＿＿＿＿＿＿＿＿＿。

```
    if(a<=b) x=1;
    else   y=2;
        if(a>b)
        printf("****y=%d\n" ,y);
            else
        printf( "####x=%d\n",x);
```

(5) 要使以下程序段输出 10 个整数，请填入一个整数。

```
    for(i=0;i<=_____ ;printf("%d\n", i+=2));
```

(6) 完善下面程序，程序功能是判断一个数的个位数字和百位数字之和是否等于其十位上的数字，是则输出"yes!"，否则输出"no!"。

```
    #include <stdio.h>
    #include <conio.h>
    void main()
    {
```

```
    int n=0,g,s,b;
    printf("\nInput data: ");
    scanf("%d",&n);
    print("\nThe result is：");
    g=n%10;
    s=n/10%10;
    b=_____;
    if((g+b)==s)
        _____;
    else
        _____;
}
```

(7) 填写程序语句：华氏和摄氏温度的转换公式为：C=5/9*(F-32)，其中 C 表示摄氏的温度，F 表示华氏的温度。要求从华氏 0 度到华氏 300 度，每隔 20 度输出一个华氏温度对应的摄氏温度值。

```
#include <stdio.h>
void main()
{
    int upper,step;
    float fahr=0,celsius;
    upper=300; srtep=20;
    while(_____ <upper)
    {
        _____;
        printf("4.0f\t%6.1f\n",fahr,celsius);
        _____;
    }
}
```

(8) 下面程序的功能是：输出 100 以内能被 3 整除且个位数为 6 的所有整数，请填空。

```
#include  <stdio.h>
void main()
{
    int i, j;
    for(i=0;_____; i++)
    {
        j=i*10+6;
        if(_____)  continue;
        printf("%d",j);
    }
}
```

(9) 有以下程序：

```c
#include < stdio.h >
void main()
{
    int m,n;
    scanf("%d%d",&m,&n);
    while (m!=n)
    {
        while(m>n) m=m-n;
        while(m<n)n=n-m;
    }
    printf("%d\n",m);
}
```

程序运行后，当输入 14　63<回车>时，输出结果是_____。

(10) 下面程序的功能是：计算 1 到 10 之间奇数之和及偶数之和，请填空。

```c
#include <stdio.h>
void main()
{
    int a, b, c, i;
    a=c=0;
    for(i=0;i<=10;i+=2)
    {
        a+=i;
        _____ ;
        c+=b;
    }
    printf("偶数之和=%d\n",a);
    printf("奇数之和=%d\n",c-11);
}
```

3. 编程题

(1) 编写程序，用 getchar 函数读入两个字符给 c1、c2，然后分别用 putchar 函数和 printf 函数输出这两个字符。并思考以下问题：

① 变量 c1、c2 应定义为字符型还是整型？还是二者都可以？

② 要求输出 c1 和 c2 值的 ASCII 码，应如何处理？用 putchar 函数还是 printf 函数？

③ 整型变量与字符变量是否在任何情况下都可以互相代替？

(2) 有 3 个数 a、b、c，要求按由小到大的顺序输出。

(3) 小明问阿凡提："我有一张 10 元的钞票，要兑换成 1 元、2 元、5 元的三种小票，要求兑换后每种面值至少一张，有几种兑换方法？分别怎样兑换？"阿凡提算了半天也没给出答案，请编写程序算一算。

(4) 为铁路编写计算运费的程序。假设铁路托运行李,规定每张客票托运费计算方法是:行李重不超过 50 千克时,每千克 0.25 元;超过 50 千克而不超过 100 千克时,其超过部分每千克 0.35 元;超过 100 千克时,其超过部分每千克 0.45 元。要求输入行李重量,可计算并输出托运的费用。

(5) 通过键盘输入某年某月某日,判断这一天是这一年的第几天?

(6) 输出所有的水仙花数。所谓水仙花数是指一个三位数,其各位数字立方和应等于该数本身。例如 153 是一个水仙花数,因为 $153 = 1^3 + 5^3 + 3^3$。

(7) 用 $\dfrac{\pi}{2} = \dfrac{2}{1} \times \dfrac{2}{3} \times \dfrac{4}{3} \times \dfrac{4}{5} \times \dfrac{6}{5} \times \dfrac{6}{7} \times \cdots$ 前 100 项之积计算 π。

(8) 利用下列泰勒级数计算 sin(x) 的值,要求最后一项的绝对值小于 10^{-5},并统计出满足条件时累加了多少项。例如,从键盘给 x 输入 2,则输出结果为:sin(x)=0.909297,count=6。

$$\sin(x) \approx x - \frac{x^3}{3!} + \frac{x^5}{5!} - \frac{x^7}{7!} + \cdots$$

(9) 编写程序求满足不等式 $1^1 + 2^2 + 3^3 + \cdots + n^n > 10000$ 的最小项数 n。

(10) 有 30 个人在一家饭馆里用餐,其中有男人、女人和小孩。每个男人花了 3 元,每个女人花了 2 元,每个小孩花了 1 元,一共花去 50 元。编写程序求男人、女人和小孩各有几人。

(11) 假设有一段绳子,长度为 1000 米,每天剪去一半再多 1 米,请问需要多少天绳长会短于 1 米?剩余多长?

(12) 输入一串字符,输入回车键结束输入,分别输出其中字母、数字字符和其他字符(字母和数字字符以外的字符)的个数。

(13) 编写程序输出以下图形:

```
                1
              1 2 1
            1 2 3 2 1
          1 2 3 4 3 2 1
        1 2 3 4 5 4 3 2 1
      1 2 3 4 5 6 5 4 3 2 1
    1 2 3 4 5 6 7 6 5 4 3 2 1
  1 2 3 4 5 6 7 8 7 6 5 4 3 2 1
1 2 3 4 5 6 7 8 9 8 7 6 5 4 3 2 1
```

(14) 仿照 3.4 小节,对第 2 章的图书信息管理系统进行重构。

第 4 章　数　　组

教学目标 ✍

☑ 掌握一维、二维数组的定义、初始化和引用，熟悉数组元素在内存中的存储方式。
☑ 理解一维、二维数组地址表示方法，掌握通过指针访问一维、二维数组元素的方法。
☑ 掌握字符数组的定义、特点及初始化方法，熟悉字符串处理库函数的应用。
☑ 掌握字符串的指针和指向字符串的指针变量的使用。
☑ 掌握指针数组和指向指针的指针的使用。
☑ 掌握数组在程序设计中的应用技巧。

在程序设计中，常常遇到大量相同类型的数据的处理问题，如一批商品的价格、一个企业的职工工资、一个班级的学生成绩等。处理这类数据时使用基本类型的变量去描述显然是不合适的。为了处理方便，把具有相同类型的若干变量按有序的形式组织起来。这些按序排列的同类数据元素的集合称为数组。在 C 语言中，数组属于构造数据类型。本章将介绍数组的概念，一维、二维数组的定义与使用，并介绍指针的概念和使用方法。

4.1　引入数组的原因

在第 3 章的学生信息管理系统实例中，实现了对单个学生信息的管理。但是实际情况确是需要管理一个年级，甚至全校学生的信息。显然定义并使用上万个同类型的变量是不现实的。通过例 4.1 可以更为清楚地理解为何要使用数组进行数据管理的原因。

例 4.1　输入一个班级 5 个学生某门课程的成绩，然后输出成绩、求平均成绩。若用简单变量存储成绩，则需要 5 个整型变量。

```c
#include "stdio.h"
void main()
{
    int score1,score2,score3,score4,score5;        /*定义 5 个整型变量*/
    int sum=0;
    float ave;
    /* 输入成绩*/
    scanf("%d,%d,%d,%d,%d",&score1,&score2,&score3,&score4,&score5);
```

```
    sum= score1+score2+score3+score4+score5;        /*计算总分*/
    ave=sum/5.0;                     /* 计算平均成绩*/
    printf("%d,%d,%d,%d,%d\n",score1,score2,score3,score4,score5); /*输出成绩*/
    printf("ave=%.2f\n",ave);         /* 输出平均成绩*/
}
```

试想，假如题目要求输入的学生人数不是 5 个，而是 50 个、500 个，这就需要定义 50
个、500 个整型变量。显然这种处理方法十分麻烦。为了解决这一问题，C 语言提供了"数
组"这一构造类型。数组是个多值变量，由一组同名但不同下标的元素构成。用数组来存
储逻辑相关的数据实体，程序可以方便地按下标组织循环。下面用数组来改写例 4.1 程序：

```
#include "stdio.h"
void main()
{
    int score[50];                   /*定义整型数组 score，包含 50 个元素*/
    int i,sum=0;
    float ave;
    for(i=0;i<50;i++)                /*利用循环输入 50 个学生成绩*/
    {
        scanf("%d",&score[i]);
        sum=sum+score[i];            /*计算总分*/
    }
    ave=sum/5.0;                      /*计算平均成绩*/
    for(i=0;i<50;i++)                /*利用循环输出 50 个学生成绩*/
        printf("%3d",score[i]);
    printf("\nave=%.2f\n",ave);      /*输出平均成绩*/
}
```

由第二个程序看出，数组包含的所有元素都具有相同名字(简称"同名")和相同的数
据类型(简称"同质")。一个数组被顺序地存放在一块连续的内存中，最低位置地址(即首
地址)与第一个元素相对应，最高位置地址与最后一个元素相对应。为了确定各数据与数组
中每一单元的一一对应关系，必须给数组中的这些数编号，即顺序号(用下标来指出)。这
样，用数组名和下标就可以唯一地确定某个数组元素。

只有一个下标的数组被称为一维数组，有两个下标的数组被称为二维数组，以此类推。
C 语言允许使用任意维数的数组。

4.2　数　组　概　念

数组本身是一种构造数据类型。主要是将相同类型的变量集合起来，用一个名称来代
表。数组的使用和其他的变量一样，使用前一定要先定义，以便编译程序能分配内存空间
供程序使用。存取数组中的数据值时，以数组的下标指示所要存取的数据。

4.2.1 一维数组

1．一维数组的定义

一维数组定义的一般形式为

　　　数据类型　数组名[整型常量表达式]；

其中：

(1) 数据类型：规定数组的数据类型，即数组中各元素的类型。可以是任意一种基本数据类型或指针，也可以是将要学到的其他构造数据类型。

(2) 数组名：表示数组的名称，命名规则和变量名相同，为任一合法的标识符，不要与其他的变量名或关键字重名。

(3) 整型常量表达式：必须用方括号括起来，规定了数组中包含元素的个数(又称数组长度)。其中可以包含常数和符号常量，但不能包含变量。

例如：

　　　float x[10];

定义一个数组，数组名是 x，该数组中包含 10 个元素，每个元素都是实型数据。数组元素的下标从 0 开始按顺序编号，这 10 个元素分别是：x[0]、x[1]、x[2]、x[3]、x[4]、…、x[8]、x[9]，不能使用数组元素 x[10]。VC++6.0 编译系统在编译时为 x 数组分配了 10 个连续的存储单元，每个单元占用四个字节，其存储情况如图 4.1 所示。

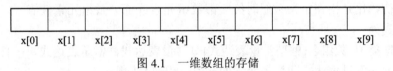

图 4.1　一维数组的存储

数组名表示数组第一个元素 x[0]的地址，也就是整个数组的首地址，是一个地址常量。

在定义中应注意以下几个常见错误：

(1) "int x[];"数组名后面的方括号中内容不能为空，必须为整型常量表达式。这是因为 C 编译程序在编译时要根据此处信息确定出为数组分配存储空间的大小。

(2) "int x(5);"数组名后应该为方括号，不是圆括号。

(3) "int n=4; int x[n];"方括号中不能是变量，必须是常量。

2．一维数组的引用

数组在定义之后就可以使用了。但是数组不能作为一个整体参加各种运算，而是通过引用数组的各个元素来实现对数组的运算。数组元素通常称为下标变量，也是一种变量，其标识方法为数组名后跟一个下标。形式如下：

　　　数组名[下标表达式]

其中，下标表达式可以为任何非负整型表达式，包括整型常量、整型变量、含有运算符的整型表达式，以及返回值为整数的函数调用。下标表达式的值如果为小数时，C 编译将自动取整。下标表达式的值应在元素编号的取值范围内，对于数据长度为 n 的数组，下标表达式的值为 0，1，2，…，n−1。

在引用数组元素时应注意以下几点：

(1) 由于数组元素与同一类型的简单变量具有相同的地位和作用，因此，对变量的任何操作都适用于数组元素。

(2) 在引用数组元素时，下标可以是整型常数或表达式，表达式内允许变量存在。若定义"int x[5];"，设 i=3，下列引用都是正确的：

　　　　x[i]　　　　　　/*引用数组 x 的第 3 个元素*/
　　　　x[i++]　　　　　/*引用数组 x 的第 3 个元素*/
　　　　x[2*i-6]　　　　/*引用数组 x 的第 0 个元素*/

(3) 引用数组元素时下标最大值不能越界。也就是说，若数组长度为 n，下标的最大值为 n−1；若越界，C 编译时并不给出错误提示信息，程序仍能运行，但破坏了数组以外其他变量的值，可能会造成严重的后果。因此，必须注意数组边界的检查。

(4) 在 C 语言中，一般需逐个地使用下标变量引用数组元素。例如，输出存储 10 个学生成绩的整型数组，须使用循环语句逐个输出各下标变量：

```
int score[10];
for(i=0;i<10;i++)
    printf ("%d   ",score[i]);
```

而不能用一个语句输出整个数组，下面的写法是错误的：

```
printf ("%d ", score);
```

3．一维数组元素的初始化

数组的初始化是指在定义数组时给全部数组元素或部分数组元素赋值。一维数组初始化的一般形式为：

　　　　数据类型　数组名[整型常量表达式]={常量表达式，常量表达式，…}；

在大括号中的各常量表达式即为各元素的初值，用逗号间隔。

可按以下方式进行数组的初始化：

(1) 在定义时对全部数组元素赋初值。例如：

```
int score[5]={60,70,80,90,100};
```

定义一个数组 score，经过初始化之后，数组元素的值分别为：score [0]=60，score [1]=70，score [2]=80，score [3]=90，score [4]=100。

(2) 在定义时只给部分元素赋初值。当大括号中的值的个数少于元素个数时，只给前面部分元素赋值。例如：

```
int score [5]={60,70};
```

定义数组有 5 个元素，但只赋给两个初值，这表示只给前面两个元素赋初值(score [0]=60，score [1]=70)，后面三个元素自动默认为 0。

注意：允许只给部分元素赋初值，但初值个数不可多于元素总个数，否则就会出现语法错误。

(3) 如果对数组的全部元素赋以初值，定义时可以不指定数组长度(系统根据初值个数自动确定)。例如，"int score [5]={60,70,80,90,100};"可以简写为"int score []={60, 70, 80, 90, 100};"。

注意：如果被定义数组的长度与初值个数不同，则数组长度不能省略。

(4) 只能给元素逐个赋值，不能给数组整体赋值。

如果给 10 个元素全部赋 60 值，只能写为 "int score [10]={60, 60, 60, 60, 60, 60,60, 60, 60, 60};" 而不能写为 "int score [10]=60;"，也不能写为 "int score [10]={60*10};"。

4．一维数组应用举例

数组是一种应用非常广泛的数据类型，和循环语句的结合使用可以解决很多实际问题。

例 4.2 数组赋值与数组拷贝。

```c
#include "stdio.h"
void main()
{
    int score1[10], score2[10],i;
    for(i=0;i<10;i++)
        score1[i]=i+1;
    for(i=0;i<10;i++)
    {
        score2[i]= score1[i];
        printf("%d ", score2[i]);
    }
}
```

注意： C 语言中数组名不是变量，数组名不代表整个数组的存储空间，因此不能用数组名相互赋值的方法来拷贝整个数组。虽然 score1，score2 是类型相同的两个数组，但赋值表达式 "score1 = score2" 或 "score2 = score1" 都是错误的。

例 4.3 输入 5 个学生成绩，找出最大数和最小数所在位置，并把二者对调，然后输出。

分析： (1) 定义一维数组 score 存放被比较的数。

(2)定义变量 max：最大值；min：最小值；k：最大值下标；j：最小值下标。

(3) 各数依次与 max 和 min 进行比较，若 score [i]>max 则：max= score [i];k=i; 否则判断：若 score [i]<min 则：min= score [i]; j=i;

(4) 当所有的数都比较完之后，将 score [j]=max; score [k]=min;

(5) 输出 score 数组。

```c
#include "stdio.h"
void main( )
{
    int score [5],max,min,i,j,k;
    for(i=0; i<5; i++)
        scanf("%d",& score [i]);        /*录入成绩*/
    max = min = score [0];              /*初始化最值元素*/
    j=k=0;                              /*初始化最值元素下标*/
    for (i=1; i<5; i++)
        if (score[i]<min)
        {
            min=score[i];
```

```
                j=i;
            } /*依次比较寻找最小值*/
        else if (score[i]>max)
            {
                max=score[i];
                k=i ;
            } /*依次比较寻找最大值*/
    score[j]=max;    /*最大值和最小值对调*/
    score[k]=min;
    for (i=0; i<5; i++)
        printf("%5d",score[i]);
    printf("\n");
}
```

人们经常利用数组来对数据进行排序。所谓排序，就是使原本毫无次序的数据按照递增或递减的顺序排列。常用的排序方法很多，有冒泡法、比较法、选择法等。

例 4.4 用冒泡法对输入的 5 个学生的成绩按递增的顺序进行排序。

分析：所谓冒泡法，就是将要排序的数据看成是一个"数据湖"。在这个湖中，小数会向上浮，而大数向下沉，按照这个规则，所有数据最终将变成由小到大的数据序列。假设未排序的数据序列为 90，65，81，78，57。排序步骤如下：

第一轮：从第一个数据开始，将相邻的两个数据进行比较，如果大数在前，则将这两个数进行交换；然后再比较第 2 个和第 3 个数据，当第 2 个数大于第 3 个数时，交换这两个数；重复这个过程，直到最后两个数比较完毕。经过这样一轮的比较，所有的数中最大的数将被排在数据序列的最后。这个过程称为第一轮排序。第一轮排序过程如图 4.2 所示。

第二轮：对从第 1 个数据开始到倒数第 2 个数据之间的所有数进行新的一轮的比较和交换，比较和交换的结果为数据序列中的次大的数被排在倒数第 2 的位置。排序过程如图 4.3 所示。

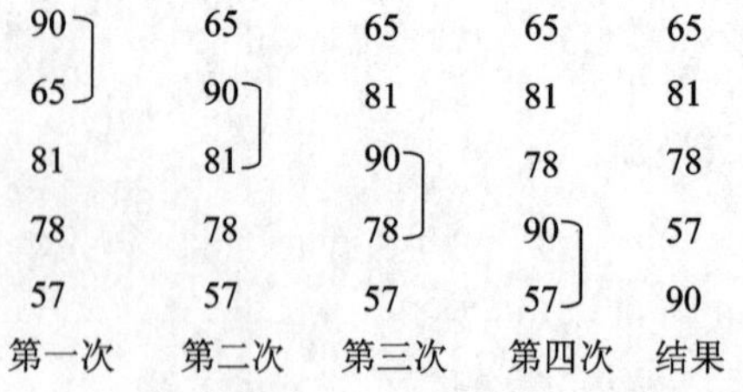

图 4.2　第一轮排序 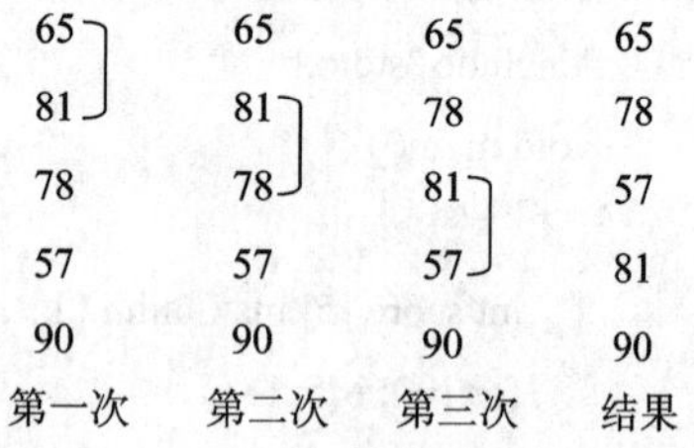　　　　　　　　　　　图 4.3　第二轮排序

第三轮：接下来再开始对从第 1 个数到倒数第 3 个数之间的所有数进行比较和交换。排序过程如图 4.4 所示。

第四轮：最后，从第 1 个数到倒数第 4 个数之间的所有数进行比较和交换。排序过程如图 4.5 所示。

```
65 ┐    65        65                    65 ┐    57
78 ┘    78        57                    57 ┘    65
57      57 ┘      78                    78       78
81      81        81                    81       81
90      90        90                    90       90
第一次  第二次    结果                   第一次   结果
```

图 4.4 第三轮排序   图 4.5 第四轮排序

由以上分析可以得出，如果有 N 个数需要排序，则必须经过 N-1 轮才能完成排序，其中在第 M 轮比较过程中包含 N-M 次两两数比较、交换过程。

根据上述思想，编写程序如下：

```c
#include "stdio.h"
#define N 5                              /*定义学生人数*/
void main()
{
    int score[N],i,j,temp;
    printf("Please input five datas:\n");
    for(i=0;i<N;i++)                     /*给数组 score 赋值*/
        scanf("%d",& score[i]);
    for(i=1;i<N;i++)                     /*外层循环控制比较的轮数*/
        for(j=0;j<N-i;j++)               /*内层循环控制每一轮比较的次数*/
            if(score[j]> score[j+1] )    /*前后两数比较、交换*/
            {
                temp= score[j];
                score[j]= score[j+1];
                score[j+1]=temp;
            }
    printf("The result is:\n");
    for(i=0;i<N;i++)
        printf("%d\t", score[i]);
}
```

程序运行结果为

Please input five datas:

90 65 81   78   57

The result is:

57   65   78   81   90

例 4.5 用比较法对输入的 5 个学生的成绩按递增的顺序进行排序。

分析：设有 n 个元素要排序，先把第一个元素作为最小者，与后面 n-1 个元素比较，如第一个元素大，则与其交换(保证第一个元素总是最小的)，直到与最后一个元素比较完，第一遍就找出了最小元素，并保存在第一个元素位置。再以第二个元素(剩余数据中的第一个元素)作为剩余元素的最小者与后面元素一一比较，若后面元素较小，则与第二个元素交换，直到最后一个元素比较完，第二小的数就找到了，并保存在数组的第二个元素中。依次类推，总共经过 n−1 轮处理后就完成了将输入的 n 个数由小到大排序。

```c
#define N 5                          /*定义学生人数*/
#include "stdio.h"
void main()
{
    int score[N];
    int i,j,t;
    for (i=0; i<N; i++)
        scanf("%d",& score[i]);      /*输入学生成绩 */
    printf("\n");
    for (j=0; j<N-1; j++)            /*确定基准位置 */
        for(i=j+1; i<N; i++)
          if (score[j]> score[i])
          {
               t= score[j];
               score[j]= score[i];
               score[i]=t;
          }
        printf("The sorted numbers: \n");
        for(i=0;i<N;i++)
               printf("%d\t", score[i]);
}
```

4.2.2　二维数组

一维数组可以解决"一组"相关数据的存储问题，但对于"多组"相关数据就显得"力不从心"了。例如，描述 1 个同学 3 门课的成绩，可以用一个一维数组描述，若要描述全班 50 个同学的成绩，则需要 50 个不同的一维数组来描述。用一维数组来实现这类问题会很麻烦，此时可采用二维数组解决上述问题：描述某班 50 个学生的成绩，将定义为一个二维数组 a[学生][课程]，那么，从键盘读入 50 名学生 3 门课的成绩存入数组 a 中，数据之间的关系如表 4.1 所示。

表 4.1　学生成绩表

	语文	数学	英语
学生 1	73	83	78
学生 2	92	88	90
…	…	…	…
学生 50	84	98	96

　　表中的 3 列成绩，代表着不同的科目，对于一个具体的数据，比如 92，它具有双重"身份"；既表明这一成绩属于第 2 名学生；同时又表明这是语文课的成绩。只使用一个下标不能满足要求，而要使用两个下标：第 1 个代表学生，第 2 个代表课程。这样用 a[1][0]就可以唯一标识 92 这个数据，即它代表的是第 1 行第 0 列上的元素。我们称这种带有两个下标的数组为"二维数组"，它在逻辑上相当于一个矩阵或是由若干行和列组成的二维表。因此在二维数组中，第 1 维的下标称为"行下标"，第 2 维的下标称为"列下标"。

1．二维数组的定义

　　二维数组定义的一般形式为

　　　　数据类型　数组名[整型常量表达式 1][整型常量表达式 2]；

其中，常量表达式 1 规定了二维数组中一维数组的个数，常量表达式 2 规定了一维数组中元素的个数，即二维数组的第一个下标规定了二维数组中一维数组的序号，第二个下标规定了一维数组中元素的序号。例如，上述 50 个学生，每个学生 3 门课程的成绩，可以定义如下二维数组描述：

　　　　int score[50][3]；//第一维对应学生人数，第二维对应成绩

　　定义一个二维整型数组，50 行 3 列，共 150 个元素，每个元素都是 int 型。

　　对于以上定义的数组有以下几点说明：

　　(1) 与一维数组相同，其下标只能是正整数，并且从 0 开始编号的。

　　(2) 在计算机中二维数组的元素是按行优先存储的。例如定义二维数组：int a[3][4]，则在内存中，先存储第 1 行的元素，再存储第 2 行的元素，依次类推，直至数组的最后一行，每行中的 4 个元素也是依次存放。二维数组元素的存储顺序如图 4.6 所示。

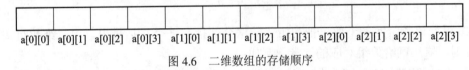

图 4.6　二维数组的存储顺序

　　二维数组一经定义，系统就为其分配了一段连续的存储空间，保证能容纳数组定义时限定的所有数组元素。这个存储空间有一个首地址，a 即为这个首地址。由于数组 a 为 int 型，在 Visual C++6.0 环境下，每个元素均占用 4 个字节。数组 a 共占用连续的 48 个字节。

　　(3) 二维数组可以看作是一个特殊的一维数组，其中的每一个元素又是一个一维数组。当然，也可以用二维数组作元素构成三维数组，以三维数组作元素构成四维数组，以此类推，构成多维数组。例如，数组 a[3][4]可以看成是一个一维数组，它有 3 个元素 a[0]，a[1]，a[2]，每一个元素又是一个包括 4 个元素的一维数组，如元素 a[0]有 4 个元素 a[0][0]，a[0][1]，a[0][2]，a[0][3]。即

a[0]	→	a[0][0]	a[0][1]	a[0][2]	a[0][3]
a[1]	→	a[1][0]	a[1][1]	a[1][2]	a[1][3]
a[2]	→	a[2][0]	a[2][1]	a[2][2]	a[2][3]

　　数组名 a 表示数组第一个元素 a[0]的地址，也就是数组的首地址。a[0]也表示地址，表示第 0 行的首地址，即 a[0][0]的地址；a[1]表示第 1 行的首地址，即 a[1][0]的地址；a[2]表示第 2 行的首地址，即 a[2][0]的地址。因此可以得到下面的关系：

　　　　a=a[0]=&a[0][0]

a[1]=&a[1][0]

a[2]=&a[2][0]

必须强调的是，二维数组 a 中的 a[0]、a[1]、a[2]是数组名，不是一个单纯的数组元素，不能当作普通变量使用。

2. 二维数组的引用

C 语言规定，不能引用整个数组，只能逐个引用数组元素。与一维数组元素的引用形式类似，二维数组中元素的引用也用数组名和下标。引用形式为

数组名[下标表达式 1][下标表达式 2];

其中，下标表达式是结果为任意非负整型表达式，每个下标都从 0 开始。

注意： 数组元素和数组定义在形式中有些相似，但这两者具有完全不同的含义。数组定义语句的方括号中给出的是某一维的长度，即某一维元素的个数；而数组元素中的下标是该元素在数组中的位置标识。前者只能是常量，后者可以是常量、变量或表达式。

3. 二维数组元素的初始化

二维数组的初始化是在数组定义时给各数组元素赋以初值。可以使用以下 4 种方法。

(1) 按行对二维数组赋初值，将每一行元素的初值用一对花括号括起来。例如：

int a[3][3]={{1,2,3},{2,3,4},{3,4,5}};

这种方法比较直观，不容易出错。赋值后数组各元素为

$$\begin{bmatrix} 1 & 2 & 3 \\ 2 & 3 & 4 \\ 3 & 4 & 5 \end{bmatrix}$$

(2) 根据该数组元素个数，把初始化数据全部括在一个花括号内，由二维数组按行存储的规则，依次赋给数组对应的元素。例如：

int a[3][3] ={1,2,3,2,3,4,3,4,5};

这种方法的结果与前面的相同，但当数据较多时，容易产生遗漏数据。

(3) 对部分数组元素赋初值。例如：

int a[3][3]={{1,2},{2,4},{4,5}};

这时只对各行第 1、2 列的元素赋初值，其余元素均为零。赋值后数组各元素为

$$\begin{bmatrix} 1 & 2 & 0 \\ 2 & 4 & 0 \\ 4 & 5 & 0 \end{bmatrix}$$

(4) 在二维数组初始化时可以省略第一维的长度，但必须指定第二维的长度。第一维的长度由系统根据初始值表中的初值个数来确定。例如：

int a[ ][3] ={1,2,3,2,3,4,3,4,5};

由于 a 数组有 9 个初值，列长度为 3，所以该数组的行长度为 3。

在定义时也可以只对部分元素赋初值而省略第一维的长度，但应按行赋初值。例如：

int a[ ][3]={{1,2},{2,4},{4,5}};

例 4.6 建立一个 2 行 3 列的整数矩阵，求它的转置矩阵并输出。

分析：二维数组的输入、输出要用二重循环语句，外循环变量兼做数组元素的行下标，内循环变量兼做数组元素的列下标。矩阵的转置运算就是将二维数组行和列元素互换，一个 2 行 3 列的整数矩阵转置后，得到一个 3 行 2 列的整数矩阵。

```c
#include <stdio.h>
void main()
{
    static int a[2][3]={{1,2,3},{4,5,6}};
    static int b[3][2],i,j;
    printf("array  a:\n");
    for(i=0;i<=1;i++)
            /*将 a 数组中的第 i 行第 j 列元素赋值给 b 数组的第 j 行第 i 列*/
    {
      for(j=0;j<=2;j++)
        {
           printf("%4d",a[i][j]);
              b[j][i]=a[i][j];
        }
            printf("\n");
    }
    printf("array  b:\n");
    for(i=0;i<=2;i++)        /*b 数组为转置后的数组，输出 b 数组元素的值*/
    {
      for(j=0;j<=1;j++)
         printf("%4d",b[i][j]);
         printf("\n");
    }
}
```

程序运行结果为

```
array a：
  1   2   3
  4   5   6
array   b：
  1   4
  2   5
  3   6
```

例 4.7 录入若干名学生的语文、数学、英语三门课程的成绩，分别统计各科总分及各科的平均成绩。

分析：定义一个二维数组用于保存学生的成绩，该数组的第一维控制学生人数(由用户自行设置)，数组的第二维控制课程的数目(预先设定课程数为 3)。

```c
#include"stdio.h"
#define M 100
void main()
{
    int i,a[M][3],n,chinese=0,math=0,english=0,max,min;
    printf("请输入学生记录数:");
    scanf("%d",&n);
    for(i=0;i<n;i++)
    {
        printf("请输入第%d 学生的记录\n",i+1);
        printf("请输入语文成绩:");
        scanf("%d",&a[i][0]);
        printf("请输入数学成绩:");
        scanf("%d",&a[i][1]);
        printf("请输入英语成绩:");
        scanf("%d",&a[i][2]);
        printf("\n");
    }
    /*各课总成绩*/
    for(i=0;i<n;i++)
    {
        chinese+=a[i][0];
        math+=a[i][1];
        english+=a[i][2];
    }
    printf("语文总成绩:%d\n",chinese);
    printf("数学总成绩:%d\n",math);
    printf("英语总成绩:%d\n",english);
    printf("语文平均成绩:%f\n",(float)(chinese)/n);
    printf("数学平均成绩:%f\n\n",(float)(math)/n);
    printf("英语平均成绩:%f\n\n",(float)(english)/n);
    /*输出成绩单*/
    for(i=0;i<n;i++)
    {
     printf("第%d 个学生：语文成绩%d 数学成绩%d 英语成绩%d\n",i+1,a[i][0],a[i][1],a[i][2]);
    }
}
```

二维数组是一种被广泛应用的数据结构。在熟练掌握二维数组使用的基础上，读者还可以尝试利用二维数组解决一些复杂和有趣的问题。比如"杨辉三角形"、"魔方"、"老鼠走迷宫"问题、"八皇后"问题等。

4.2.3　字符数组与字符串

存放字符数据的数组，称为字符数组，每一个元素存放一个字符。同其他类型的数组一样，字符数组既可以是一维的，也可以是多维的。由于 C 语言中的字符串没有相应的字符串变量存储，所以在 C 语言中用字符数组存放字符串。字符数组中的各数组元素依次存放字符串的各字符，字符数组的数组名代表该字符串的首地址，这为处理字符串中个别字符和引用整个字符串提供了极大方便。

1. 字符数组的定义与操作

1) 字符数组的定义

一维字符数组的定义形式为

　　　char 数组名[整型常量表达式];

例如：

　　　char name[10];

该语句定义了一维数组 name 是具有 10 个元素的字符数组，该数组可以用来存储学生的姓名，这 10 个元素分别用 name [0]，name [1]，name [2]，…，name [9]表示。

二维字符数组的定义形式为

　　　char 数组名[整型常量表达式 1][整型常量表达式 2];

例如：

　　　char b[3][4];

该语句定义二维数组 b 是具有 3 行 4 列 12 个元素的字符数组，这 12 个元素分别用 b[0][0]，b[0][1]，b[0][2]，b[0][3]，…，b[2][0]，b[2][1]，b[2][2]，b[2][3]表示。

2) 字符数组的初始化

字符数组也允许在定义时作初始化赋值，通常方式是逐个字符赋给数组中各元素。例如：

　　　char name[10]={'L', 'i', 'M', 'i', 'n', 'g'};

把 10 个字符分别赋给 name[0]到 name[9]的 10 个元素。如果初值个数小于数组长度，则只将这些字符赋给数组中前面那些元素，其余元素自动赋值为空字符('\0')。字符数组 name 在内存中的表示如图 4.7 所示。如果给出的字符个数大于数组长度，则出现语法错误。

L	i	M	i	n	g	\0	\0	\0	\0
c[0]	c[1]	c[2]	c[3]	c[4]	c[5]	c[6]	c[7]	c[8]	c[9]

图 4.7　字符数组的初始化

如果提供的初值个数与预定的数组长度相同，在定义时可以省略数组长度，系统会自动根据初值个数确定数组长度。例如：

　　　char name[ ]={'L', 'i', 'M', 'i', 'n', 'g'};

该数组的长度定义为 6。

二维字符数组初始化方法与二维整型数组方法相同。

3) 字符数组的引用

字符数组中的每个元素相当于一个字符变量，因此对一个数组元素的引用就是对一个字符变量的引用。可以给一个数组元素赋一个字符，也可以得到该数组元素中存放的字符。例如：

```
char name[ ]={'L', 'i', 'M', 'i', 'n', 'g'};
name [2]='N';
```

将数组元素 name[2] 的值由 'M' 改为 'N'。

字符数组除了在定义时可以对其整体赋值外，其他地方不能对其整体赋值，只能逐个元素赋值。例如：

```
char c[5];
c={'A', 'B', 'C'};              /*错误*/
c[0]='A'; c[1]='B'; c[2]='C';   /*正确*/
```

2．字符串

前面介绍的内容是以数值型数据处理为主的，其中也涉及字符串的使用。例如在 "printf("sum=%d",sum);" 语句中用双引号括起来的一串字符 ""sum=%d""，就是字符串的一种应用形式。

在计算机应用中，除了要处理大量的数值型数据外，还不可避免地要处理大量的文字信息。比如，学校的学籍管理系统，在存储学生成绩的同时，还应存储诸如学生姓名、性别、家庭住址等相关信息。通常文字在计算机中是用字符串来表示的。

1) 字符串常量

用双引号括起来的一串字符就是字符串常量，它的末尾将由系统自动地加一个字符串结束标志 '\0'。'\0' 作为转义字符，其 ASCII 码值为 0，是一个非显示字符，也称为"空字符"，在使用中与数字 0、预定义标识符 NULL 具有相同的作用。它表示字符串到此结束，利用该标志可以很方便地测定字符串的实际长度。例如：字符串常量"LiMing"中共有 6 个字符，串的长度就是 6。但它在内存中要占 7 个字节的存储单元，最后一个留给 '\0'。又如：两个连续的双引号 "" 代表的是"空串"，它的长度是 0，但也要占据 1 个存储单元存放'\0'。

在 C 语言中，没有专门的字符串变量，通常用一个字符数组来存放一个字符串常量。

2) 字符数组与字符串的区别

字符数组与字符串在本质上的区别就是"字符串结束标志"的使用。字符数组中的每个元素都可以存放任意的字符，并不要求最后一个字符必须是 '\0'。但作为字符串使用时，就必须以 '\0' 结束。因为很多有关字符串的处理都要以 '\0' 作为操作时的辨别标志。缺少这一标志，系统并不报错，有时甚至可以得到看似正确的运行结果。但这种潜在的错误可能会导致严重的后果。因为在字符串处理过程中，系统在未遇到串结束标志之前，会一直向后访问，以至超出分配给该字符串的内存空间而访问到其他数据所在的存储单元。

3) 通过赋初值为字符数组赋字符串

我们已经知道，数组可以在定义的同时赋初值。那么通过赋初值，一个字符型一维数组中的内容能否作为字符串使用，关键是看数组有效字符后面是否加入了串结束符'\0'。数组定义并赋初值的形式不是唯一的。在某些情况下，系统会自动加入 '\0'，在另一些特定情况下，就需要人为加入 '\0'。

(1) 所赋初值个数少于元素个数时，系统自动加 '\0'。例如：

    char name[10]={'L', 'i', 'M', 'i', 'n', 'g'};

当然也可以人为加入'\0'：

    char name[10]={'L', 'i', 'M', 'i', 'n', 'g', '\0'};

以上两种赋值形式的效果是相同的。但若定义：

    char name[6]={'L', 'i', 'M', 'i', 'n', 'g'};

则数组 name 不能作为字符串使用，只能作为一维数组使用。因为数组中没有存放串结束标志的空间了。

(2) 若采用单个字符赋初值来决定数组大小的定义形式，一定要人为加入 '\0'。例如：

    char name[ ]={'L', 'i', 'M', 'i', 'n', 'g', '\0'};

这时系统为数组 name 开辟 7 个存储单元。但若定义：

    char name[ ]={'L', 'i', 'M', 'i', 'n', 'g'};

则系统只为数组 name 开辟 6 个存储单元，没有存放 '\0' 的存储空间，name 也不能作为字符串使用。

(3) 可以在定义时直接赋字符串常量，这时不用人为加入 '\0'，但必须有存放'\0'的空间。例如：

    char add[15]={ "Shanxi xi'an"};

数组 str1 的长度为 15，str1[10]～str1[14]，自动存放 '\0'。也可以省略花括弧，直接写成：

    char str1[15]= "I am happy";

还可以省略数组长度，由字符串常量来决定数组元素的个数。写成：

    char str2[ ]= "I am happy";

因为系统自动为字符串常量添加串结束标志'\0'，所以字符数组 str2 的长度为 10+1=11，占用 11 个内存单元。但若写成：

    char str3[10]= "I am happy";

则数组 str3 不能作为字符串使用。虽然系统在字符串常量末尾自动添加串结束标志 '\0'，但数组中已经没有存放它的空间了。

4) 字符串的输入和输出

由于字符串是存放在字符数组中的，所以字符串的输入和输出实际上就是字符数组的输入和输出。对字符数组的输入和输出可以有两种方式：

(1) 采用"%c"格式符，每次输入或输出一个字符。

例 4.8 用格式符"%c"逐个字符输出一个字符数组。

```c
#include<stdio.h>
void main( )
{
    char c[10]={'T',' ','a','m',' ','h','a','p','p','y'};
    int i;
    for(i=0;i<10;i++)
    printf("%c",c[i]);
}
```

程序运行结果为

    I am happy

(2) 采用 "%s" 格式符，每次输入或输出一个字符串。

使用 "%s" 格式符处理字符串时的注意事项：

① 在使用 scanf()函数来输入字符串时，"输入项表"中应直接写字符数组的名字，而不再用取地址运算符&，因为 C 语言规定数组的名字就代表该数组的起始地址。由于字符串结束标志的存在，存储字符串的字符数组长度应至少比字符串的实际长度大 1。例如：

    char str[11];

    scanf("%s",str);   /*在 scanf 函数中 str 之前不需要加上 "&" */

输入 I_am_happy，字符串 "I_am_happy" 实际长度为 10，相应存储数组 str 长度至少为 11。

② 还可以使用 gets 函数输入字符串。gets 是系统提供的标准函数，在程序前面应包含头文件 stdio.h。其功能是从键盘输入一个字符串给字符数组。其形式为

    gets(字符数组名)

其中，字符数组名不能带下标，且输入的字符串长度应小于数组的定义长度。该形式可以接受含有空格的字符串(而使用 scanf( )函数为字符数组输入数据时，遇空格键或回车键则认为输入结束，且所读入的字符串中不包含空格键或回车键，而是在字符串末尾添加'\0')。这是 gets 与 scanf 的最大差别。例如：

    char str[15];

    scanf("%s",str);

如果从键盘上输入：How□are□you，则字符数组只能接受 How，系统自动在后面加上一个'\0'结束符。

H	o	w	\0											

因此，可以用一个 gets 函数输入多个字符串，字符串中间以空格键或回车键隔开。

若要字符数组接受 How are you，则 gets 函数为

    gets(str);

这时，输入数据 How□are□you，str 能接收所有的字符。

(3) 用 "%s" 格式输出字符串时，printf ()函数中的输出项是字符数组名，而不是数组元素名。例如，下面形式是错误的：

    printf("%s",c[0]);

(4) 用 "%s" 格式符输出字符数组时，遇 '\0' 结束输出，且输出字符中不包含 '\0'。如果数组长度大于字符串实际长度，也只输出到遇 '\0' 结束。例如：

    char c[10]={ "china"};

    printf("%s",c);

实际输出 5 个字符，到字符 a 为止，而不是 10 个字符。

(5) 如果一个字符数组中包含一个以上 '\0'，则遇到第一个'\0'时输出就结束。例如：

    char c[10]={ "chi\0na"};

    printf("%s ",c);

输出为 chi。

(6) 字符串输出时还可以用 puts 函数输出。与 gets 一样，puts 也是个系统标准函数，在程序前面也应包含头文件 "stdio.h"。其功能是把一个字符数组中的内容送到终端。使用形式为

     puts(字符数组名)

用 puts 函数输出字符数组时，可以把其中的 '\0' 前的内容全部输出，遇到 '\0' 时，该字符不输出，系统自动将其转换为 '\n'，即输出完字符串后系统自动换行。这是和 printf 不一样的地方。

例 4.9 用 puts 函数输出字符串。

```
#include<stdio.h>
#include<string.h>
void main()
{
        char c,s[80];
        int i=0;
        puts("输入字符串:");
        while((c=getchar())!='\n')          /*从键盘接受一个字符赋给 c */
                s[i++]=c;                     /*如果 c 不等于回车则赋给 s 数组元素 */
        s[i]='\0';                            /*应在数组的末尾加上'\0'*/
        puts("\n 输出字符串: ");
        puts(s);
}
```

3. 字符串处理函数

C 语言中没有提供对字符串进行操作的运算符，但在 C 语言的函数库中，提供了一些用来处理字符串的函数。这些函数使用起来方便、可靠，不能由运算符实现的字符串的赋值、合并、连接和比较运算，都可以通过调用库函数来实现。在使用时，必须在程序前面，用命令行指定应包含的头文件 string.h。下面介绍几个常用的字符串处理函数。

1) 字符串拷贝函数 strcpy()

strcpy()函数的一般调用形式：

     strcpy(str1，str2)

其中，str1 为字符数组名或指向字符数组的指针，str2 为字符串常量或字符串数组名，或指向字符数组的指针。

功能：将 str2 所代表的字符串常量或字符数组中的字符串拷贝到字符数组 str1 中。

例如：

```
char name1[20]，name2[ ]="LiMing";
strcpy(name1, name2);              /*也可以为 strcpy(name1, " LiMing ");*/
printf("%s\n", name1);
```

字符数组 name2 中的字符串"LiMing"被拷贝到字符数组 name1 中。

注意:

(1) str2 可以是数组名及数组元素的地址,如"strcpy(name1,& name2[3]);"。

(2) 字符数组 str1 的长度应大于字符数组 str2 的长度,以便容纳被复制的字符串。复制时连同字符串后面的'\0'一起复制到字符数组 str1 中。

(3) 两个字符数组之间不能直接赋值。例如:

```
char name1[20], name2[ ]="LiMing";
name1= name2;          /*赋值语句为非法*/
```

当需要将一个字符串或字符数组整体赋值给另一个字符数组时,只能用 strcpy 函数来实现。

2) 字符串连接函数 strcat()

strcat()函数的一般调用形式:

strcat(str1, str2)

其中,str1 为字符数组或者指向字符数组的指针,str2 为字符数组名、字符串常量或指向字符数组的指针。

功能:连接两个字符数组中的字符串,把 str2 连接到 str1 的后面,并自动覆盖 str1 所指字符串的尾部字符'\0',结果放在 str1 中,函数调用后得到 str1 的地址。例如:

```
char name1[10]="Li ";
char name2[ ]="Ming";
strcat(name1,name2);
printf("%s\n",name1);
```

输出结果为:

Li Ming

注意:

(1) 字符数组 str1 的长度应大于字符数组 str1 和 str2 中的字符串长度的和。

(2) 两个字符数组中都必须含有字符'\0'作为字符串的结尾,而且在执行该函数后,字符数组 str1 中作为字符串结尾的字符'\0'将被字符数组 str2 中的字符串的第 1 个字符所覆盖,而字符数组 str2 中的字符串结尾处的字符'\0'将被保留作为结果字符串的结尾。

3) 字符串比较函数 strcmp()

strcmp()函数的一般调用形式:

strcmp(str1, str2)

其中,str1 和 str2 为字符串常量或字符串数组名。

功能:比较字符串 str1 和 str2 的大小。

字符串的比较规则是:对两个字符串自左至右逐个比较字符的 ASCII 码值的大小,直到出现不同的字符或遇到结束符'\0'为止。如果全部字符相同,则两个字符串相等;否则,当两个字符串中首次出现不相同的字符时停止比较,并以此时 str1 中的字符的 ASCII 码值减去 str2 中的字符的 ASCII 码值作为比较的结果。具体比较规则为

(1) 当比较的结果等于零时,str1 中的字符串等于 str2 中的字符串;

(2) 当比较的结果大于零时,str1 中的字符串大于 str2 中的字符串;

(3) 当比较的结果小于零时,str1 中的字符串小于 str2 中的字符串。

例 4.10 比较两个字符串大小。

```
#include<stdio.h>
void main()
{
    char name1[]="Li Ning";          /*初始化姓名数组*/
    char name2[]="Li Ming";          /*初始化姓名数组*/
    if(strcmp(name1,name2)==0)       /*比较字符串 name1 与 name2 是否相等*/
        printf("name1=name2\n");
    else if(strcmp(name1,name2)<0)   /*比较字符串 name1 是否小于 name2*/
        printf("name1<name2\n");
    else
        printf("name1>name2\n");
}
```

输出结果为

name1>name2

注意：不能直接用关系运算符比较两个字符串的大小。例如：

```
if(name1==name2)   printf("name1=name2\n");   /*错误,此时比较的是两个字符数组的地址,
                                                 而不是内容*/
```

而只能用

```
if(strcmp(name1,name2)==0)   printf("name1=name2");
```

或

```
if(!strcmp(name1,name2))   printf("name1=name2");
```

4) 求字符串长度函数 strlen()

strlen()函数的一般调用形式：

strlen(str)

其中，str 为字符串常量或字符数组名。

功能：返回字符串 str 或字符数组 str 中字符串的实际长度，不包括'\0'在内。例如：

```
char name[20]="Li Ming";
printf("%d\n",strlen(name));
```

此时，输出字符串"Li Ming"的实际长度 7，不包括'\0'.

5) 字符串大小写字母转换函数 strlwr()和 strupr()

strlwr()和 strupr()函数调用形式：

strlwr(str)

strupr(str)

其中，str 为字符串常量或字符串数组名。

功能：strlwr 函数将字符串数组 str 中的大写字母转换成小写字母；strupr 函数将字符串数组 str 中的小写字母转换成大写字母。例如：

```
char name[ ]="LI MING";
strlwr(str);
printf("%s\n",name);
strupr(name);
```

```
printf("%s\n",name);
```
输出结果为
```
Li ming
LI MING
```

4. 字符串数组

程序设计中经常要用到字符串数组。例如，数据库的输入处理程序就要将用户输入的命令与存储在字符串数组中的有效命令相比较，检验其有效性。可用二维字符数组的形式建立字符串数组，行下标决定字符串的个数，列下标决定串的最大长度。例如，下面的语句定义了一个字符串数组，它可存放 30 个字符串，串的最大长度为 80 个字符：

```
char str_array[30][80];
```

要访问单独的字符串是很容易的，只需标明行下标就可以了。下面的语句以数组 str_array 中的第三个字符串为参数调用函数 gets()。

```
gets(str_array[2]);
```

该语句在功能上等价于：

```
gets(&str_array[2][0]);
```

但第一种形式在专业程序员编写的 C 语言程序中更为常见。

4.2.4 指针与数组

C 语言中数组与指针有着十分紧密的联系。数组名表示数组在内存存放的首地址，其类型为数组元素类型的指针，可以用指针变量指向数组或数组元素，也就是把数组的首地址或某一数组元素的地址放到一个指针变量中。因为数组是由多个同种类型的元素组成的，并在内存中连续存放，所以任何能由数组下标完成的操作都可由指针来实现，这样通过指针就可以对数组及数组元素进行操作。

使用指针处理数组的主要原因是标记方便、程序效率高，而且指针通常产生占用较小空间的代码，执行速度快。

1. 指针运算

指针只能用地址表达式表示，不能像普通整数那样对指针进行任意的运算。除单目&和*运算外，指针所允许的运算包括有限的算术运算和关系运算。

1) 算术运算

指针的算术运算包括：指针加、减一个整数和两个指针相减运算及 ++、-- 运算。

(1) 指针与整数的加减运算。指针变量加上或减去一个整数 n，是指针由当前所指向的位置向前或向后移动 n 个数据的位置。通常这种运算用于指针指向一个数组中，对于指向一般数据的指针变量，加减运算操作的作用不大。由于各种类型的数据的存储长度不同，因此在数组中加减运算使指针移动 n 个数据后的实际地址与数据类型有关。例如，在 Visual C++6.0 编译环境中：

对于 char 型，对指针加 1 操作相当于当前地址加 1 个字节。

对于 int 型，对指针加 1 操作相当于当前地址加 4 个字节。

对于 float 型，对指针加 1 操作相当于当前地址加 4 个字节。

一般地，如果 p 是一个指针，n 是一个正整数，则对指针 p 进行±n 操作后的实际地址值是：p±n*sizeof(数据类型)。其中，"sizeof(数据类型)"是取数据类型长度的运算符。

(2) 自增自减运算。指针变量自增、自减运算也是地址运算，指针加 1 运算后指针指向下一个数据，指针减 1 运算后，指针指向上一个数据的起始位置。

指针自增、自减单目运算也分前置和后置运算，当它们与"*"运算符组成一个表达式时，两个单目运算符的优先级相同，其结合性为从右到左。

(3) 两个指针相减运算。两个指针相减的运算只能在同一种指针类型中进行，它们主要应用于对数组的操作，其结果是一个整数而不是指针。例如，p1 和 p2 是指向同一数组中不同或相同元素的指针(p1 小于或等于 p2)，则 p2-p1 的结果为 p1 和 p2 之间间隔元素的数目 n。

例如，图 4.8 所示指针 p1 指向数组元素 a[2]，p2 指向数组元素 a[8]；a[2]与 a[8]之间相隔 6 个元素，所以 p2-p1 的值为 6。

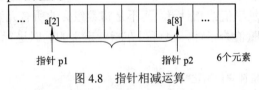

图 4.8 指针相减运算

2) 关系运算

指针的关系运算表示它们所指向的地址之间的关系。两个指针应指向同一个数组中的元素，否则运算结果无意义。指针间允许 4 种关系运算：

< 或 >   比较两指针所指向的地址的大、小关系。

==或!=   判断两指针是否指向同一地址，即是否指向同一数据。

例如，指针 p1，p2 指向数组中的第 i、j 元素，则下列表达式为真的含义为

(1) p1<p2(或 p1>p2)。表示 p1 所指元素位于 p2 所指元素之前(或表示 p1 所指元素位于 p2 所指元素之后)。

(2) p1= =p2(或 p1!=p2)。表示 p1 和 p2 指向同一个数组元素的地址(或表示 p1 和 p2 不指向同一个数组元素的地址)。

指针不能与一般数值进行关系运算，但指针可以和零(NULL 字符)之间进行等于或不等于的关系运算，例如：

p==0; p!=0; 或 p==NULL; p!=NULL;

用于判断指针 p 是否为 NULL 指针。

2．指向一维数组的指针

所谓数组的指针，是指数组的起始地址，数组元素的指针是指数组元素的地址。

1) 一维数组的地址

在 C 语言中，数组名是个不占内存的地址常量，它代表整个数组的存储首地址。

一维数组元素 a[i]的地址可以写成表达式&a[i]或 a+i，&a[i]是用下标形式表示的地址，a+i 是用指针形式表示的地址，二者结果相同。元素 a[i]的地址等于数组首地址向后偏移若干字节，偏移的字节数等于 a[i]与首地址之间间隔元素的数目乘以一个元素的所占存储单元字节数。

　　显然，*(a+i)表示取 a+i 地址中的内容，就是 a[i]的值，这就是通过地址常量数组名引用一维数组。

　　2) 一维数组指针的定义

　　定义一个指向数组的指针变量的方法，与前面介绍的指向简单变量的指针变量相同。例如：

```
int a[10]={1,2,3,4,5,6,7,8,9,10};   /*定义 a 为包含 10 个整型数据的数组*/
int *p;                             /*定义 p 为指向整型变量的指针变量*/
```

　　上面定义了一个整型数组 a 和一个指向整型量的指针变量 p。这时指针变量 p 并没有指向任何对象，只有当将数组 a 的起始地址赋值给指针变量 p 时，指针 p 才表示指向数组 a，称指针 p 为指向数组 a 的指针，指向过程可以通过下面两种方法实现。

　　(1) 用数组名做首地址。形式为

```
p=a;
```

表示将数组 a 的起始地址赋值给指针 p，而不是将数组 a 的所有元素赋值给指针 p。

　　数组 a 的起始地址赋值给指针，也可以在指针定义的同时进行。例如：

```
int a[30];
int *p=a;        /*指针的初始化*/
```

其中，“int *p=a;”的含义是在定义指针变量 p 的同时，将数组 a 的起始地址赋值给指针变量 p，而不是赋值给指针 p 指向的变量(即*p)。

　　(2) 用数组第 0 个元素的地址做首地址。形式为

```
p=&a[0];
```

　　数组名 a 与数组元素 a[0]的地址相同，都是数组的起始地址，因此也可以将&a[0]赋值给指针 p。

　　无论利用上述哪种方式，需要注意的是，对于指向一维数组的指针 p，它所指向的变量(即*p)的数据类型必须与这个一维数组的数组元素类型一致。例如，下面语句是错误的：

```
float a[30];
int *p=&a[0];   /*指向整型的指针不能指向数组元素类型为单精度的一维数组*/
```

　　至此，p、a、&a[0]均指向同一单元，它们是数组 a 的首地址，也是 0 号元素 a[0]的首地址。其中，p 是变量，而 a、&a[0]都是常量。在编程时应予以注意。

　　3) 利用指针引用一维数组元素

　　如果指针变量 p 指向数组 a 的第 1 个元素(即 0 号元素)，即 p=a，则

　　(1) p+i 和 a+i 就是数组元素 a[i]的地址，或者说，它们指向数组 a 的第 i+1 个元素(即 i 号元素)。

　　(2) *(p+i)或*(a+i)就是 p+i 或 a+i 所指向的数组元素，即 a[i]。

　　(3) 指向数组元素的指针变量也可以带下标，如 p[i]与*(p+i)等价。所以，a[i]、*(a+i)、p[i]、*(p+i)四种表示法全部等价。

　　(4) 指针变量可以通过本身值的改变，实现对不同地址的操作，即可以使用 p++。因为数组名表示数组的起始地址，所以数组名也可以称为指针，但是数组名是一个特殊的指针，它是指针常量，其值在程序整个运行过程中都不能被改变，只代表数组的起始地址。所以，如果 a 是一个数组名，像“a++”或者“a=a+2”这些语句都是错误的。

归纳起来，引用一个数组元素可以用以下两种方法：

(1) 下标法，如 a[i]、p[i]。

(2) 指针法，如*(a+i)、*(p+i)。

例 4.11　分别用下标法和指针法输出数组。

```
#include <stdio.h>
void main()
{
    int i,*p,a[5];
    p=a;
    for(i=0;i<5;i++)
        a[i]=i+10;
    printf("\n");
    for(i=0;i<5;i++)
    {
        printf("a[%d]=%d",i,a[i]);          /*下标法*/
        printf("\t*(p+%d)=%d",i,*(p+i));    /*指针法*/
        printf("\tp[%d]=%d",i,p[i]);        /*下标法*/
        printf("\t*(a+%d)=%d\n",i,*(a+i));  /*指针法*/
    }
}
```

程序运行结果为

a[0]=10	*(p+0)=10	p[0]=10	*(a+0)=10
a[1]=11	*(p+1)=11	p[1]=11	*(a+1)=11
a[2]=12	*(p+2)=12	p[2]=12	*(a+2)=12
a[3]=13	*(p+3)=13	p[3]=13	*(a+3)=13
a[4]=14	*(p+4)=14	p[4]=14	*(a+4)=14

用下标法比较直观，能直接知道是第几个元素；而用指针法则执行效率更高。

在利用指针来引用数组元素时应注意以下几点：

(1) 通过指针访问数组元素时，必须首先让该指针指向当前数组。在实际操作中，还需要使用和掌握指针在数组中的几种运算方式。综上所述，把指针与一维数组的联系归纳为表 4.2(假设表 4.2 针对 int a[10],*p=a;说明语句展开)。

表 4.2　指针与一维数组的联系

表　达　式	含　　　义
&a[i]，a+i，p+i	引用数组元素 a[i]的地址
a[i]，*(a+i)，*(p+i)，p[i]	引用数组元素 a[i]
p++，p=p+1	表示 p 指向下一数组元素，即 a[1]
p++，(p++)	先取 p 所指向的存储单元内容*p，再使 p 指向下一个存储单元
++p，(++p)	先使指针 p 指向下一个存储单元，然后取改变后的指针 p 所指向的存储单元内容*p
(*p)++	取指针 p 所指的存储单元内容作为该表达式的结果值，然后使 p 所指对象的值加 1，即*p=*p+1；指针 p 的内容不变

(2) 使用指针引用数组元素时下标不能越界。例如:

```
int a[5];

int *p,n;

p=a;
```

利用 p=p+n 移动指针使指针 p 指向数组 a 的任意一个元素,当 n 等于 0、1、2、3、4 时,指针 p 将分别指向数组 a 的第 0、1、2、3、4 个元素。但对于 n 大于 4 时也是合法的语句,这时指针 p 指向数组 a 后面的存储单元。在 C 语言中指针变量可以指向数组范围之外的存储单元,编译系统不对数组元素引用下标越界进行判断,因为编译系统将数组元素引用处理成对数组起始地址加上数组元素的相对位移量所得的指针指向的存储单元的引用,所以在使用指针引用数组元素时应注意下标不能越界。

例 4.12　从键盘输入 10 个数,利用指针法输入输出数组。

```
#include <stdio.h>

void main()

{

        int i,*p,a[10];

        p=a;

        for(i=0;i<10;i++)

                scanf("%d ",p++);

        printf("\n");

        p=a;                              /*指针变量重新指向数组首地址*/

        for(i=0;i<10;i++)

                printf("a[%d]=%d\n",i,*p++);      /*指针法*/

/*还可以这样写: for(p=a;p<a+10;p++)   printf("a[%d]=%d\n",i,*p); */

/*或: for(p=a;p<a+10;)   printf("a[%d]=%d\n",i,*p++); */

}
```

3. 指向二维数组的指针

指针可以指向一维数组,也可以指向二维数组。一维数组与指针关系的结论可以推广到二维数组、三维数组等多维数组中。由于二维数组在结构上比一维数组复杂,所以二维数组指针也比一维数组指针复杂。

1) 二维数组的地址

定义一个二维数组:

```
int a[3][4];
```

下面,分析一下这个二维数组的存放地址情况,如图 4.9 所示。

从图 4.9 中可以看出:

(1) 数组名 a 和&a[0]都表示数组的首地址,也是数组第 0 行的首地址,所以有 a=&a[0]。

(2) a+1,&a[1]表示第 1 行的首地址,即 a+1=&a[1]。同理,第 i 行的首地址为 a+i=&a[i]。

(3) a[0]、a[1]、a[2]既然是一维数组名,数组名代表首地址,因此 a[0]代表第 0 行一维数组中第 0 列元素的地址,即 a[0]=&a[0][0]。同样 a[1]=&a[1][0],a[2]=&a[2][0]。基于一维数组的处理方法，第 0 行第 1 列的地址可表示为 a[0]+1，第 0 行第 2 列的地址可表示为 a[0]+2，第 0 行第 3 列的地址可表示为 a[0]+3。第 i 行第 j 列的地址可表示为 a[i]+j。

(4) 同时，基于一维数组有 a[0]和*(a+0)等价，a[1]和*(a+1)等价，a[2]和*(a+2)等价。因此第 i 行第 j 列地址也可以表示为*(a+i)+j。即&a[i][j] =a[i]+j=*(a+i)+j。

(5) 结合地址和指针运算符"*"，可以得到所谓的地址法表示的数组元素为 a[i][j] =*(a[i]+j)=*(*(a+i)+j)=*(a[0]+i*n+j)，其中 n 是二维数组的第二维长度。

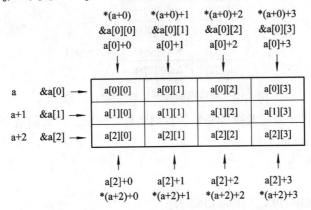

图 4.9　二维数组数据存放逻辑图

注意：尽管 a+i 和*(a+i)(即 a[i])的值相等，都等于 a[i][0]的地址，但它们的含义和作用却是完全不同的。前者相当于指向二维数组第 i 行的行地址，存储的是第 i 行的起始地址，该指针每增加 1，则指针跳过一行数组元素的存储空间，而后者*(a+i)等价于 a[i]，相当于指向二维数组第 i 行中的第 0 列数组元素的列地址，该指针每增加 1，指针跳过一个数组元素的存储空间。

综上所述，二维数组 a 的各种表示形式及其含义如表 4.3 所示。

表 4.3　二维数组 a 的各种表示形式及其含义

表示形式	含　义　值
a	数组 a 的起始地址
a+i，&a[i]	第 i 行的起始地址
*(a+i)，a[i]	第 i 行第 0 列元素的起始地址
*(a+i)+j，a[i]+ j，&a[i][j]	第 i 行第 j 列元素的起始地址
((a+i)+j)，*(a[i]+j)，a[i][j]	第 i 行第 j 列元素的值

在理解二维数组的地址表示后，讨论二维数组的指针就比较容易了。根据二维数组的地址表示形式，利用指针来处理二维数组元素的方式有两种：指向数组元素的指针和指向一维数组的指针。

2) 指向二维数组元素的指针

利用指向二维数组元素的指针变量，可以完成二维数组数据的操作处理(见图 4.10)。

(1) 定义与二维数组相同类型的指针变量。

(2) 在指针变量与要处理的数组元素之间建立关联。

(3) 使用指针的运算就可以访问到任何一个数组元素，来完成操作处理。

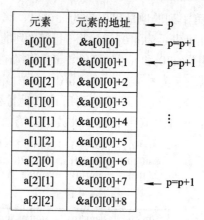

图 4.10   利用指向数组元素的指针访问数组

例 4.13   利用指针变量及指针变量的自增运算，输出二维数组所有元素的值。

```
#include"stdio.h"
void main()
{
        int a[3][3]={{0,1,2},{3,4,5},{6,7,8}};
        int *p,*q;
        p=a[0];                /*指针 p 指向数组元素 a[0][0]*/
        q=&a[2][2];            /*指针 q 指向数组元素 a[2][2]*/
        while(p<=q)            /*输出 a[2][2]前面的所有元素*/
        {
            printf("%d ", *p);
            p++;
        }
        printf("\n");
}
```

程序运行结果为

```
0  1  2  3  4  5  6  7   8  9
```

例 4.14   利用指针变量及指针变量的加法运算输出二维数组所有元素的值。

```
#include"stdio.h"
void main()
{
        int a[3][3]={{0,1,2},{3,4,5},{6,7,8}};
        int *p,i,j;
        p=&a[0][0];        /*也可以写为：p=a[0];*/
        for(i=0;i<3;i++)    /*输出数组 a 的所有元素*/
        {
                for(j=0;j<3;j++)
                    printf("%d   ",*(p+3*i+j));
```

```
                printf("\n");
            }
        }
```

程序运行结果为

```
        0  1  2
        3  4  5
        6  7  8
```

注意：在利用指向数组元素的指针访问二维数组的元素时，首先要将二维数组的起始地址(a[0]或者&a[0][0])赋给指针，但是不能把数组名 a 赋给指针，因为指针的类型不匹配。

3) 指向由 n 个元素组成的一维数组的指针变量

一个二维数组相当于多个一维数组，通过指向整个一维数组的指针变量，也可以完成二维数组数据的操作处理。定义一个指向由 n 个元素组成的一维数组指针变量的一般形式为

        数据类型 (*变量名)[整型常量]

其中，数据类型为指针变量所指向一维数组的类型；变量名表示指针变量的变量名；整型常量为指针变量所指向的一维数组大小。例如：

        int (*p)[4];

该语句表示定义一个指向由 4 个整型数组元素组成的一维数组的指针变量 p，指针变量 p 存储该一维数组的起始地址。

由于二维数组按行的存储特性，所以若定义一个指向一维数组的指针变量，并赋初值为二维数组第 0 行的行地址，当指针进行加 1 运算时，就可以移动到该数组的下一行。例如：

        int a[3][4];

        int (*p)[4];

        p=a;   /*数组 a 的第 0 行的地址赋值给了指针 p*/

此时 p 指向一个一维数组，数组元素的个数为 4，如图 4.11 所示。

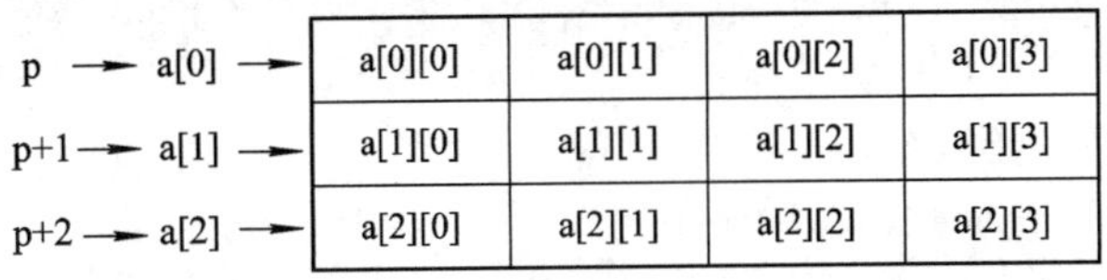

p → a[0] →	a[0][0]	a[0][1]	a[0][2]	a[0][3]
p+1 → a[1] →	a[1][0]	a[1][1]	a[1][2]	a[1][3]
p+2 → a[2] →	a[2][0]	a[2][1]	a[2][2]	a[2][3]

图 4.11 指向由 4 个元素组成的一维数组的指针变量

在使用指向一维数组的指针变量时要注意以下几点：

(1) 在指向一维数组的指针变量定义中，应注意不能把其中的圆括号去掉。例如：

        int (*p)[4];

去掉圆括号就变成了如下的形式：

        int *p[4];

由于[]的优先级高于*的优先级，所以变量名将与[]结合，说明变量名为数组名，该数组的元素类型为指针类型。

(2) 指向整个一维数组的指针变量不能指向数组元素，所以指向数组元素的指针与指向一维数组的指针所指向对象的类型不同，在使用时有很大的区别。如果有

    int a[3][3]={{0,1,2},{3,4,5},{6,7,8}};

    int (*p)[3];

则下面语句是错误的：

    p=a[0];

或者   p=&a[0][0];

  虽然 a[0]和&a[0][0]在值上与 a 是相等的，但是 a[0]和&a[0][0]表示是二维数组第 0 行第 0 列元素的地址，对它们进行增 1 运算时得到的是下一个数组元素(a[0][1])的地址，而指针变量 p 要求进行增 1 运算时得到的是二维数组下一行的地址。

  (3) 使用指向一维数组的指针时，在指针变量的定义中应注意它所指向数组的类型与长度应当和它将要指向二维数组的元素类型与列的长度保持一致。例如：

    int a[3][3]={{0,1,2},{3,4,5},{6,7,8}};

    int (*p)[10];

    p=a; /*错误*/

这时，指针 p 就不能指向数组 a，因为指针 p 要求指向一维数组的长度为 10，而二维数组 a 的每一行中只包含 3 个元素，即列的长度为 3。如果执行语句"p=a;"，则编译系统会给出警告信息。

  例 4.15 利用指向一维数组的指针变量输出二维数组所有元素的值。

```c
#include"stdio.h"
void main()
{
    int a[3][4]={{0,1,2,3},{4,5,6,7,},{8,9,10,11}};
    int (*p)[4];
    int i,j;
    p=a;
    for(i=0;i<3;i++)
    {
        for(j=0;j<4;j++)
            printf("%d\t",*(*(p+i)+j));
        printf("\n");
    }
}
```

程序运行的结果为

0	1	2	3
4	5	6	7
8	9	10	11

4．指针与字符串

前面学习了用字符数组来处理字符串，这里介绍用指针来处理数组的一种特殊情况，即用指针来处理字符串。指向字符串首地址的指针变量称作字符串指针，它实际上是字符类型的指针。其定义的一般形式为

　　　　char *变量名；

利用一个字符串指针访问字符串通常可以采用以下两种方式。

(1) 将一个字符数组的起始地址赋值给指针变量。例如：

　　　　char *p;

　　　　char name[ ]="Li Ming";

　　　　p=name;

字符串"Li Ming"存储在字符数组 name 中，数组 name 的起始地址赋值给指针变量 p，则指针 p 就指向字符串"Li Ming"。

(2) 将一个字符串常量赋值给指针变量。例如：

　　　　char *p;

　　　　p="Li Ming";

注意：上述语句运行结果并非使指针变量 p 的内容变成了字符串"Li Ming"。字符串常量"Li Ming"赋值给指针 p 的结果是将存储字符串常量的起始地址赋值给指针 p。这样指针 p 就指向了字符串常量"Li Ming"。

用字符数组和字符指针变量都可实现对字符串的存储和操作，但是两者是有区别的。

(1) 字符数组占用若干个字节，每一个字节存放一个字符。而字符指针变量本身是一个变量，用于存放字符串的首地址，占用 4 个字节。字符串本身存放在以该首地址为首的一块连续的内存空间中，并以'\0'作为串的结束。

(2) 赋值方式不同。字符串赋给字符数组只能在初始化时进行，例如：

　　　　char string[15]={"C Language"};

而不能出现下面的情况：

　　　　char string[15] ; string={"C Language"};

对字符指针变量则无此限制，例如：

　　　　char *ps="C Language";

等价于　　char *ps;　　ps="C Language";

可以看出使用指针变量更加方便。

例 4.16　用字符指针处理字符串。

```
#include<stdio.h>
void main()
{
    char *str="I love China!",*str1;
    str1=str;
    printf("%s\n",str);
    for( ;*str!='\0';)
        printf("%c",*str++);
```

```
        printf("\n");
        str1+=7;
        printf("%s\n",str1);
    }
```

程序运行结果为

I love China!

I love China!

China!

5. 指针数组

因为指针也是一种数据类型，所以相同类型的指针变量可以构成指针数组，在指针数组中每一个元素都是一个指针变量，并且指向同一类数据类型。

指针数组的定义形式为

数据类型 *数组名[整型常量表达式];

例如：

char *a[3]={ "abc","bcde","fg"};

由于[]比*优先级高，所以首先是数组形式，然后才是与"*"的结合。因此指针数组 a 含 3 个指针 a[0]、a[1]、a[2]，分别为这三个字符串的起始地址。

指针数组适用于存储若干个字符串的地址，使字符串处理更加方便灵活。与普通数组的规定一样，指针数组在内存区域中占有连续的存储空间，这时指针数组名就表示该指针数组的起始地址，指针数组在说明的同时可以进行初始化。

例 4.17 输入一个表示月份的整数，输出该月份的名字。

分析：对于存储多个字符串，采用二维字符数组或指针数组都可以，但是由于无法预先知道每个字符串的长度，所以用指针数组来存储效率更高。另一个优点是，如果想对字符串排序，不必改动字符串的位置，只需改动指针数组中各元素的指向即可。

```
        #include<stdio.h>
        void main()
        {   int n;
            char *month_name[]={"Error","January","February","March","April",
                "May","June","July","August","September","October","November","December"};
            printf("input a integer: ");
            scanf("%d",&n);                  /*输入整数形式的月份*/
            if(n>=1&&n<=12)                  /*输出字符串形式的月份*/
                printf("%s\n",month_name[n]);
            else
                printf("%s\n",month_name[0] );
        }
```

4.2.5 指向指针的指针

一个指针变量可以指向整型变量、实型变量、字符类型变量，当然也可以指向指针类型变量。当这种指针变量用于指向指针类型变量时，称之为指向指针的指针变量，这种说法可能会感到有些绕口，但若想到一个指针变量的地址就是指向该变量的指针时，这种双重指针的含义就容易理解了。

下面为指针指向整型变量的语句：

```
int i=9,*p;
p=&i;
```

该语句表示定义了一个指向整型数据的指针 p，用它来存放整型变量 i 的地址，并且可以利用指向运算"*"对变量 i 进行间接访问，也称为"单级间接"访问方式，如图 4.12 所示。

如果指针变量 p 的地址存储在指针变量 q 中，通过指针 q 访问到变量 i，中间必须经过两次指向运算，这种访问方式称为"二级间接"访问方式，如图 4.13 所示。

图 4.12　通过指针 p 访问变量 i　　　　　图 4.13　通过指针 q 访问变量 i

这里，指针变量 q 被称为是指向指针的指针变量，根据它的访问特性，也叫做二级指针或双重指针。"二级间接"访问方式是"多级间接"访问方式的一种形式。当然，"多级间接"访问方式还可以包含三级乃至更高级别的间接访问方式。当间接的级数过高时，对该指针部分的阅读和理解难度也将增大，因此极易出错，所以在实际应用中很少使用超过二级的间接访问方式。

二级指针变量的定义格式为

数据类型　**指针变量名

例如，图 4.13 中的指针变量可定义为

```
int **q;
```

其中，q 就是一个指向指针的指针变量。对于指向指针的指针可以这样理解：因为指针变量也是变量，和其他类型的变量一样，需要一定的内存单元。既然占据内存单元，就有相应的地址，那么就可以再定义另外的一种"指针"指向这个地址。这种"指针"就是指向指针的指针。

二级指针的主要作用是和数组相结合，使访问数组元素更加灵活，尤其对于二维数组和字符串数组。

例 4.18　利用指向指针的指针对二维整型数组进行访问。

```
#include <stdio.h>
#include <stdlib.h>
void main()
{
    int a[2][2]={3,4,5,6},b[5]={1,2,3,4,5}, *p1,*p2,**p3,i,j;   /*p3 是指向指针的指针变量 */
    for(p1=b,p3=&p1,i=0;i<5;i++)              /*用指向指针的指针变量输出一维数组*/
        printf("%4d",*(*p3+i));
    printf("\n");
```

```
        for(p1=b;p1<b+5;p1++)           /*用指向指针的指针变量输出一维数组*/
        {
            p3=&p1;
            printf("%4d",**p3);
        }
        printf("\n");
        for(i=0;i<2;i++)                /*用指向指针的指针变量输出二维数组*/
        {
            p2=a[i];
            p3=&p2;
            for(j=0;j<2;j++)
                printf("%4d",*(*p3+j));
            printf("\n");
        }
        printf("***************\n ");
        for(i=0;i<2;i++)                /*用指向指针的指针变量输出二维数组*/
        {
            for(p2=a[i];p2-a[i]<2;p2++)
            {
                p3=&p2;
                printf("%4d",**p3);
            }
            printf("\n");
        }
    }
```

程序运行结果为

```
 1    2    3    4    5
 1    2    3    4    5
 3    4
 5    6
***************
 3    4
 5    6
```

4.3 多个学生信息管理系统实现

前几章中介绍了学生信息管理系统的部分相关功能。在这一章中，要用二维数组完成系统的录入学生成绩、显示学生成绩、统计各科平均成绩、统计最高成绩等功能。

假设学生信息管理系统的每个记录包括学号、C 语言成绩、高数成绩、英语成绩。设计一个程序，实现上述功能。要求控制程序流程，程序必须先执行"录入学生成绩"命令，然后执行"显示学生成绩"、"统计各科平均成绩"、"统计最高成绩"等命令。

```c
/********************************************

作者:C 语言程序设计编写组
版本:v1.0
创建时间:2015.8
主要功能:
多个学生信息管理系统
1.实现对多个学生基本信息的输入及输出。
附加说明:
系统功能未完全实现，还需完善。
********************************************/
#include<stdio.h>          /*I/O 函数*/
#include<stdlib.h>         /*其他说明*/
#define N    100           /*定义学生人数,实际请更改*/
#define LEN   15           /*姓名最大字符数,实际请更改*/
void main()
{
    /*变量说明*/
    char code[N][LEN];     /*定义学生学号信息*/
    float score[N][3];     /*定义学生成绩信息*/
    char name[N][LEN] ;    /*姓名*/
    int   age[N];          /*年龄*/
    char sex[N] ;          /*性别 M 男    F 女*/
    int k=1,i,t,max=0,n;
    int num,item;
    /*欢迎界面*/
    while(k)
    {
        printf(" \n\n                      \n\n");
        printf("   ***************************************************\n\n");
        printf("   *               学生信息管理系统               *\n \n");
        printf("   ***************************************************\n\n");
        printf("*******************系统功能菜单*******************   \n");
        printf("      ---------------------  ---------------------   \n");
        printf("   **************************************************   \n");
        printf("      * 0. 系统帮助及说明   **  1. 刷新学生信息   *   \n");
        printf("   **************************************************   \n");
        printf("      * 2. 查询学生信息     **  3. 修改学生信息   *   \n");
```

```
printf("    *********************************************  \n");
printf("    * 4. 增加学生信息     **   5. 按学号删除信息 *  \n");
printf("    *********************************************  \n");
printf("    * 6. 显示当前信息     **   7. 保存当前学生信息*  \n");
printf("    ********************** **********************  \n");
printf("    * 8. 退出系统           *                  \n");
printf("    **********************                  \n");
printf("    ---------------------   ---------------------  \n");
/*系统菜单*/
printf("请选择菜单编号:");
scanf("%d",&num);
switch(num)
{
case 0:
    printf("\n0.欢迎使用系统帮助！\n");
    printf("\n1.进入系统后，先刷新学生信息，再查询;\n");
    printf("\n2.按照菜单提示键入数字代号;\n");
    printf("\n3.增加学生信息后，切记保存;\n");
    printf("\n4.谢谢您的使用！\n");
    break;
case 1:
    printf("该功能目前正在建设中\n");
    system("pause");
    break;
case 2: printf("该功能目前正在建设中\n");
    system("pause");
    break;
case 3:
    {
        printf("------------------\n");
        printf("1.修改姓名\n");
        printf("2.修改年龄\n");
        printf("3.修改性别\n");
        printf("4.修改 C 语言成绩\n");
        printf("5.修改高等数学成绩\n");
        printf("6.修改英语成绩\n");
        printf("7.退出本菜单\n");
        printf("------------------\n");
        while(1)
```

```
{
        printf("请选择子菜单编号:");
        scanf("%d",&item);
        printf("请输入准备修改第几个学生的信息:");
        scanf("%d",&t);
        switch(item)
        {
        case 1:
                printf("请输入新的姓名:\n");
                scanf("%s",&name[t][0]);
                break;
        case 2:
                printf("请输入新的年龄:\n");
                scanf("%d", &age[t]);break;
        case 3:
                printf("请输入新的性别:\n");
                scanf(" %c",&sex[t] );
                break;
        case 4:
                printf("请输入新 C 语言成绩:\n");
                scanf("%f",&score[t][0]);
                break;
        case 5:
                printf("请输入新的高数成绩:\n");
                scanf("%f",&score[t][1] );
                break;
        case 6:
                printf("请输入新的英语成绩:\n");
                scanf("%f",&score[t][2]);

                break;
        case 7:return;
        default:printf("请在 1～7 之间选择\n");
        }
    }
}
break;
case 4:
    printf("请输入增加的学生的人数!\n");
```

```
                    scanf("%d",&n);
                    if(n+max<=N)
                    {
                        for (i=1;i<=n;i++)
                        {
                            printf("请输入增加的第%d 个学生的学号:\n",i );
                            scanf("%s",&code[max+i-1][0]);
                            printf("请输入增加的第%d 个学生的姓名:\n",i );
                            scanf("%s",&name[max+i-1][0]);
                            printf("请输入增加的第%d 个学生的年龄:\n",i );
                            scanf("%d",&age[max+i-1]);
                            printf("请输入增加的第%d 个学生的性别:\n",i);
                            scanf(" %c",&sex[max+i-1]);
                            printf("请输入增加的第%d 个学生的 C 语言成绩:\n",i );
                            scanf("%f",&score[max+i-1][0]);
                            printf("请输入增加的第%d 个学生的高数成绩 :\n",i );
                            scanf("%f",&score[max+i-1][1]);
                            printf("请输入增加的第%d 个学生的英语成绩 :\n",i );
                            scanf("%f",&score[max+i-1][2]);
                            printf("第%d 个学生信息录入完毕！请核对！ \n\n",i);
                            printf("学生学号 学生姓名 年龄 性别   C 语言成绩   高数成绩
                                英语成绩\n");
printf("-------------------------------------------------------------------------------\n");
printf("%6s %8s %7d %4c %9.1f %9.1f %9.1f\n", code[max+i-1], name[max+i-1], age[max+i-1],
      sex[max+i-1], score[max+i-1][0], score[max+i-1][1], score[max+i-1][2]);
                        }
                    max=max+n;
                    }
                    else
                        printf("增加后学生的人数超出上限%d!\n",N);
                    system("pause");
                    break;
                case 5:
                    printf("该功能目前正在建设中\n");
                    system("pause");
                    break;
                case 6:
                    printf("所有学生的信息为:\n");
                    printf("学生学号 学生姓名 年龄 性别 C 语言成绩   高数成绩   英语成绩\n");
```

```
                printf("-------------------------------------------------------------------\n");
                for(i=0;i<max;i++)
                {
                        printf("%6s %8s %7d %4c %9.1f %9.1f %9.1f\n", code[i], name[i], age[i],
                        sex[i], score[i][0], score[i][1], score[i][2]);
                }
                system("pause");
                break;
        case 7:
                printf("该功能目前正在建设中\n");
                system("pause");
                break;
        case 8:
                k=0;
                break;
        default:printf("请在 0～8 之间选择\n");
                }
        }
    }
```

　　从示例程序中可以看出，系统虽然对多个学生的信息进行管理，但随着程序规模的扩展，程序体会变得庞大。出现了语句的错误很难发现和调试，如何确保程序的结构更清晰？同时，学生各信息之间是离散的，一旦某个信息输入有误，将会导致系统后续的错误，如何更有效组织属于某个学生的所有信息？后续章节会解决这些问题。

本 章 小 结

　　本章介绍了数组的定义、初始化和赋值方法以及数组的用途。数组是程序设计中最基本的也是用途最广的一种数据结构，它是一批相同数据类型数据的有序集合，属于构造类型的数据结构。数组的所有元素均按顺序存放在一个连续的存储空间中，数组名就是这个存储空间的首地址(即第一个元素的存放地址)的符号地址。定义数组时需要有确定的空间大小，因此，在定义时必须用常量表达式来定义数组元素的个数。个数一经确定，在程序中不得更改。数组元素值的获取有两种方式，一种方式是在定义数组的同时对其各元素指定初始值(即初始化)；另一方式是在程序运行时利用循环对数组中各元素依次赋值。下标访问是常见的数组访问方法。在 C 语言中，数组的下标是从 0 开始，最后一个下标是数组的长度减 1。在使用时，数组下标不能超过这个范围，否则会出现数组越界错误。而 C 的编译器并不报告这种错误，因此更要当心。数组的元素可以是任何已定义的类型。如果数组的元素也是数组，则构成二维数组，如果数组的元素是二维数组，则构成三维数组，以此类推可以构成多维数组。

如果数组元素是字符(char)型的，称为字符数组。C 语言没有字符串变量，字符串不是存放在一个变量中而是存放在一个字符数组中。字符串通常是作为整体被输入和输出的，而其他类型的数组不能作为整体进行输入和输出。字符串以'\0'为结束标记，而没有最大长度的制约，字符数组不要求其末尾必须为'\0'。字符数组只有在定义时才允许整体赋值，其赋值、比较都应该使用库函数进行。存储字符串的字符数组的长度必须大于字符串的长度，否则会出现数组越界错误。

在 C 语言中，指针和数组之间是密不可分的，数组名就是一个指针，表示数组的起始地址，对数组元素访问可以使用下标法，也可以用指针法。在编译系统处理时，指针法存取数组元素比下标法存取速度快。二维数组元素既可以用指向类型与数组元素同类型的指针访问，也可以用指向一维数组的指针访问。另外，使用字符型指针处理字符串也非常方便，可以将一个字符串常量赋予一个指针，当然并不是把该字符串本身复制到指针中，而是把存储字符串的首地址赋予指针，通过指针的变化来访问该字符串中的每个字符。对于多个字符串，将其存放在指针数组中处理更加便利。

习　题　四

1. 选择题

(1) 在 C 语言中，引用数组元素时，其数组下标的数据类型允许是_____。

  A. 整型常量　　　　　　　　　　B. 整型表达式

  C. 整型常量或整型表达式　　　　D. 任何类型的表达式

(2) 若有说明：int a[10]; 则对 a 数组元素的正确引用是_____。

  A. a[10]　　　　　　　　　　　　B. a[3.6]

  C. a(5)　　　　　　　　　　　　　D. a[10-10]

(3) 以下对二维数组 a 进行正确说明的是_____。

  A. int a[3][]　　　　　　　　　　B. float a(3)(4)

  C. double a[1][4]　　　　　　　　D. float a(3)(4)

(4) 若有说明：a[3][4]; 则对 a 数组元素的正确引用是_____。

  A. a[2][4]　　　　　　　　　　　B. a[1,3]

  C. a[1+1][0]　　　　　　　　　　D. a(2)(1)

(5) 下面描述正确的是_____。

  A. 两个字符串所包含的字符个数相同时，才能比较字符串

  B. 字符个数多的字符串比字符个数少的字符串大

  C. 字符串"STOP□"与"STOP"相等

  D. 字符串"That"小于字符串"The"

(6) 下面对字符数组描述错误的是_____。

  A. 字符数组可以存放字符串

  B. 字符数组的字符串可以整体输入、输出

  C. 可以在赋值语句中通过赋值运算符"="对字符数组整体赋值

  D．不可以用关系运算符对字符数组中的字符串进行比较

(7) 下列语句中，正确的是_____。

  A．char *s ; s="Olympic";   B．char s[7] ; s="Olympic";

  C．char *s ; s={"Olympic"};   D．char s[7] ; s={"Olympic"};

(8) 若有定义 int (*pt)[3];，则下列说法正确的是_____。

  A．定义了基类型为 int 的三个指针变量

  B．定义了基类型为 int 的具有三个元素的指针数组 pt。

  C．定义了一个名为*pt、具有三个元素的整型数组

  D．定义了一个名为 pt 的指针变量，它可以指向每行有三个整数元素的二维数组

(9) 设有定义 double a[10],*s=a;，以下能够代表数组元素 a[3]的是_____。

  A．(*s)[3]   B．*(s+3)   C．*s[3]   D．*s+3

(10) 以下程序运行后的输出结果是_____。

```
#include<stdio.h>
void main()
{
        int a[5]={1,2,3,4,5}, b[5]={0,2,1,3,0},is=0;
        for(i=0;i<5;i++) s=s+a[b[i]];
        printf("%d\n",s);
}
```

  A．6   B．10   C．11   D．15

(11) 以下程序运行后的输出结果是_____。

```
#include<stdio.h>
void main()
{
        int b[3] [3]={0,1,2,0,1,2,0,1,2},i,j,t=1;
        for(i=0; i<3; i++)
        for(j=i;j<=i;j++)
            t+=b[i][b[j][i]];
        printf("%d\n",t);
}
```

  A．1   B．3   C．4   D．9

(12) 若有以下定义和语句，则输出结果是_____。

char sl[10]= "abcd!", *s2="n123\\";

printf("%d %d\n", strlen(s1),strlen(s2));

  A．5 5   B．10 5   C．10 7   D．5 8

(13) 下面是有关 C 语言字符数组的描述，其中错误的是_____。

  A．不可以用赋值语句给字符数组名赋字符串

  B．可以用输入语句把字符串整体输入给字符数组

  C．字符数组中的内容不一定是字符串

D. 字符数组只能存放字符串

(14) 设有定义：char *c;，以下选项中能够使字符型指针 c 正确指向一个字符串的是_____。

    A. char str[ ]="string";c=str;   B. scanf("%s",c);

    C. c=getchar();   D. *c="string";

(15) 以下程序运行后的输出结果是_____。

```
#include <stdio.h>
#include<string.h>
 void main()
{
        char a[10]= "abcd";
        printf("%d,%d\n",strlen(a),sizeof(a);
}
```

    A. 7, 4   B. 4, 10   C. 8, 8   D. 10, 10

(16) 以下程序运行后的输出结果是_____。

```
#include <stdio.h>
void main()
{
        char s[]={"012xy"};
        int i,n=0;
        for(i=0;s[i]!=0;i++)
            if(s[i]>='a'&&s[i]<= 'z')
                n++;
        printf("%d\n",n);
}
```

    A. 0   B. 2   C. 3   D. 5

2. 填空题

(1) 程序功能：把数组中的最大值放入 a[0]中。

```
#include<stdio.h>
void main()
{
        int a[10]={6,7,2,9,1,10,5,8,4,3},*p=a,i;
        for(i=0;i<10;    ①      )
        if(    ②      )
        *a=*p;
        printf("%d\n",*a);
}
```

(2) 程序功能：输出两个字符串中对应相同的字符。

```
#include<stdio.h>
void main( )
{
    char s1[ ]="book",s2[ ]="float";
    int i;
    for(i=0;_____①_____;i++)
    if(s1[i]==s2[i])
        _____②_____
}
```

(3) 程序功能：输出数组 ss 中行列号之和为 3 的数组元素。

```
#include<stdio.h>
void main( )
{
    static char ss[4][3]={'A','a','f','c','B','d','e','b','C','g','f','D'};
    int x,y,z;
    for(x=0;_____①_____;x++)
    for(y=0; _____②_____; y++)
    {
        z=x+y;
        if(_____③_____)
        printf("%c\n",ss[x][y]);
    }
}
```

(4) 以下程序用以删除字符串中的所有的空格。

```
#include<stdio.h>
void main()
{
    char   s[100]={ "our .tercher teach   c language! "};
    int i,j;
    for( i=j=0;s[i]!='\0';i++)
       if(s[i]!= ' ')
       {
         s[j]=s[i];
          j++;
       }
    s[j]=_____;
    printf("%s\n",s);
}
```

(5) 程序功能是：借助指针变量找出数组元素中的最大值及其元素的下标值。

```c
#include <stdio.h>
void main()
{
    int a[10],*p,*s;
    for(p=a;p-a<10;p++)
        scanf("%d",p);
    for(p=a,s=a;p-a<10;p++)
        if(*p>*s)
            s=_____;
    printf("index=%d\n",s-a);
}
```

(6) 以下程序的输出结果是_____。

```c
#include <stdio.h>
void main()
{
    int i,sum1=0,sum2=0,a[10];
    printf("input   a[0] ~a[9] ");
    for(i=0;i<10;i++)
        scanf("%d",&a[i]);
    for(i=0;i<10;i++)
        if(a[i]%2==0)
            sum1=sum1+a[i];
        else
            sum2=sum2+a[i];
    printf("sum1=%d,sum2=%d",sum1,sum2);
}
```

(7) 以下程序的输出结果是_____。

```c
#include <stdio.h>
void main()
{
    int i,j,sum=0;
    int a[3][3]={1,1,1,1,1,1,1,1,1};
    for(i=0;i<3;i++)
        for(j=0;j<i;j++)
        {
            sum=sum+a[i][j];
            a[i][j]=sum;
        }
    for(i=0;i<3;i++)
```

```
    {
        for(j=0;j<3;j++)
            printf("a[%d][%d]=%d",i,j,a[i][j]);
        printf("\n");
    }
}
```

(8) 以下程序的输出结果是_____。

```
#include<stdio.h>
void main()
{
    char    s[]="after",c;
    int i,j=0;
    for(i=1;i<=4;i++)
        if(s[j]>s[i])
            j=i;
    c=s[j];
    s[j]=s[4];
    s[4]=c;
    printf("%s\n",s);
}
```

(9) 以下程序的输出结果是_____。

```
#include<stdio.h>
void main( )
{
    int a[]={1,2,3,4,5,6};
    int *p;
    p=a;
    *(p+3)+=2;
    printf("%d,%d\n",*p,*(p+3) );
}
```

(10) 以下程序的输出结果是_____。

```
#include <stdio.h>
void main ()
{
    int i,j,a[][3]={1, 2, 3, 4, 5, 6, 7, 8, 9};
    for (i=1;i<3;i++)
        for(j=i;j<3;j++)
        printf("%d",a[i][j]);
    printf("\n");
}
```

(11) 以下程序的输出结果是_____。

```
#include <stdio.h>
void main()
{
    int    a[]={1,2,3,4,5,6},*k[3],i=0;
    while(i<3)
    {    k[i]=&a[2*i];
        printf("%d",*k[i]);
        i++;
    }
}
```

(12) 以下程序的输出结果是_____。

```
#include <stdio.h>
void main()
{
    int    a[3][3]={{1,2,3},{4,5,6},{7,8,9}};
        int    b[3]={0},i;
    for(i=0;i<3;i++)
        b[i]=a[i][2]+a[2][i];
    for(i=0;i<3;i++)
        printf("%d",b[i]);
    printf("\n");
}
```

3. 编程题

(1) 编写一个程序，在键盘上输入 10 个学生的成绩，统计最高分、最低分和平均分。

(2) 与冒泡排序法次序相反的另一种排序法是从前往后排，即首先排好最前面的一个数，然后排第二个数，…，最后排倒数第一个数。排序方法为每次在当前还未排好序的数中选择一个最大的数与这组数中的第一个数交换，直至所有的数都排好序为止，将这种排序算法称为选择排序法。输入 n 个整数，用选择排序法将它们按升序重新排列后输出。

(3) 编写程序，计算矩阵(5 行 5 列) 主对角线元素之和，除对角线元素的所有元素之和，上三角元素之和，首行、首列、末行和末列的所有元素之和。

(4) 编写程序，输出二维数组中行上为最大，列上为最小的元素(称为鞍点)及其位置(行、列下标)。如果不存在任何鞍点也输出相应信息。

(5) 编写程序，将字符串 s1 中所有出现在字符串 s2 中的字符删去。

(6) 编写程序，统计输入的一个字符串中每个数字出现的次数(要求用一个二维数组分别记录数字和数字出现的次数)。

(7) 利用指针编写程序实现在一个字符串的任意位置上插入一个字符(要求插入字符的位置由用户从键盘输入)。

(8) 实现多用户的图书信息管理系统。

第 5 章　函　　数

教学目标 ✍

☑ 熟练掌握函数的概念和定义方法，理解实参与形参的一致性。

☑ 理解函数中各种数据传递方法及其差别，掌握指针在数据传递中的用法。

☑ 了解函数调用的执行过程，掌握函数嵌套调用和递归调用。

☑ 熟练掌握各种存储类型变量在生命周期、作用域方面的特性。

☑ 了解函数指针和指针函数的概念，初步掌握通过函数指针引用函数的方法。

在程序设计过程中，为了方便组织人力共同完成一个复杂的任务，通常是将任务划分成多个较小的子任务，每一个子任务都具有一定完整的功能，可以分别由不同的人员来编写调试。在 C 语言中，完成相对独立的子任务的功能是通过函数实现的。本章将介绍 C 语言程序设计中实现单一功能及任务的函数概念和定义，解释函数调用的执行过程，并对函数指针和指针函数进行对比介绍。

5.1　引入函数的原因

学生信息管理相对来说是一个比较大而复杂的系统，主要任务是对学生的档案、成绩及其他信息进行管理，因此可针对不同的任务分别划分成子任务进行实现，某些子任务中还可能包含细化的功能，可继续划分下去，直至分解成单一功能予以实现。如果程序不划分功能模块，不仅复杂而且也缺乏可读性，调试与重用也会很麻烦。因此，使用结构化程序设计方法，设计合理的函数(或过程)，可以提高程序的可维护性与可重用性。在 C 语言中，使用结构化的程序设计方法是开发过程中常用的手段。

1．结构化程序设计思想

当需要设计一个用来解决复杂问题的程序时，开始往往无法同时考虑到程序的各个细节，因此也就不可能一下就写出完整、清晰、正确的程序。对此，一个非常有效的方法是逐步分解法(也称为自顶向下的设计方法)。逐步分解是把一个大问题分解成比较容易解决的小问题的过程，这些小问题分别由程序中若干个功能较为单一的程序模块来实现。把原始问题进行分解之后，程序员就不必同时去考虑复杂问题的各个环节了，而是一次只解决一个容易处理的程序模块，然后再把所有的模块像搭积木一样拼合在一起，使它们共同解决原始问题。这种自上而下逐步细化的模块化程序设计方法称为结构化程序设计。

在结构化程序设计中各个功能模块彼此有一定的联系,但功能上各自独立。各个模块可以分别由不同的人员编写和调试,最后将不同的功能模块连接在一起,组成一个完整的程序。采用结构化程序设计思想既简化程序的复杂性,又能便于彼此衔接。结构化程序设计的特点使得程序设计人员便于立足于全局处理问题(或任务),考虑如何解决问题的总体关系,而不需要涉及局部细节,有利于构造程序。用这种方法编写的程序,其结构清晰、易读、易写、易理解、易调试、易维护。另外子模块还可以公用(当需要完成同样任务时,只需多次调用),从而避免不必要的重复劳动,也减小了程序容量。

C 语言利用函数实现功能模块的定义,并通过函数调用将相关模块连接为一个程序整体。例如案例"学生信息管理系统"的功能可划分为以下 3 个模块:

(1) 信息录入与输出;

(2) 信息编辑;

(3) 信息统计。

每个功能模块可以再进行细化,如图 5.1 所示。

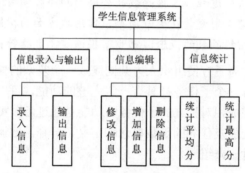

图 5.1 学生信息管理系统模块图

图 5.1 将学生信息管理系统划分为 3 个一级子模块,各子模块还可以继续分解二级乃至多级子模块,直至任务细化到简单容易实现为止。

2．C 程序的一般结构

一个完整的 C 程序可以由多个源程序文件组成,每一个文件中可以包含多个函数,所以,C 程序是由一系列函数构成的。函数是构成 C 程序的基本单位,一般 C 程序的结构如图 5.2 所示。

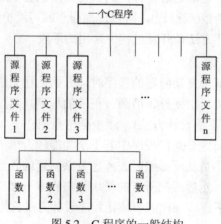

图 5.2 C 程序的一般结构

一个 C 程序由多个函数组成，其中必须有且仅有一个名为 main 的主函数(主程序)，无论 main 函数位于程序中什么位置，C 程序总是从 main 函数开始执行。注意 main 函数通过调用其他函数来实现所需的功能，但是 main 函数不能被其他函数调用。

3．C 语言函数的分类

1) 从用户使用的角度分

函数分为两种：标准函数和用户自定义函数。

(1) 在 C 语言的编译系统中提供了很多系统预定义的函数，用户程序只需包含有相应的头文件就可以直接调用，不同的编译系统提供的库函数名称和功能是不完全相同的。例如在上一章所介绍的字符串处理函数都是系统提供的标准函数，只需要在使用时将头文件 "string.h" 包含进来就可以了。

(2) 用户自定义函数是用户根据任务需要，按照 C 语言的语法规则编写一段程序，实现特定的功能。

2) 从函数参数形式分

函数分为有参函数和无参函数两类。

(1) 无参函数：使用该类函数时，不需给函数提供数据信息，就可以直接使用该函数提供的功能。

(2) 有参函数：使用该类函数时，必须给该函数提供所需要的数据信息，按照提供的数据不同，在使用该函数后获得不同的结果。

3) 从是否有返回值的角度分

函数分为有返回值函数和无返回值函数两种。

(1) 有返回值函数：此类函数被调用执行完成后将向调用者返回一个执行结果，称为函数返回值。

(2) 无返回值函数：此类函数用于完成某项特定的处理任务，执行完成后不向调用者返回函数值，或简单地称为 void 函数。具有 void 的函数，函数调用是独立的、单独的语句。

4) 从函数调用的角度分

函数分为主调函数和被调函数。

(1) 主调函数：主调函数是调用其他函数来实现特定功能的函数。如 main()函数。

(2) 被调函数：被主调函数调用的函数。例如 main()函数中的所有调用的函数就称为被调函数。主调函数和被调函数是相对而言的。如某些被调函数也会调用其他函数实现某种功能，此时，该被调函数相对于这些函数来说就变成了主调函数，一般遵循上级调用下级的原则。

5.2 函 数 概 念

5.2.1 函数定义

C 语言中的函数与数学计算中的函数关系或表达式不同，它是一个可以运行的处理过程。它可以进行数值运算、信息处理、控制决策等，即 C 语言函数是一个独立完成某种功能的程序块。函数运行结束时可以返回处理结果，也可以不返回处理结果。

函数必须事先定义后才能被调用。

1．无参函数的定义格式

无参函数定义的一般形式为

```
返回值类型  函数名()
{
        说明部分
        语句部分
}
```

无参函数定义由函数头部和函数体两部分组成。函数头部包括返回值类型和函数名两个部分；在"{}"内的部分称为函数体，其在语法上是一个复合语句。各部分说明如下：

1) 函数名

函数名是唯一标识函数的名字，它可以是 C 语言中任何合法的标识符，而且在该标识符后面必须有一对圆括号，用来表明该标识符为函数名。函数名的命名最好要有一定的物理意义，便于"见名知意"，并且在同一个程序中不同的函数应具有不同的函数名。

2) 函数体

函数中用"{}"括起部分称为函数体，函数体包括说明部分和语句部分。说明部分主要用于对函数内所使用的变量进行定义。语句部分实现函数的功能，它由 C 语言的基本语句组成。

3) 返回值类型

函数在被调用后给调用者返回结果所具有的类型，返回值的类型可以是各种基本数据类型和结构数据类型，其中还包含指针类型和结构体。函数在被调用后也可以没有返回值，此时返回值类型为 void。

例 5.1　编写一个函数，输出"欢迎使用学生管理系统！"。

```
void   greeting()
{
        printf ("欢迎使用学生管理系统!\n");
}
```

有关函数定义的说明：

(1) 函数体内可以是 0 条、1 条或多条语句。当函数体是 0 条语句时，称该函数为空函数。空函数是程序设计的一个技巧，在一个软件开发的过程中，模块化设计允许将程序分解为不同的模块，由不同的开发人员设计，也许某些模块暂时空缺，留待后续的开发工作完成，为了保证整体软件结构的完整性，将其定义为空函数。后续为其完善时，只需加入函数体内的语句即可。注意函数体内无论有多少条语句，大括号是不能省略的。

例如：

```
void dump()
{
}
```

(2) 所有函数都是平行的，即在定义函数时是相互独立的，一个函数并不从属于另一函数，即函数不能嵌套定义。如例 5.2 函数定义是错误的。

例 5.2　错误的函数嵌套定义。

```
void    login()
{
    printf("用户登录");
    void    input()/*非法，错误的嵌套定义*/
    {
        printf("请输入用户名密码");
    }
}
```

2．有参函数的定义格式

有参函数定义的一般形式为

```
返回值类型    函数名(参数表列)
{
        说明部分
        语句部分
}
```

有参函数定义与无参函数定义的区别在于有参函数带有参数表列，在函数被调用时接受提供给该函数的数据，以便在函数体内进行处理。

参数表列通常称为形式参数表(简称形参表)，形式参数表的形式为

类型　参数名 1，类型　参数名 2…，类型　参数名 n

形参表说明函数参数的名称、类型和数目，由一个或多个参数说明组成，每个参数说明之间用逗号分隔。

例 5.3　输出一名学生 3 门课程的成绩。

```
#include"stdio.h"
void output(float s1,float s2,float s3 )
{
    printf("score1 is :%4.2f\n",s1);
    printf("score2 is :%4.2f\n",s2);
    printf("score3 is :%4.2f\n",s3);
}
void main()
{
    float score1=90.00,score 2=88.50,score3=85.50;
    printf("The Student's scores are:\n");
    output(score1,score2,score3);/*调用有参函数*/
}
```

程序的运行结果为

The Student's scores are:

score1 is:90.00

score2 is:88.50

score3 is:85.50

3．函数的返回值与 return 语句

调用者在调用函数时，函数有时需要把处理的结果返回给调用者，这个结果就是函数的返回值，函数的返回值是由 return 语句传递的。return 语句是跳转语句，用于从函数返回，使执行返回(跳回)到函数的被调用点。return 可以有也可以没有与其相关的值。有值的 return 语句仅用在带有非 void 返回类型的函数中。在此情形下，return 的值成为该函数的返回值，无值的 return 常用于从 void 函数返回。

函数的返回值与 return 语句的形式有以下三类：

return (表达式);

return 表达式;

return;

因此，return 语句具有两个重要的用途：第一，使函数立即退出程序的执行返回给调用者。第二，可以向调用者返回值。

例 5.4　定义一个函数，其功能为求一个学生 3 门课程的总成绩。

```c
#include"stdio.h"
float totalScore(float s1, float s2, float s3)
{
    float sum=0;
    sum=s1+s2+s3;
    return sum;   /*返回总成绩*/
}
void main()
{
    float score1,score2,score3;
    float total;
    printf("Please input score1:");
    scanf("%f",&score1);
    printf("Please input score2:");
    scanf("%f",&score2);
    printf("Please input score3:");
    scanf("%f",&score3);
    total=totalScore(score1,score2,score3);
    printf("The Student's total scores is: %6.2f\n",total);
}
```

程序的运行结果为

Please input score1:90.0

Please input score2:88.5

Please input score3:85.5

The Student's total scores is: 264.00

说明：

(1) return 语句中表达式的类型应与函数返回值类型一致，如果不一致，则以函数返回值的类型为准，对于数值型数据将自动进行类型转换。

(2) 一个函数中可以有多个 return 语句，函数在碰到第一个 return 语句时返回，函数返回值为第一个 return 语句中表达式的值。例如：

```
float outfloat()
{
    float x=1.8, y=9.8;
    return (x+7);
    return (y-3);
}
```

函数运行到"return (x+7);"就结束了，返回值为 8.8。

(3) 若函数体内没有 return 语句，就一直执行到函数体的末尾后返回调用函数。这时会带回一个不确定的函数值，若确实不要求带回函数值，则应将函数定义为 void 类型。利用 void 声明，可以阻止在表达式中错用此类函数，因为 void 类型函数不能用于表达式中。在 C 的旧版本中，如果非 void 类型函数执行不含值的 return 语句，则返回无用值，但在 C 的新版本和 C++中，非 void 函数必须使用有值的 return 语句。

(4) 主函数 main()向调用进程(一般是操作系统)返回一个整数。用 return 从 main()中返回一个值等价于用同一值调用 exit()函数。如果 main()中未明确返回值，返回调用进程的值在技术上没有定义。实践中，多数 C 编译程序在无明确返回值的情况下，自动返回零，但考虑可移植性时，不应该依赖于这种特性。

5.2.2 函数调用和函数说明

函数在定义之后并不能主动运行，必须通过对函数调用才能实现函数的功能。一个函数可以被其他函数多次调用(main 函数不能被任何函数调用)，调用函数的函数称为主调函数，被调用的函数称为被调函数，如果被调函数是有参函数，主调函数在调用时将数据传递给被调函数，从而得到所需要的处理结果。

1．函数调用的形式

无参函数调用形式为

　　函数名()

例如，调用例 5.1 所定义的 greeting()函数形式如下：

　　greeting();

有参函数调用形式为

　　函数名(参数表)

例如，调用例 5.3 定义的有参函数形式如下：

```
            output(score1,score2,score3);
```

说明：

(1) 函数调用语句中函数名与函数定义的名字相同。

(2) 对标准函数不需要定义，可以直接调用，但要使用#include 包含标准函数所在的头文件。例如：调用"getchar()"，在程序首部需写#include "stdio.h"，标准函数被包含在哪个头文件可查阅附表标准库函数表。

(3) 有参函数调用时参数表中列出的参数是实际参数(简称实参)。实参的形式为

    参数 1，参数 2，…，参数 n，

各参数间用逗号隔开，实参与形参要保持顺序一致、个数一致、类型应一致。实参与形参按顺序一一对应，传递数据。

(4) 实参可以是一个表达式或者是值，对实参表求值的顺序并不是确定的，Visual C++ 6.0 系统是按自右向左的顺序求值的。

2．函数调用的方式

按照被调函数在主调函数中出现的位置来分，可以有以下三种函数调用方式：

(1) 函数调用作为一个语句。如例 5.1 中的

```
        greeting();
```

这时被调函数返回值类型为 void，只要求函数完成特定的功能。

(2) 函数调用出现在表达式中，这时要求被调函数必须带有返回值，返回值将参加表达式的运算。

例 5.5 库函数 pow(a,b)的功能是求 a^b，在主函数中调用该函数的程序为

```
        #include <stdio.h>
        #include<math.h>
        void main( )
        {
                int a=2, b=3, i=3, j=2;
                double c;
                c = pow(a,i) + pow(b,j);
                printf("c=%f",c);
        }
```

程序运行结果为

```
        c=17.000000
```

(3) 函数调用作为函数的实参。例如：

```
        int   m;
        m=pow(3,pow(2,2));
```

按照 Visual C++ 6.0 系统自右向左的顺序求实参的值，其中先调用 pow(2,2)，它的返回值作为 pow 另一次调用的第 2 个实参。

对于有返回值的函数，函数调用既可作为表达式使用也可作为函数的实参使用，而对于无返回值的函数，函数调用则只能作为语句使用。

3. 函数说明

在函数调用过程中，如果被调函数(函数返回值类型为 int 除外)的定义出现在主调函数之后，则在主调函数中必须对该被调函数进行原型说明。例如：

函数原型说明的一般形式为：

返回值类型 函数名(参数类型表);

其中，圆括号说明它前面的标识符是一个函数，注意不能省略，如果省略，就成为一般变量的说明了。参数类型表的形式与函数定义的形参表相同，可以只列出形参的类型名而不需给出参数名(即参数名可省)。但应注意，函数定义的形参表中的参数名不能省。函数原型说明放在主调函数函数体中的数据说明位置或函数体外主调函数定义之前。

例 5.6 定义一个函数，函数 avg()功能为求学生 3 门课程成绩的平均值，并在主函数中调用此函数。

```
#include "stdio.h"
void main()
{
    float avg(float,float,float);    /*对 avg 函数进行说明*/
    float score1,score2,score3,avgScore;
    printf("input    score1,score2,score3:");
    scanf("%f%f%f",&score1,&score2,&score3);
    avgScore=avg(score1,score2,score3);
    printf("avg=%6.2f",avgScore);
}
float    avg(float    x, float    y,float    z)
{
    return(x+y+z)/3;
}
```

程序运行结果为

input   score1,score2,score3:90.0 90.0 86.0

avg= 88.67

从函数的原型说明形式中可以看出，它与函数定义是不同的。函数定义是对函数的一个完整的描述，它包括函数的类型、函数名、形参说明以及函数体等；而函数原型说明比较简单，它只是说明被调用函数的返回值类型及形参类型，以便在主调函数中对被调函数的调用按所说明的类型进行处理。如在例 5.6 中，对函数 avg()进行原型说明后就可以对函数 avg()进行调用了。在调用时，将函数 avg 的调用结果按照所说明的类型(float 型)参与运算。

C 语言中规定在下列几种情况下，可以省去主调函数中对被调函数的说明：

(1) 如果被调函数定义出现在主调函数定义之前，在主调函数中不必对被调函数进行原型说明。

如将例 5.6 中的 avg()函数的定义放在 main()函数之前，即可去掉 main()中的函数声明语句。

(2) 如果在所有函数定义之前，在函数外预先说明了各个函数的类型，则在以后的各主调函数中，可不再对被调函数作说明。

如将例 5.6 中的 avg 函数说明语句放在 main()函数外，所有函数定义之前则各主调函数中无须对 avg()函数再作说明。

(3) 对库函数的调用不需要再作说明，但必须把该函数的头文件用#include 命令包含在源文件头部。

4．函数调用的执行过程

函数调用过程就像人们阅读书籍时碰到不认识的单词去查字典，需要做调用初始化和善后处理工作。所谓调用初始化，就是转入查字典之前的一系列操作，如记录阅读的中断点、保护现场，并把要查的单词传递过去，然后转入查字典过程。经过查找字典操作，在查到该单词后，将它的含义和读法作为查找字典的结果值带回到阅读的中断点继续往后阅读。

函数调用过程与此类似，调用时要保护现场将参数压入堆栈，并查到被调用函数的入口地址，同时把返回到主调函数的地址压入堆栈。调用结束时，要恢复现场即从堆栈中弹出返回值和返回地址，以便实现流程控制的返回。显然函数调用必然会有一定的时间和空间开销，从而影响执行效率。

例 5.7 编写计算求 n! 的函数。

求解程序及程序运行过程：

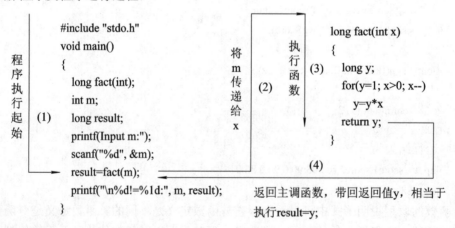

程序运行结果为

    Input m: 3

    3!=6

调用函数的过程分为如下几步：

第一步，将实参的值赋给形参。实参和形参的关系如同赋值表达式的右操作数与左操作数的关系，对于基本类型的参数，如果实参的类型与形参的类型相同，则实参直接赋值给形参；否则实参按形参的类型执行类型转换后再赋给形参。如果实参是数组名，因为数组名表示数组的起始地址，所以实参传递的是数组的起始地址，而不是变量的值。

第二步，将程序执行流程从主调函数的调用语句转到被调函数的定义部分，执行被调函数的函数体。

第三步,当执行到被调函数函数体的第一个 return 语句或者最右边的一个大花括号时,程序执行流程返回到主调函数的调用语句。如果调用语句是表达式的一部分,则应用函数的返回值参与表达式运算之后继续向下执行;如果调用语句是单独一条语句,则直接继续向下执行。

第四步,返回主调函数,带回返回值。

5.2.3　函数的嵌套调用和递归调用

1．函数的嵌套调用

函数定义部分不能嵌套,各个函数定义是相对独立的,但是任何函数内部都可以调用另外的函数(不包含 main()函数)。这样一个函数调用另一个函数,而另一个函数又可以调用其他函数的调用过程,就形成了函数的嵌套调用。

例 5.8　编写计算 $C_n^m = \dfrac{n!}{m!(n-m)!}$ 值的程序。

```
#include<stdio.h>
long   fact(int x)                /*计算 x 的阶乘*/
{
    long   y;
    for(y=1;x>0;x--)   y=y*x;
    return(y);
}
long   require(int n,int m)        /*计算 Cₙᵐ 的值*/
{
    long   z;
    z=fact(n)/(fact(m)*fact(n-m));
    return z;
}
void main()
{
    int m,n;
    long int result;
    printf("input n and m: ");
    scanf("%d,%d",&n,&m);
    result=require(n,m);
    printf("\nresult=%ld;",result);
}
```

程序运行结果为

```
input n and m: 3,1
result=3;
```

在这个程序中，函数调用执行顺序如图 5.3 所示。

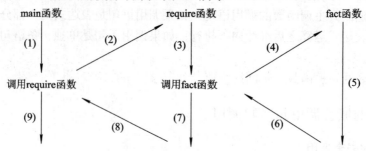

图 5.3　函数嵌套调用执行顺序

函数 fact()和函数 require()分别定义，互相独立。程序从 main()函数开始执行，调用函数 require()的过程中又调用函数 fact()，这样的调用过程就称之为函数的嵌套调用。

一般来讲，C 语言在原则上没有限制函数嵌套调用的深度，即可以嵌套任意个层次，但实际上函数嵌套的层数要受系统资源条件的限制。

2．函数的递归调用

在调用一个函数的过程中如果出现直接或间接调用函数自身(除主函数 main()外)的过程，称为函数的递归调用。C 语言的特点之一就在于允许函数递归调用。函数递归调用分为直接调用和间接调用，执行过程如图 5.4 和图 5.5 所示。

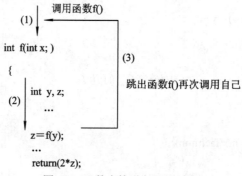

图 5.4　函数直接递归调用过程

从图 5.4 函数执行过程中可以看出，在调用函数 f()的过程中又调用函数 f()，这种调用过程是直接递归调用。

图 5.5 表示了间接递归调用自身的函数调用过程。

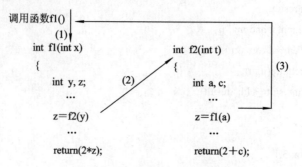

图 5.5　函数间接递归调用过程

从递归函数的执行过程可以看到以上两种递归调用都是永远无法结束的自身调用，程序中不应存在这种无终止的递归调用，而只应出现有限次数的，有终止的递归调用。解决方法是利用 if 语句来控制循环调用自身的过程，将递归调用过程改为当某一条件成立时才执行递归调用，否则就不再执行递归调用过程。图 5.6 显示了这种方式。

例 5.9 用递归方法求 n!。

算法分析：

计算 f(n)=n!的值。

$$f(n) = \begin{cases} 1 & (n = 0, 1) \\ n * (n-1)! & (n > 1) \end{cases}$$

当 n>1 时，计算 n!的公式是相同的，当 n=0 或 1 时，n!的值为 1，所以可用一个递归函数来表示上述关系，其求解过程如图 5.7(以求 5!为例)所示。

图 5.6 带 if 语句的函数递归调用过程

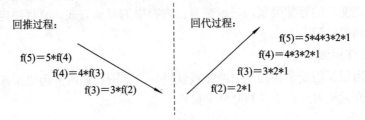

图 5.7 递归函数求解过程

程序如下：

```c
#include <stdio.h>
long fac(int n)
{
    if(n<0)      { printf("n<0,data error!");   return 0; }
    else if(n==0||n==1)         return   1;
    else         return(fac(n-1)*n);
}
void main()
{   int n;
    long y;
    printf("n=");
    scanf("%d",&n);
    y=fac(n);
    printf("\n%d!=%ld",n,y);
}
```

程序运行结果为

    n=5✓

    5!=120

5.2.4 变量的作用域与存储方式

变量在使用之前必须先定义。在定义变量时，要用数据类型关键字说明变量为某一个数据类型；在程序编译过程中，会根据变量的数据类型为其分配相应的存储空间。例如：

    int x;

数据类型关键字 int 说明 x 为整型变量，在 Visual C 中会分配 4 个字节大小的存储单元给变量 x。

为变量指明数据类型只是有关定义变量的一部分内容，实际上变量的定义除了与变量的数据类型有关外，还与变量定义的位置和存储类型有关。

变量完整定义语句格式如下：

    <存储类别>   <数据类型> 变量名[=初始值];

完整的变量定义语句包括三个方面：一是变量的数据类型，例如 int、float、char 等；二是变量的作用域，表示一个变量在程序中能够被使用到的范围，它是由变量定义所在位置决定的；三是变量的存储类别，表示变量在内存中的存储方式，直接决定了变量占用分配给它存储空间的时限。

1. 变量的作用域

变量的作用域是指变量在程序中能够被使用到的范围，通常分为"局部"和"全局"两种，相应的变量称为局部变量和全局变量。

1) 局部变量

在函数内部定义的变量、形参及复合语句块中定义的变量都称为局部变量，局部变量只在定义它的函数内或复合语句内有效，其他的函数或程序块不能对它进行存取操作。因此，在不同函数内定义的局部变量可以同名，它们代表的对象不同，互不影响。

例 5.10 分析程序中变量的作用范围。

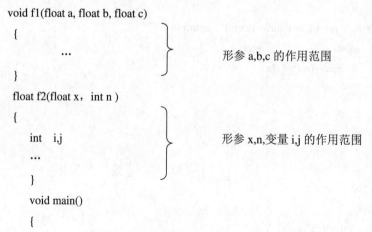

```
void f1(float a, float b, float c)
{
    ...                        形参 a,b,c 的作用范围
}
float f2(float x, int n )
{
    int   i,j                  形参 x,n,变量 i,j 的作用范围
    ...
}
void main()
{
```

```
        int i,j;
          f1(i,i,j);
          …
              for(i=0;i<10;i++)
              {
                  float x,y;
                  …              变量 x,y 的作用范围
              }
              …
          f2(i,j);
    }
```

变量 i,j 的作用范围

关于局部变量有如下几点说明：

(1) 主函数 main()中定义的变量只在主函数中有效，在其他函数中无效；

(2) 函数中的形参也是局部变量，只在本函数内有效；

(3) 在一个函数内部复合语句中可以定义变量，这些变量只在本复合语句中有效；

例 5.11   分析下面程序的运行结果。

```
    #include <stdio.h>
    void main( )
    {
        int x;               /*主函数内定义的局部变量*/
        x=10;
        if (x= =10)
        {
            int x;           /*if 复合语句中定义的局部变量*/
            x=100;
            printf("Inner x: %d\n",x);
        }
            printf("Outer x: %d\n",x);
    }
```

程序的运行结果为

```
    Inner x:100
    Outer x:10
```

(4) 不同的函数内部可以定义相同名字的变量，它们名字虽然相同，但代表的对象却不同，为它们分配的存储单元也不同。

2) 全局变量

全局变量又称作外部变量或全程变量，是在函数外部定义的变量。其有效范围从定义变量的位置开始到本源文件结束。全局变量的使用说明：

(1) 尽量限制全局变量的使用。首先，因为全局变量在程序的全部执行过程中都占用存储单元，而不是仅在需要时才开辟单元。这样就使得内存空间的使用率降低。其次，全

局变量是在函数外部定义的，访问全局变量的函数在执行时要依赖于其所在的外部变量。最后，在同一文件中的所有函数都能引用全局变量的值。

(2) 全局变量的定义与说明有所区别。全局变量同局部变量一样，也遵循先定义后使用的原则。注意每个全局变量只能定义一次，否则编译程序时将会出错，而且最好定义在使用它的所有函数之前。如果在全局变量定义之前的函数时要使用全局变量，只能对这个全局变量进行说明，而不能再次定义。

(3) 同一个源文件中局部变量与全局变量可以同名，在局部变量的作用范围内，全局变量被屏蔽不起作用。

例 5.12 全局变量的作用域范围。

```
float x,y;
void f1(int   m)
{
    float p;
    …
}
int k1,k2;
float f2(int m,int n )
{
    int i,j;
    …
}
void main()
{
    …
}
```

全局变量 k1, k2 的作用范围

全局变量 x, y 的作用范围

例 5.13 在程序中使用同名的全局变量与局部变量。

```
#include <stdio.h>
int a=4,b=7;                 /* a,b 为外部变量  */
int max (int a, int b)       /*a,b 为局部变量  */
{
    int c;
    c=a>b?a：b;              /*形参 a、b 作用范围*/
    return (c);
}
void main ( )
{
    int a=9;     /*a 为局部变量*/
    printf ("max=%d", max (a,b));
    /*全局变量与局部变量同名，全局变量 a 失效，b 为全局变量*/
}
```

程序运行结果为

    max=9

2．动态存储方式与静态存储方式

在 C 程序运行时占用的存储空间通常分为 3 个部分：程序区、静态存储区和动态存储区。程序区中存放的是程序执行时的机器指令，数据分别存放在静态存储区和动态存储区中。数据存储可分为静态存储和动态存储方式，静态存储方式就是程序运行期间为变量分配固定的存储空间，变量存储在静态存储区，而动态存储方式是程序运行期间根据需要为变量动态地分配存储空间，变量存储在动态存储区。

在 C 语言中，每一个变量和函数都有两个属性：数据类型和存储类别，其中数据类型在前面已经介绍过。存储类别分为两大类：静态存储类别和动态存储类别，具体包括：自动(auto)、静态(static)、寄存器(register)和外部(extern)四种。

1) 局部变量的存储方式

局部变量因其存储类别不同，可能放在静态存储区，也可能放在动态存储区。

(1) 自动局部变量(简称自动变量)。用关键字 auto 作存储类型说明，存储在动态存储区。当局部变量未指明存储类别时，默认为 auto 存储类别。

(2) 静态局部变量。用关键字 static 作存储类型说明，存储在静态存储区。在程序运行期间占据一个永久性的存储单元，即使在退出函数后，存储空间仍旧存在，直到源程序运行结束为止。注意形参不允许说明为静态存储类别。

例 5.14 分析下面程序运行结果。

```c
#include "stdio.h"
void f1()
{
    int x=0;        /*A*/
    x++;
    printf("x=%d\n",x);
}
void main()
{   f1();
    f1();
}
```

程序运行结果为

    x=1
    x=1

f1()函数中自动变量 x 在函数结束时会被释放，当再次调用函数时需要进行重新定义，即执行 int x=0 语句，所以两次调用 x 的值都为 1。若在注释 A 处所在的语句改为 static int x=0; 则程序运行结果为

    x=1
    x=2

因为静态变量存储在静态存储区，直到程序运行结束后才被释放，所以静态变量的初始化语句只能被执行一次。在 f1 函数中将 x 说明成静态变量，x 只在编译阶段初始化一次，初值为 0。f1 函数第一次被调用时，执行 static int x=0 语句，调用结束后值为 1；第二次调用时 static int x=0 语句不再被执行，x 的初值是上次调用结束后 x 值，因此输出 x 值为 2。

(3) 寄存器变量将局部变量的值放在 CPU 的通用寄存器中，以此来提高程序的执行效率。寄存器变量用关键字 register 说明。

例 5.15　计算 $s=x^1+x^2+x^3+\cdots+x^n$，x 和 n 由键盘输入。

```c
#include "stdio.h"
long sum(register int x, int n)
{
    long result;
    int i;
    register int temp;
    temp=result=x;
    for(i=2;i<=n;i++)
    {    temp*=x;
         result+=temp;
    }
    return result;
}
void main()
{
    int x,n;
    printf("input x,n:");
    scanf("%d,%d",&x,&n);
    printf("sum=%ld\n",sum(x,n));
}
```

执行并输入：
```
input x,n:3,4
sum=120
```

说明：

(1) 寄存器变量的数据类型。传统上，存储类型说明符 register 只适于 int、char 或指针变量。然而，标准的 C 语言拓宽了它的定义，使之适用于各种变量。但在实践中，register 一般只对整型和字符型有实际作用。因此，一般不期望其他类型的 register 变量能实质性地改善处理速度。

(2) 寄存器变量的存储。最初，寄存器变量(register)说明符要求 C 编译程序把寄存器变量的值保存在 CPU 寄存器中，不像普通变量那样保存在内存中。目前，虽然 register 的定义被扩展，可应用于任何类型的变量，然而实践中，字符和整数仍放在 CPU 的寄存器内，数组等大型对象显然不能放入寄存器，但只要声明为 register 变量，还是可以得到编译程序的优化处理。基于 C 编译的实现和运行操作系统环境，编译程序可以用自己认为合适的一切办法处理 register 变量。

(3) 寄存器变量的存储类别。只有局部自动变量和形式参数可说明为寄存器变量，局部静态变量不能定义为寄存器变量，例如不能写成：

　　　register　static　a，b;

因此，全局寄存器变量是非法的。因为不能把变量放在静态存储区中，又放在寄存器中，二者只能居其一。

(4) 寄存器变量的数量。一个计算机系统的寄存器数目是有限的，不能定义任意多个寄存器变量。一些操作系统对寄存器的使用做了数量的限制。或多或少，或根本不提供，用自动变量来替代。

注意：C 语言中不允许取寄存器变量的地址。因为寄存器变量可以放在 CPU 的寄存器中，该寄存器通常是不编地址的。

2) 全局变量的存储方式

全局变量的存储方式为静态存储，在静态存储区分配存储单元。全局变量的存储方式分为外部存储全局变量和静态全局变量，分别用 extern 和 static 关键字说明。

(1) 外部存储全局变量。

① 外部存储全局变量在程序被编译时分配存储单元，它的生命周期是程序的整个执行过程。其作用域是从外部存储全局变量定义之后，直到该源文件结束的所有函数。

② 外部存储全局变量初始化是在外部存储全局变量定义时进行的，且其初始化仅执行一次，若无显式初始化，则系统自动初始化为与变量类型相同的 0 值(整型 0，字符型 '\0'，浮点型 0.0)。在有显式初始化的情况下，初值必须是常量表达式，外部变量在程序执行之前分配存储单元，程序运行结束后才被收回。

③ 用 extern 既可以用来扩展全局变量在本文件中的作用域，又可以使全局变量的作用域从一个文件扩展到程序中的其他文件。系统在编译时遇到 extern 时，先在本文件中寻找全局变量的定义，如果找到，就在本文件中扩展作用域；如果找不到，就在连接时从其他文件中找全局变量的定义。如果找到，就将作用域扩展到其他文件，如果找不到，则按出错处理。

例 5.16　用 extern 将全局变量的作用域扩展到其他文件。本程序的作用是给定 b 的值，输入 a 和 m，求 a×b 和 a^m 的值。

文件 filel.c 中的内容为

```
int A;              /*定义全局变量*/
void main( )
{
     int power(int);            /*对调用函数作声明*/
     int b=3,c,d,m;
     printf("enter the number a and its power m:\n");
     scanf("%d,%d",&a,&m);
     c=A*b;
      printf("%d*%d=%d\n",A,b,c);
```

```
        d=power(m);
        printf("%d*%d=%d",A,m,d);
    }
```

文件 file2.c 中的内容为

```
    extern A;                    /*声明 A 为一个已定义的全局变量*/
    int power(int n)
    {
        int i,y=1;
        for(i=1; i<=n;i++)    y=y*A;
        return(y);
    }
```

可以看到，file2.c 文件中有 extern 声明语句，它声明在本文件中出现的变量 A 是一个已经在其他文件中定义过的全局变量，本文件不必再次为它分配内存。本来全局变量 A 的作用域是 file1.c，但现在用 extern 声明将其作用域扩大到 file2.c 文件。假如程序有 5 个源文件，在一个文件中定义全局整型变量 A，其他 4 个文件都可以引用 A，但必须在每一个文件中都加上"extern A;"声明语句。在各文件经过编译后，将各目标文件联接成一个可执行文件。

(2) 静态全局变量。静态全局变量用关键字 static 作存储类型说明。

① 静态全局变量只能在定义它的源文件中对其进行引用，在其他的源文件中即使用 extern 对其进行说明也不能对它进行引用。

② 在同一个源文件内，静态全局变量或者外部存储全局变量的作用域都是从定义处至本程序文件的末尾。如果外部变量不在文件的开头处定义，其有效范围只限于定义处到文件末尾。如果在定义点之前的函数需要引用该外部变量，则应该在引用之前用 extern 对该变量作"外部变量说明"，以扩展外部变量的作用域。

例 5.17 全局变量作用域范围的扩展。

```
    #include "stdio.h"
    extern float x,y; /*对全局变量 x，y 进行说明*/
    void main()
    {
        void func1();
        int i，j;
        x=3;
        y=9;
        …
    }
    static float x,y; /*对全局变量 x，y 进行定义*/
    void func1()
    {
        int n;
```

```
        y=y+x;
        ...
    }
```

程序中，对静态全局变量 x，y 进行定义。主函数中对变量 x，y 的引用是在它定义之前，所以需要用 extern 进行说明，如果先定义后引用就不必进行说明。注意对静态全局变量说明时省略存储类别 static，应书写成 extern float x,y;，否则在编译时会出现错误。

③ 静态全局变量与外部存储全局变量的存储单元都是在静态存储区中，所以它们在整个程序的运行期间都是有效的。

5.2.5 函数间数据传递

在函数调用时，将由主调函数将实参的值传送给被调函数的形参，或者由被调函数向主调函数返回数据的过程都称为函数间的数据传递。被调函数的形参接受的是实参的值(实参的副本)而不是实参的地址，形参和实参变量各自存在于不同的存储单元，是不同的变量。按照实参传递值的类型(即实参存储的是值还是指针)，函数间数据传递分为两种方式：传值方式和传递地址方式。

1．传值方式传递数据

当实参为简单类型变量或者数组元素时，实参的值在函数调用时被传递给形参，但形参的值在函数返回时不能传递给实参。因为在内存中，实参与形参是不同的存储单元，在调用函数时给形参分配存储单元，并将实参对应的值赋给形参，由于形参是被调函数中的局部动态变量，调用结束后形参被释放，实参仍然保留并维持原值。

例 5.18 编写程序，调用函数 change()，交换两个整型变量中的值。

```
#include "stdio.h"
void change(int x,int y)    /*交换 x 和 y 的值*/
{
    int temp;
    temp=x;   x=y;   y=temp;
    printf("x=%d,y=%d\n",x,y);
}
void main( )
{
    int a,b;
    printf("input a,b:");
    scanf("%d,%d",&a,&b);
    printf("a=%d,b=%d\n",a,b);
    change(a,b);
    printf("a=%d,b=%d\n",a,b);
}
```

程序运行结果为

```
input a,b:2,3
a=2,b=3;
x=3,y=2;
a=2,b=3;
```

程序执行过程中实参与形参的变化过程如下所示：

(1) 主函数调用 change()函数(执行语句 change(a，b))的过程为

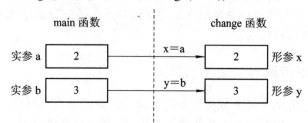

(2) 程序流程转到 change()函数执行的过程为

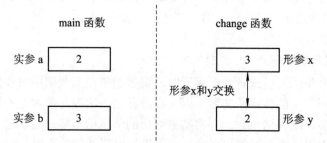

(3) change()函数调用结束，返回主函数的过程为

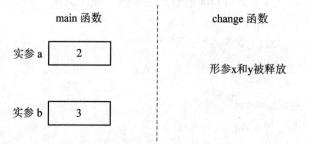

从例 5.18 可以看到，函数间通过传值的方式实现数据传递已无法在被调函数中改变主调函数中实参的值。

2. 传地址方式传递数据

如果实参的值是指针类型，也就是一个变量的内存地址，在将实参的值传递给形参时，被调函数形参所接受的是这个变量的内存地址，则在函数内可以通过地址改变实参所指向的数据，这种传递数据的方式称为传地址方式。

1) 指针作为实参传递

例 5.19 修改例 5.18，通过调用函数 change()实现交换主调函数中两个整型变量的值。

```
#include "stdio.h"
void change(int *x,int   *y)
```

```
    {
        int    temp;
        temp=*x;    *x=*y;    *y=temp;
        printf("\nx=%d,y=%d",*x,*y)
    }
    void main()
    {
        int a,b,*m,*n;
        printf "input a,b: ");
        scanf("%d,%d",&a,&b);
        printf("a=%d,b=%d\n",a,b);
        m=&a;
        n=&b;
        change(m,n);
        printf("a=%d,b=%d\n",a,b);
    }
```

程序运行结果为

```
    input a,b:2,3
    a=2,b=3;
    x=3,y=2;
    a=3,b=2;
```

程序执行过程中，实参与形参的变化过程如下：

(1) 主函数调用函数 change()(执行语句"change(a，b)")的过程为

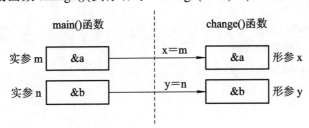

(2) 程序流程转到函数 change()执行。

步骤 1：在函数 change()中通过"*"运算访问主函数中实参所指向的变量 a，b，其过程为

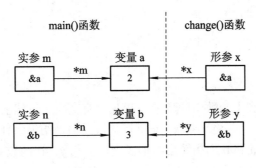

步骤 2：在函数 change() 中交换主函数中实参所指向的变量 a，b 的值，其过程为

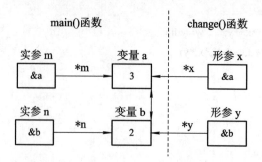

利用指针作为函数参数能够在被调函数中改变主调函数实参所指向的存储单元值，但是"使用指针以后可以通过改变被调函数形参来改变主调函数实参"的想法是错误的。参看例 5.20。

例 5.20   按传地址方式传递数据，对例 5.18 的程序进行修改，并分析其运行结果。

```c
#include "stdio.h"
void change(int *x,int *y)
{
    int   *temp;
    temp=x;      x=y;      y=temp;
    printf("x=%d,y=%d\n",*x,*y);
}
void main()
{
    int a,b,*m,*n;
    printf("input a,b:");
    scanf("%d,%d",&a,&b);
    printf("a=%d,b=%d\n",a,b);
    m=&a;
    n=&b;
    change(m,n);
    printf("a=%d,b=%d\n",a,b);
}
```

程序运行结果：

```
input a,b:2,3
a=2,b=3;
x=3,y=2;
a=2,b=3;
```

从运行结果可以看到主函数中的变量 a 和 b 没有交换。虽然函数 change() 中形参 x，y 接受了变量 a，b 的地址，并将形参 x，y 进行交换，但是结果为什么还不正确呢？这是由于在数据传递时将实参 a 和 b 的指针送给形参变量 x 和 y，在函数 change() 中将指针 x 和 y

的内容进行互换，并没有交换指针 x 和 y 所指向的存储单元的值，也就是实参所指向的变量 a，b 的值没有进行交换，所以该程序的运行结果不正确。

　　注意：如果要在被调函数中改变主调函数中变量的值，首先实参为该变量的地址，并传递给形参；其次在被调函数的函数体内，必须通过改变形参所指向变量的方式来改变实参指向的变量，而仅仅改变形参的值是无法改变形参所指向的主调函数中变量的值。

　　2) 数组名作为实参传递

　　在 C 语言中，数组名代表了该数组在内存中的起始地址，当数组名作函数参数时，实参与形参之间传递的就是数组起始地址。

　　说明：当数组名作为函数的参数时，在主调函数和被调函数中要分别定义数组，实参数组和形参数组必须类型相同，形参数组可以不指明长度。

　　例 5.21　实现调用函数 change()，交换主调函数中数组的两个任意元素。

```c
#include "stdio.h"
void    change(int x[],int n,int i,int j) /*形参 n 表示数组的长度*/
{
    int temp;
    if(n>i&&n>j)
    {
        temp=x[i];    x[i]=x[j];    x[j]=temp;
        printf("x[%d]=%d,x[%d]=%d\n",i,x[i],j,x[j]);
    }
    else
        printf("数组元素下标 i 或 j 越界");
}
void main()
{
    int a[10]={0,1,2,3,4,5,6,7,8,9},i,j;
    printf("input i,j(0-9):");
    scanf("%d,%d",&i,&j);
    printf("a[%d]=%d,a[%d]=%d\n",i,a[i],j,a[j]);
    change(a,10,i,j);
    printf("a[%d]=%d,a[%d]=%d\n",i,a[i],j,a[j]);
}
```

程序运行结果为

```
input i,j(0-9):2,3
a[2]=2,a[3]=3;
x[2]=3,x[3]=2;
a[2]=3,a[3]=2;
```

　　当数组名做函数参数时，能够将实参数组 a 的起始地址传递给形参数组 b，这样两个数组共占用同一段内存单元，形参数组中各元素值的变化就相当于实参数组元素值改变。这样就能够实现在函数 chang() 中交换主调函数数组的两个任意元素功能。

因为指针可以指向数组，所以为了传递数组起始地址，实参与形参不仅能用数组形式表示，也能用指针代替。在例 5.21 中实参与形参都是数组，其余 3 种形式如下所示，程序运行结果不发生改变。

(1) 实参是数组名，形参为与数组元素类型相同的指针。

(2) 实参是与数组元素类型相同的指针，形参为数组。

(3) 实参与形参皆为与数组元素类型相同的指针。

3．利用全局变量传递数据

如果想让多个函数都能对某个存储单元进行存取，还可以采用全局变量的方式，因为对所在的源文件中所有函数而言，全局变量都是可以使用的。

例 5.22　利用全局变量实现两个整数的交换。

```c
#include    "stdio.h"
int a,b;    /*定义全局变量 a,b*/
void    change()
{
    int temp;
    temp=a;   a=b;   b=temp;
    printf("a=%d,b=%d\n",a,b);
}
void main()
{
    printf("input a,b:");
    scanf("%d,%d",&a,&b);
    printf("a=%d,b=%d\n",a,b);
    change();
    printf("a=%d,b=%d\n",a,b);
}
```

程序运行结果为

```
input a,b:2,3
a=2,b=3;
a=3,b=2;
a=3,b=2;
```

5.2.6　指针函数

一个函数被调用后返回的值可以是整型、实型或字符型等类型，也可以是指针类型。当一个函数的返回值为指针类型时，称这个函数是返回指针的函数，简称指针函数。

1．指针函数的定义

指针函数的一般定义形式为

存储类型　数据类型　*函数名(参数表列)

```
    {
        函数体
    }
```

其中，存储类型与一般函数相同，分为 extern 型和 static 型。"数据类型*"是指函数的返回值类型是指针类型，数据类型说明指针所指向的变量的数据类型。例如：

```
    static    float    *a(int x,int y);
```

函数 a 为静态有参函数，返回值是一个指向 float 变量的指针。

与一般函数的定义相比较，指针函数在定义时应注意以下两点：

(1) 在函数名前面要加上一个 "*" 号，表示该函数的返回值是指针类型；

(2) 在函数体内必须有 return 语句，其后跟随的表达式结果值必须是指针类型。

2. 指针函数的说明

如果函数定义在后，调用在前，则在主调函数中应对其进行说明。一般说明的形式为

```
    数据类型    *函数名(参数类型表);
```

例如，上述函数 a 的定义部分放在主调函数之后，在主调函数中对函数 a 说明如下：

```
    float    *a(int, int );
```

例 5.23 通过指针函数，计算学生 5 门课的平均成绩。

```
    #include<stdio.h>
    #define N 5
    float *count(float a[])
    {
        float sum=0;
        for(int i=0;i<N;i++)
        {
            sum+=a[i];
        }
        sum/=N;
        return &sum;
    }
    void main()
    {
        float score[N];
        float *avg;
        for(int i=0;i<N;i++)
        {
            printf("Input score %d:",i+1);
            scanf("%f",&score[i]);
        }
        avg=count(score);
        printf("The student's average score is:%4.2f\n",*avg);
    }
```

程序运行结果为

> Input score 1: 88.0
>
> Input score 2: 90.5
>
> Input score 3: 82.5
>
> Input score 4: 83.5
>
> Input score 5: 77.0
>
> The student's average score is:84.30

例 5.24 用指针函数实现求两个数中的最小值。

```
#include"stdio.h"
int *min(int x,int y)
{
    if(x<y)  return(&x);          /*x 的地址作为指针函数的返回值*/
    else   return(&y);
}
int *minp(int *x,int *y)
{
    int *q;
    q=*x<*y?x:y;
    return (q);                   /*指针变量 q 作为指针函数的返回值*/
}
void main()
{
    int a,b,*p;
    printf("Please input two integer numbers:");
    scanf("%d%d",&a,&b);
    p=min(a,b);                   /*返回最小值指针*/
    printf("\min=%d",*p);         /*输出最小值*/
    p=minp(&a,&b);                /*注意 minp 的形参类型*/
    printf("\nminp=%d",*p);       /*输出最小值*/
}
```

程序运行结果为

> Please input two integer numbers:8 15
>
> min=8
>
> minp=8

例中 min() 与 minp() 使用了不同类型的形参,但都能返回两个形参变量中保存较小值变量的地址(指针)。值得注意的是,指针函数的返回值一定要是地址,并且返回值的类型要与函数类型一致。

5.2.7 函数指针

在 C 语言中,函数名表示函数的入口地址,当用指针存储函数的入口地址时,称为指向函数的指针，即函数指针。函数指针是函数体内第一个可执行语句的代码在内存中的地址，如果把函数名赋给一个函数指针，则可以利用该指针来调用函数。

1. 函数指针

1) 函数指针定义

函数指针定义形式为

    数据类型 (*指针变量名)();

例如：

    int (*p)();

指针变量 p 为指向一个返回值为整型的函数指针。

说明：

(1) 数据类型表示指针所指向函数返回值的类型。

(2) 在该定义的一般形式中，第一对圆括号不能省略。因为圆括号的优先级高于"*"的优先级，则指针变量名就会先与后面的一对圆括号结合，那么该定义形式就成为定义一个函数，函数返回值的类型为指针类型。例如：

    int *p();

表示定义了一个指针函数 p，函数的返回值为指向整型变量的指针。

例 5.25 通过指针变量访问函数，实现求学生 5 门课的平均值。

```c
#include <stdio.h>
#define N 5
float count(float a[])
{
    float sum=0;
    for(int i=0;i<N;i++)
    {
        sum+=a[i];
    }
    sum/=N;
    return    sum;
}
void main()
{
    float(*p)(float *);
    float score[N],avg;
    p=count;
    for(int i=0;i<N;i++)
    {
        printf("Input score %d:",i+1);
        scanf("%f",&score[i]);
    }
```

```
            avg=(*p)(score);
            printf("The student's average score is:%4.2f\n",avg);
    }
```

程序运行结果为

```
        Input score 1: 88.0
        Input score 2: 98.0
        Input score 3: 85.5
        Input score 4: 78.5
        Input score 5: 77.0
        The student's average score is:85.40
```

2) 函数指针初始化与赋值

在利用函数指针调用函数时，首先必须让函数指针指向被调函数，也就是给函数指针赋值过程。赋值过程可以在定义变量即初始化或者在程序中通过赋值语句完成。

函数指针初始化的一般形式为

数据类型 (*指针变量名)( ) =函数名;

函数指针赋值的一般形式为

指针变量名=函数名;

例如：

```
        int (*p)()= change;        /*指针变量 p 初始化*/
        p=change;                    /*指针变量 p 赋值*/
```

上面两句话都表示指针 p 指向函数 change 的入口地址。

注意： 在为函数指针赋值时，赋值运算符右边表达式为函数名，不能给出函数的参数，也不能写圆括号，如下面形式都是错误的：

```
        p=change(a,b);
        p=change();
```

3) 利用函数指针调用函数

当函数指针指向一个函数后，就可利用该指针来调用它所指向的函数。可以用以下两种调用方式：

(*指针变量名) (实参表列)

指针变量名(实参表列)

例如：若函数指针 p 指向 change()函数，则 change(a,b);与(*p)(a,b);p(a,b);都表示调用函数 change()，作用相同。

在使用函数指针时应注意以下几点：

(1) 函数指针定义形式中的数据类型必须与赋值给它的函数返回值类型一致。

(2) 利用函数指针调用函数之前必须让它指向某一个具有相同返回值类型的函数。

(3) 函数指针只能指向函数的入口，不能指向函数中间的某一条指令，对函数指针做运算没有任何实际意义，例如"p++;"运算无效。

2. 用函数指针作函数参数

函数的参数可以是变量、指针、数组等。同样函数指针也可以作为参数实现函数地址的传递，最常用的就是在被调函数中利用传递过来的函数指针来对函数进行调用。

例 5.26 编写一个程序，在该程序中包括一个函数 func()，该函数可以根据传递给它的函数指针来实现两个数的加、减和乘法运算。

```
#include "stdio.h"
void func(int (*p)(int,int),int m,int n) /*实现两个整数的加、减、乘运算*/
{
    int z;
    z=(*p)(m,n);
    printf("%d\n",z);
}
int add(int m,int n) { return(m+n); }        /*两个整数相加*/
int sub(int m,int n) { return(m-n); }        /*两个整数相减*/
int mul(int m,int n) { return(m*n); }        /*两个整数相乘*/
void main()
{
    int x,y;
    printf("please input two numbers:\n");
    scanf("%d,%d",&x,&y);
    printf("%d+%d=",x,y);
    func(add,x,y);
    printf("%d-%d=",x,y);
    func(sub,x,y);
    printf("%d*%d=",x,y);
    func(mul,x,y);
}
```

程序运行的结果为

```
please input two numbers:12,48
12+48=60
12-48=-36
12*48=576
```

在这个程序中，主函数中主要调用了 func()函数。func()函数的功能是利用传递给它的指向函数的指针来对第 2、3 个参数进行相关的计算，并打印出计算结果。在调用函数 func()过程中，分别将 3 个计算函数 add()，sub()和 mul()传递到函数 func()中，在函数 func()中利用传递过来的函数指针来对它们进行调用，以实现加法、减法和乘法功能。

说明： 在将函数名作为实参传递之前，如果该函数放在主调函数之后，尽管该函数的返回值的类型为整型，也不能省略对它们的说明。虽然在前面讲过，对于返回整型量的函数在对其进行调用前可不必对其进行说明，因为在进行函数调用时，编译程序可以根据函数调用中的函数名后面的圆括号以及其中的参数判断出它为函数。但是当函数名作为实参时，如果省略了对函数的说明，编译程序将无法区别和判断作为实参的函数名是变量名还是函数名，因此必须进行函数说明。

5.3 使用函数重构学生信息管理系统

本章介绍了函数的相关概念，在第 4 章学生信息管理系统的基础上，使用函数重构系统，实现了用户界面、增加、删除、查询、显示等功能函数。

```
/**********************************************

作者:C 语言程序设计编写组
版本:v1.0
创建时间:2015.8
主要功能:
使用函数重构学生信息管理系统
1. 实现对多个学生基本信息的输入及输出。
2. 实现对学生信息的增删改查操作
附加说明:
系统功能未完全实现，如数据正确性验证功能，数组越界检查功能还未实现。
**********************************************/

#include<stdio.h>        /*I/O 函数*/

#include<stdlib.h>       /*其他说明*/

#include<string.h>       /*字符串函数*/

#define LEN 15           /*学号和姓名最大字符数，实际请更改*/

#define N 100            /*最大学生人数，实际请更改*/

char* code[N];          /*学号*/

char* name[N];          /*姓名*/

int age[N];             /*年龄*/

char sex[N];            /*性别*/

float score[N][3];      /*3 门课程成绩*/

int k=1,n=0, m=0;       /*定义全局变量，n 为学生的总人数，m 为新增加的学生人数*/
/* 函数声明*/

void seek();            /*查找*/

void modify();          /*修改数据*/

void insert();          /*插入数据*/

void del();             /*删除数据*/

void display();         /*显示信息*/

void menu();            /*用户界面*/

void help();            /*帮助*/

int main()
{
```

```
        while(k)
        {
                menu();
        }
        system("pause");
        return 0;
}
/*帮助*/
void help()
{
        printf("\n0.欢迎使用系统帮助！\n");
        printf("\n1.初次进入系统后，请先选择增加学生信息;\n");
        printf("\n2.按照菜单提示键入数字代号;\n");
        printf("\n3.增加学生信息后，切记保存;\n");
        printf("\n4.谢谢您的使用！\n");
        system("pause");   /*发出一个 DOS 命令，屏幕上输出"请按任意键继续..."*/
}
/*查找*/
void seek()
{
        int i,item,flag;   /*item 代表选择查询的子菜单编号，flag 代表是否查找成功*/
        char s1[LEN+1]; /*以姓名和学号最长长度+1 为准*/
        printf("-----------------\n");
        printf("-----1.按学号查询-----\n");
        printf("-----2.按姓名查询-----\n");
        printf("-----3.退出本菜单-----\n");
        printf("-----------------\n");
        while(1)
        {
                printf("请选择子菜单编号:");
                scanf("%d",&item);
                flag=0;
                switch(item)
                {
                case 1:
                        printf("请输入要查询的学生的学号:\n");
                        scanf("%s",s1);
                        for(i=0;i<n;i++)
                                if(strcmp(code[i],s1)==0)
```

```
                        {
                            flag=1;
                            printf("学生学号   学生姓名  年龄  性别  C 语言成绩  高等数学成绩
                                    英语成绩\n");
                            printf("--------------------------------------------------------------\n");
                            printf("%6s %6s %7d %4c %10.1f %10.1f %10.1f\n",code[i],name
                                    [i],age[i],   sex[i],score[i][0],score[i][1],score[i][2]);
                        }
                        if(0==flag)
                            printf("该学号不存在！\n"); break;
            case 2:
                    printf("请输入要查询的学生的姓名:\n");
                    scanf("%s",s1);
                    for(i=0;i<n;i++)
                        if(strcmp(name[i],s1)==0)
                        {
                            flag=1;
                            printf("学生学号   学生姓名  年龄  性别  C 语言成绩  高等数学成绩
                                    英语成绩\n");
                            printf("--------------------------------------------------------------\n");
                            printf("%6s %8s %7d %4c %9.1f %9.1f %9.1f\n",code[i],name
                                    [i],age[i],   sex[i],score[i][0],score[i][1],score[i][2]);
                        }
                        if(0==flag)
                            printf("该姓名不存在！\n"); break;
            case 3:return;
            default:printf("请在 1-3 之间选择\n");
            }
        }
}
/*修改信息*/
void modify()
{
    int i,item,num;/*item 代表选择修改的子菜单编号，num 保存要修改信息的学生的序号*/
    char sex1,s1[LEN+1],s2[LEN+1]; /* 以姓名和学号最长长度+1 为准*/
    float score1;
    printf("请输入要要修改的学生的学号:\n");
    scanf("%s",s1);
    for(i=0;i<n;i++)
```

```
if(strcmp(code[i],s1)==0)      /*比较字符串是否相等*/
        num=i;                 /*保存要修改信息的学生的序号*/
printf("------------------\n");
printf("1.修改姓名\n");
printf("2.修改年龄\n");
printf("3.修改性别\n");
printf("4.修改 C 语言成绩\n");
printf("5.修改高等数学成绩\n");
printf("6.修改英语成绩\n");
printf("7.退出本菜单\n");
printf("------------------\n");
while(1)
{
    printf("请选择子菜单编号:");
    scanf("%d",&item);
    switch(item)
    {
    case 1:
        printf("请输入新的姓名:\n");
        scanf("%s",s2);
        strcpy(name[num],s2); break;
    case 2:
        printf("请输入新的年龄:\n");
        scanf("%d",age[num]);break;
    case 3:
        printf("请输入新的性别:\n");
        scanf("%c",&sex1);
        sex[num]=sex1; break;
    case 4:
        printf("请输入新的 C 语言成绩:\n");
        scanf("%f",&score1);
        score[num][0]=score1; break;
    case 5:
        printf("请输入新的高等数学成绩:\n");
        scanf("%f",&score1);
        score[num][1]=score1; break;
    case 6:
        printf("请输入新的英语成绩:\n");
        scanf("%f",&score1);
```

```
                                    score[num][2]=score1; break;
                    case 7:         return;
                    default:printf("请在 1-7 之间选择\n");
                }
            }
}
/*按学号排序*/
void sort()
{
    int i,j,k,*p,*q,s;
    char temp[LEN+1],ctemp;
    float ftemp;
    for(i=0;i<n-1;i++)                  /*比较法排序*/
    {
        for(j=n-1;j>i;j--)
            if(strcmp(code[j-1],code[j])>0)
            {
                strcpy(temp,code[j-1]);
                strcpy(code[j-1],code[j]);
                strcpy(code[j],temp);
                strcpy(temp,name[j-1]);
                strcpy(name[j-1],name[j]);
                strcpy(name[j],temp);
                ctemp=sex[j-1];
                sex[j-1]=sex[j];
                sex[j]=ctemp;
                p=&age[j-1];
                q=&age[j];
                s=*q;
                *q=*p;
                *p=s;
                for(k=0;k<3;k++)
                {
                    ftemp=score[j-1][k];
                    score[j-1][k]=score[j][k];
                    score[j][k]=ftemp;
                }
            }
    }
```

```
}
/*插入函数*/
void insert()
{
    int j=n;/*n 为现有学生人数*/
    printf("请输入待增加的学生数:\n");
    scanf("%d",&m);
    do
    {
        code[j]=(char *)malloc(10);
        name[j]=(char *)malloc(15);
        printf("请输入第%d 个学生的学号:\n",j-n+1);
        scanf("%s",code[j]);
        printf("请输入第%d 个学生的姓名:\n",j-n+1);
        scanf("%s",name[j]);
        printf("请输入第%d 个学生的年龄:\n",j-n+1);
        scanf("%d",&age[j]);
        printf("请输入第%d 个学生的性别:\n",j-n+1);
        scanf(" %c",&sex[j]);
        printf("请输入第%d 个学生的 C 语言成绩\n",j-n+1);
        scanf("%f",&score[j][0]);
        printf("请输入第%d 个学生的高等数学成绩:\n",j-n+1);
        scanf("%f",&score[j][1]);
        printf("请输入第%d 个学生的英语成绩:\n",j-n+1);
        scanf("%f",&score[j][2]);
        j++;
    }while(j<n+m);
    n+=m;
    printf("信息增加完毕！\n\n");
    sort();
}
/*删除函数*/
void del()
{
    int i,j,flag=0; /*flag 为查找成功标记，0 表示查找失败，1 表示查找成功*/
    char s1[LEN+1];
    printf("请输入要删除学生的学号:\n");
    scanf("%s",s1);
    for(i=0;i<n;i++)
```

```
            if(strcmp(code[i],s1)==0)     /*找到要删除的学生记录*/
            {
                    flag=1;                 /*查找成功*/
                    for(j=i;j<n-1;j++)       /*之前的学生记录向前移动*/
                            code[j]=code[j+1];
                    name[j]=name[j+1];
                    age[j]=age[j+1];
                    sex[j]=sex[j+1];
                    score[j][0]=score[j+1][0];
                    score[j][1]=score[j+1][1];
                    score[j][2]=score[j+1][2];

            }
            if(flag==0) /*查找失败*/
                    printf("该学号不存在！\n");
            if(flag==1)
            {
                    printf("删除成功，显示结果请选择菜单\n");
                    n--;    /*删除成功后，学生人数减 1*/
            }
    }
/*显示全部数据*/
void display()
{
    int i;
    printf("共有%d 位学生的信息:\n",n);
    if(0!=n)
    {
        printf("学生学号  学生姓名 年龄 性别  C 语言成绩 高等数学成绩  英语成绩\n");
        printf("------------------------------------------------------------------\n");
        for(i=0;i<n;i++)
        {
            printf("%6s %8s %7d %4c %9.1f %9.1f %9.1f\n",code[i],name[i],age[i],sex
                [i],score[i][0],score[i][1],score[i][2]);
        }
    }
}
/* 用户界面*/
void menu()
```

```
{
    int num;
    printf(" \n\n                    \n\n");
    printf("    **********************************************\n\n");
    printf("    *                学生信息管理系统                *\n \n");
    printf("    **********************************************\n\n");
    printf("*******************系统功能菜单***********************\n");
    printf("       ---------------------   ---------------------   \n");
    printf("    ******************************************          \n");
    printf("    *0. 系统帮助及说明  * *   1. 刷新学生信息    *      \n");
    printf("    ******************************************          \n");
    printf("    *2. 查询学生信息    * *   3. 修改学生信息    *      \n");
    printf("    ******************************************          \n");
    printf("    *4. 增加学生信息    * *   5. 按学号删除信息 *       \n");
    printf("    ******************************************          \n");
    printf("    *6. 显示当前信息    * *   7. 保存当前学生信息*      \n");
    printf("    ****************************** *****************     \n");
    printf("    *8. 退出系统             *                      \n");
    printf("    **********************                         \n");
    printf("       ---------------------   ---------------------   \n");
    printf("请选择菜单编号:");
    scanf("%d",&num);
    switch(num)
    {
    case 0:help();break;
    case 1: printf("该功能目前正在建设中\n");     system("pause");break;
    case 2:seek();break;
    case 3:modify();break;
    case 4:insert();break;
    case 5:del();break;
    case 6:display();break;
    case 7: printf("该功能目前正在建设中\n");     system("pause");break;
    case 8:k=0;break;
    default:printf("请在 0-8 之间选择\n");
    }
}
```

　　读者在运行中会发现刷新及保存功能未实现，因为所有的信息最终会保存在文件中，这部分内容可在学习第 8 章后进行扩展。还要加以说明的是，在学生信息的处理过程中，可以看到学生信息属性的数据类型虽不同，但这些数据不是独立存在的，它们之间存在着一定的联系。有没有更好的方式来描述这些互相关联的不同数据类型的变量？下一章将会就这一问题进行深入探讨。

本 章 小 结

本章在介绍 C 程序结构的基础上详细讲述了函数的定义、函数的返回值及函数的调用、函数参数的传递方式、指针在函数中的应用、变量的分类和存储特性。

函数是 C 语言重要组成部分，也是实现结构化程序设计的基础。函数分为标准函数和用户自定义函数，对于用户自定义函数，在调用之前必须先定义。函数的定义包括函数头、形参变量说明和函数体。函数在定义时是相互独立的，不能嵌套，但调用可以嵌套。函数调用自己就形成递归函数。函数调用时形参接受实参的值，实现数据传递。按照实参中存放值类型不同，函数传递方式有两种：传值和传地址。如果在实参中存放的是基本类型数据，则为传值方式，在被调函数中无法改变主调函数实参的值。反之如果存放的是地址，如指针类型、数组，这种传地址方式就能够改变实参的值。另外指针与函数的结合也非常灵活，指针可以作为函数的返回值，也可以指向一个函数成为函数指针，如果形参是函数指针，即可实现在一个函数中利用相同语句调用不同函数的功能。

在 C 程序中，变量按作用域分为全局变量和局部变量，变量的作用范围由变量定义所在位置决定，全局变量从定义位置开始一直到程序结束都有效，而局部变量只在本函数内有效。按照在内存中的存储方式变量分为动态变量(auto)和静态变量(static)。这种存储方式直接决定了变量占用分配给它存储空间的时限。

习 题 五

1. 选择题

(1) 以下描述正确的是_____。

    A．C 语言程序总是从第一个定义的函数开始执行

    B．C 语言程序中，要调用的函数必须在 main()函数中定义

    C．C 语言程序总是从 main()函数开始执行

    D．C 语言程序中的 main()函数必须放在程序的开始部分

(2) 若定义以下函数

```
double myadd(double a,double b)
{
    return (a+b);
}
```

并将其放在调用语句之后，则在调用之前应该对该函数进行说明，以下选项中错误的说明是_____。

    A．double myadd(double a,b);   B．double myadd(double ,double);

　　C．double myadd(double b,double a);　　D．double myadd(double x,double y);

(3) 在 C 语言中，以下说法正确的是_____。

　　A．实参和与其对应的形参各占用独立的存储单元

　　B．实参和与其对应的形参共占用一个存储单元

　　C．只有当实参和与其对应的形参同名时才共占用存储单元

　　D．形参是虚拟的，不占用存储单元

(4) 以下程序中的函数 reverse 的功能是将 a 所指数组中内容进行逆置，程序的运行结果是_____。

```c
#include <stdio.h>
void reverse(int a[],int n)
{
    int i,t;
    for (i=0;i<n/2;i++)
    {
        t=a[i];
        a[i]=a[n-1-i];
        a[n-1-i]=t;
    }
}
void main(void)
{
    int b[10]={1,2,3,4,5,6,7,8,9,10};
    int i,s=0;
    reverse(b,8);
    for(i=6;i<10;i++)
    s+=b[i];
    printf("%d\n",s);
}
```

　　A．22　　　　　　B．10　　　　　　C．34　　　　　　D．30

(5) 若有定义 int x[4][3]={1,2,3,4,5,6,7,8,9,10,11,12}; int (*p)[3]=x；则能够正确表示数组元素 x[1][2]的表达式是_____。

　　A．*((*p+1)[2])　　　　　　B．(*p+1)+2

　　C．*(*(p+5))　　　　　　　D．*(*(p+1)+2)

(6) 下列结论中只有_____是正确的。

　　A．所有的递归函数均可以采用非递归算法实现

　　B．只有部分递归函数可以用非递归算法实现

　　C．所有的递归函数均不可以采用非递归算法实现

　　D．以上三种说法都不对

(7) 设已有定义：

```
int a[10]={15,12,7,31,47,20,16,28,13,19}，*p;
```
下列语句中正确的是_____。

    A. for(p=a;a<(p+10);a++);   B. for(p=a;p<(a+10);p++);

    C. for(p=a,a=a+10;p<a;p++);   D. for(p=a;a<p+10; ++a);

(8) 有以下程序

```
#include <stdio.h>
void fun2(char a,char b)
{
    printf("%c %c",a,b);
}
char a='A', b='B';
void fun1()
{
    a='C'; b='D';
}
void main(void)
{
    fun1();
    printf("%c %c", a,b);
    fun2('E', 'F');
}
```

程序的运行结果是_____。

    A. C D E F   B. A B E F   C. A B C D   D. C D A B

(9) 以下程序有语法性错误，有关错误原因的正确说法是_____。

```
#include <stdlib.h>
void main(void)
{
    int G=5,k;
    void prt_char();
    …
    k=prt_char(G);
    …
}
```

    A. void prt_char();有错，它是函数调用，不能用 void 说明

    B. 变量名不能使用大写字母

    C. 函数说明和函数调用语句之间有矛盾

    D. 函数名不能使用下划线

(10) 已有变量定义和函数调用语句：int a=25; print_value(&a); 下面函数输出结果正确的是_____。

```
void print_value(int *x)
{
  printf("%d\n",++*x);}
```
A．23　　　　　B．24　　　　　C．25　　　　　D．26

2．填空题

(1) 下面函数的功能是从输入的十个字符串中找出最长的那个串，请填空使程序完整。

```
void fun(char str[10][81],char **sp)
{
    int i;
    *sp = 【1_____】;
    for (i=1; i<10; i++)
        if (strlen (*sp)<strlen(str[i])) 【2_____】;
}
```

(2) 下面函数的功能是将一个整数字符串转换为一个整数，例如："-1234"转换为1234，请填空使程序完整。

```
int chnum(char *p)
{
    int num=0,k,len,j ;
    len = strlen(p) ;
    for ( ;  【1_____】 ; p++) {
        k= 【2_____】 ; j=(--len) ;
        while ( 【3_____】 ) k=k*10 ;
        num = num + k ;
    }
    return (num);
}
```

(3) 下面函数的功能使统计子串 substr 在母串 str 中出现的次数，请填空使程序完整。

```
int count(char *str, char *substr)
{
    int i,j,k,num=0;
    for ( i=0; 【1_____】 ; i++)
        for ( 【2_____】, k=0; substr[k]= =str[j]; k++; j++)
            if (substr [ 【3_____】 ]= = '\0') {
                num++ ; break ;
            }
    return (num) ;
}
```

(4) 下面函数的功能是将两个字符串 s1 和 s2 连接起来，请填空使程序完整。

```
void conj(char *s1,char *s2)
{
    while (*s1) 【1_____】 ;
    while (*s2) { *s1=【2_____】 ; s1++,s2++; }
    *s1 = '\0' ;
}
```

(5) 写出程序运行结果。

```
#include <stdio.h>
void reverse(int a[ ], int n)
{
  int i,t;
  for(i=0;i<n/2;i++)
  {
   t=a[i];
   a[i]=a[n-1-i];
   a[n-1-i]=t;
  }
}
void main(void)
{
  int b[10]={1,2,3,4,5,6,7,8,9,10}; int i,s=0;
  reverse(b,8);
  for (i=6;i<10;i++)
   s+=b[i];
  pirntf("%d\n",s);
}
```

(6) 写出程序运行结果。

```
void fun( char *c, int d)
{
*c=*c+1;
    d=d+1;
    printf("%c,%c",*c,d);
}
void main()
{
    char a='A',b='a';
    fun(&b,a);
    printf("%c,%c\n",a,b);
}
```

(7) 写出程序运行结果。

```
#include <stdio.h>
int f(int x,int y)
{
    return (y-x)*x;
}
void main(void)
{
    int a=3,b=4,c=5,d;
    d=f(f(3,4),f(3,5));
    pirntf("%d\n",d);
}
```

(8) 写出程序运行结果。

```
func(char *s,char a,int n)
{
    int j;
    *s=a; j=n ;
    while (*s<s[j]) j-- ;
    return j;
}
void main ( )
{
    char c[6] ;
    int i ;
    for (i=1; i<=5 ; i++) *(c+1)= 'A'+i+1;
    printf("%d\n",func(c,'E',5));
}
```

(9) 写出下面程序的运行结果。

```
fun (char *s)
{
    char *p=s;
    while (*p) p++ ;
    return (p-s) ;
}
void main ( )
{
    char *a="abcdef" ;
    printf("%d\n",fun(a)) ;
}
```

(10) 写出下面程序的运行结果。

```
sub(char *a,int t1,int t2)
{
    char ch;
    while (t1<t2)
    {
        ch = *(a+t1);
        *(a+t1)=*(a+t2) ;
        *(a+t2)=ch ;
        t1++ ; t2-- ;
    }
}
void main ( )
{
    char s[12];
    int i;
    for (i=0; i<12 ; i++)
        s[i]= 'A'+i+32 ;
    sub(s,7,11);
    for (i=0; i<12 ; i++)
        printf ("%c",s[i]);
    printf("\n");
}
```

3. 编程题

(1) 计算字符串中子串出现的次数。要求：用一个子函数 subString()实现，参数为指向字符串和要查找的子串的指针，返回次数。

(2) 加密程序：由键盘输入明文，通过加密程序转换成密文并输出到屏幕上。算法：明文中的字母转换成其后的第 4 个字母，例如，A 变成 E(a 变成 e)，Z 变成 D，非字母字符不变；同时将密文每两个字符之间插入一个空格。例如，China 转换成密文为 G l m r e。要求：在函数 change 中完成字母转换，在函数 insert 中完成增加空格，用指针传递参数。

(3) 字符替换。要求用函数 replace 将用户输入的字符串中的字符 t(T)都替换为 e(E)，并返回替换字符的个数。

(4) 编写一个程序，输入星期，输出该星期的英文名。用指针数组处理。

(5) 有 5 个字符串，首先将它们按照字符串中的字符个数由小到大排列，再分别取出每个字符串的第三个字母合并成一个新的字符串输出(若少于三个字符的输出空格)。要求：利用字符串指针和指针数组实现。

(6) 输入 10 个整数，将其中最小的数与第一个数对换，把最大的数与最后一个数对换。写三个函数：① 输入 10 个数；② 进行处理；③ 输出 10 个数。所有函数的参数均用指针。

(7) 使用递归和非递归的两种方法编写函数 char *itoa (int n,char *string); 将整数 n 转换为十进制表示的字符串。(在非递归方法中，可使用 reverse()函数。)

(8) 设计合理的函数，将第 4 章实现的多用户图书信息管理系统进行重构。

第 6 章　复合构造数据类型

教学目标 ✎

☑ 掌握复合构造数据类型声明和变量的定义、引用及初始化方法。

☑ 理解结构体的存储结构并能正确引用结构体中的变量成员。

☑ 掌握结构体数组的使用。

☑ 掌握指向结构体类型的指针方法。

☑ 掌握函数的参数为结构体类型时，参数之间的正确传递方法。

☑ 掌握共用体数据类型的声明、共用体类型变量的定义和引用。

☑ 了解枚举类型的说明和使用方法。

☑ 掌握用 typedef 说明一种新类型名的方法。

在程序设计中，经常遇到一些关系密切而数据类型不同的复合型数据。如果将这些数据项分别定义为独立的基本类型变量，则很难反映它们之间的内在联系。因此，若能引进变量把这些数据项有机地构造为一个整体且易于使用和操作，将极大提高这类数据的处理效率并且更真实地反映客观世界。因此，C 语言提供了一种数据结构——复合构造体，包含结构体、共用体和枚举等，它可以把多个不同数据类型的数据项(也可以有相同类型)组成一个整体。本章将讨论复合构造体类型的相关概念、特点和使用方法。

6.1　使用构造数据类型的原因

在学生信息管理系统中，一个学生的基本信息是由学号、姓名、性别、年龄和成绩等基本"数据项"共同构成的，这些数据不能简单地用同一种数据类型来描述。如：学号用整型或字符型描述；姓名用字符型描述；性别用字符型或逻辑型描述；年龄用整型描述；成绩用整型或实型数值描述。具体情况如图 6.1 所示。

学号	姓名	性别	年龄	成绩
1021101	Li hua	F	18	78.5
字符或整型	字符型	字符或逻辑型	数值型	数值型

图 6.1　学生基本信息

前面章节中利用数组建立了学生的学号数组、姓名数组、性别数组、年龄数组和成绩数组，通过建立数组管理多个学生的信息。但是，在实际的使用过程中我们发现：使用数组管理学生信息，由于多个数组之间没有建立有效的联系机制，学生信息的增、删、改、查过程中，容易产生错误。编程人员必须十分熟悉程序设计才可以有效地避免程序错误，这就给编程人员带来了很大的麻烦。

共用体是一种类似于结构体的构造数据类型，它允许不同类型和不同长度的数据共享同一块存储空间。这些不同类型和不同长度的数据都是从该共享空间的起始位置开始占用该空间的。枚举在形式上是一种构造数据类型，而实际上，枚举是若干个具有名称的常量的集合。

6.2 构造数据类型的概念

复合构造数据类型是为适应多种简单数据类型联合应用而产生的一种构造形式，相当于对其他相关数据类型的"集合封装"，包括结构体、共用体和枚举等类型，以适应程序设计中的集成应用。

6.2.1 结构体类型的声明

"结构体(structure)"是一种构造类型，由不同数据类型的数据组成。组成结构体的每个数据项称为该结构体的成员项，简称为"成员"，成员可以是基本数据类型或构造类型。结构体既然是一种"构造"而成的数据类型，就不像整型一样已由系统定义好了，可以直接用来定义整型变量，而是在使用之前必须预先声明。

结构体类型声明的一般形式为

```
struct    结构体名
{
    数据类型    成员名 1;
    数据类型    成员名 2;
    ...
    数据类型    成员名 n;
};
```

其中，"struct"是声明结构体类型必须使用的关键字，不能省略。"结构体名"是该结构体类型的名称，由编程者自己定义，命名应符合标识符的定义要求。成员名的命名也应符合标识符的定义要求。构成结构体类型的成员可以是任何类型的变量，包括基本数据类型和构造数据类型，如整型、浮点型和字符型，数组和指针等，也可以是另一个结构体类型的结构体变量或自身结构体的指针，还可以是共用体变量。

例 6.1 一个学生的基本信息由学号、姓名、性别、年龄、C 语言成绩、高等数学成绩、大学英语成绩组成，声明相应的结构体类型。

```
struct student
{
    char code[20];
    char name[20];
```

```
        char sex;
        int age;
        float score[3];
    };
```

其中，"student"是自定义的结构体名，与 struct 一起构成这一组数据集合体类型名。此后就可以像使用 int、char、float 等基本数据类型名一样使用"struct student"这一新类型名了。

| 成员code(占20个字节) |
| 成员name(占20个字节) |
| 成员sex(占1个字节) |
| 成员age(占4个字节) |
| 成员score(占12个字节) |

图 6.2　例 6.1 中 struct student 的存储结构

struct student 结构体的存储结构如图 6.2 所示。

例 6.2　在学生基本信息中增加出生日期，声明学生信息结构体类型。

```
    struct date
    {
        int year, month, day;
    };
    struct   student
    {
        char code[20];
        char name[20];
        char sex;
        struct date birthday;        /* birthday 成员为 date 结构体类型*/
        float score[3];
    };
```

注意：结构体类型 struct date 的声明必须放在结构体类型 struct student 的声明之前，未经声明的结构体类型不可使用。例 6.2 中 struct student 结构体的存储结构如图 6.3 所示。

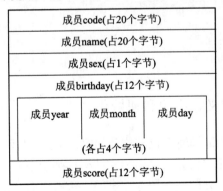

图 6.3　例 6.2 中 struct student 的存储结构

说明：

(1) 结构体声明的位置，可以在函数内部，也可以在函数外部。在函数内部声明的结构体，只能在函数内部使用；在函数外部声明的结构体，其有效范围是从声明处开始，直到它所在的源程序文件结束。

(2) 数据类型相同的数据项，既可逐个、逐行分别声明，也可以合并成一行声明。如例 6.2 中的日期结构体类型，也可改为如下声明形式：

```
struct date
{
    int year,month,day;
};
```

(3) 同一结构体类型中的各成员不可以互相重名，但不同结构体类型间的成员可以重名。成员名可以和程序中的变量名相同，两者代表不同的对象，互不干扰。以下声明是正确的：

```
int x,y;                    /*基本数据类型变量*/
struct point
{
    int x, y;               /*结构体 point 中的一个成员  */
};
```

(4) 结构体中成员的类型不能是被描述的结构体本身。以下描述是非法的：

```
struct invalid
{
    int n;
    struct invalid iv;
};
```

这种描述会引起无穷嵌套，既不合理也不可能在计算机里实现。但若成员类型是描述的结构体本身的指针，则是合法的。例如：

```
struct invalid
{
    int n;
    struct invalid *iv;
};
```

6.2.2 结构体变量的定义、引用和初始化

结构体类型的声明明确地描述了该结构体的组织形式，但只是给出了一个形式结构体，即声明了一种新的类型，计算机并不会给形式结构体类型中各个成员分配内存空间，只有当定义了结构体变量时，才分配并占用存储空间。所占用内存空间的配置情况，取决于成员项的个数和数据类型。所占用存储空间的大小为所有成员占用存储空间之和。

1．结构体变量的定义

程序一旦声明了一个形式结构体，就可以把结构体名当作像 int、double 等关键字一样使用，用说明语句定义该形式结构体的具体结构体变量。结构体类型变量的定义有三种形式。

1) 先定义结构体，再说明结构体变量

```
struct  结构体名
{
        <若干成员说明>
};
        struct  结构体名  结构体变量名表;
```

其中，"结构体变量名表"中可以有一个或多个结构体变量名，多个结构体变量名之间用逗号"，"分隔。结构体变量名可以是一般结构体变量名、指向结构体变量的指针名和结构体数组名。例如：

```
struct student stu1,stu2,*p,stu[10];
```

定义了两个变量 stu1 和 stu2 为 struct student 结构体类型；p 为指向 struct student 结构体变量的指针；stu 是可存放 10 个 struct student 结构体变量的数组。

也可以使用宏定义用一个符号常量来表示一个结构体类型。例如：

```
#define STU struct student
struct student
{
        char code[20];
        char name[20];
        char sex;
        int age;
        float score[3];
};
STU stu1, stu2;
```

2) 说明结构体类型的同时定义结构体变量

```
struct    结构体名
{
        <若干成员说明>
}结构体变量名表;
```

例如：

```
struct student
{
        char code[20];
        char name[20];
        char sex;
        int age;
        float score[3];
}stu1,stu2;
```

这种形式优点在于写法上简洁明了，阅读程序时无需由结构体变量去查找该结构体类型定义形式。

3) 直接说明结构体变量

```
struct
{
    <若干成员说明>
}结构体变量名表；
```

例如：

```
struct
{
    char code[20];
    char name[20];
    char sex;
    int age;
    float score[3];
}stu1,stu2;
```

第三种方法与第二种方法的区别在于第三种方法中省去了结构体名，而直接给出结构体变量。

定义了结构体类型变量之后，结构体类型名的任务就完成了，在后续的程序中除求类型的长度和强制类型转换外，不再对其操作，而只对这些变量(如 stu1、stu2 等)进行赋值、存取或运算等操作。

注意：

(1) 结构体类型与结构体变量是两个不同的概念，其区别如同 int 类型与 int 型变量的区别一样。编译系统不为结构体类型分配空间，只对结构体变量分配空间。结构体类型变量所占内存空间是各成员变量所占内存单元的总和，各成员间占用的存储单元是连续的。当定义了一个结构体变量 stu1 时，编译系统则按结构体类型 struct student 所给出的内存模式为 stu1 分配内存空间，为结构体变量 stu1 的成员项字符串数组 code 分配 20 个字节，然后为字符串数组 name 分配 20 个字节的内存空间，接着为成员项 sex 分配 1 个字节、为成员项 age 分配 4 个字节、为成员项 score 分配 12 个字节，即结构体变量 stu1 在内存中占用 57 个字节。

(2) 结构体变量中的成员可以单独使用，它的作用与地位相当于普通变量。

2. 结构体变量的引用

一般对结构体变量的使用，包括赋值、输入、输出、运算等都是通过结构体变量的成员来实现的。引用结构体变量中的成员变量的方法为

结构体变量名.成员名

其中，"."是结构体成员运算符，在 C 语言中，成员运算符 "." 的优先级最高，所以可以把 "结构体变量名.成员名" 看作一个整体。

例如：stu1.code[20] 即第一个人的学号，stu2.sex 即第二个人的性别。输出结构体变量 stu1 中成员的值：

```
printf("%s %s %d %c %f %f %f\n", stu1.code, stu1.name, stu1.age, stu1.sex, stu1.score[0],
stu1.score[1], stu1.score[2]);
```

引用时需要注意以下几个方面：

(1) 不能将一个结构体变量作为一个整体进行输入和输出，只能对其成员操作。例如，下列引用是非法的：

  printf("%d,%s,%c,%f", stu1);

(2) 所引用的成员变量与其所属类型的普通变量使用方法一样，可以进行该类型所允许的任何运算。例如：

  stu1.num++；

  sum=stu1.score[0]+ stu2.score[0]；

(3) 只有当两个结构体变量具有完全相同的结构体类型时，相互之间才可以整体赋值。例如：stu1= stu2，即将 stu2 变量中的每一个成员的值依次赋给 stu1 变量的对应成员。

(4) 在用 scanf 语句输入结构体变量的成员时，输入表列同样要用地址。结构体变量占据的存储单元的首地址称为该结构体变量的地址，其每个成员占据的若干个单元的首地址称为该成员的地址，两个地址都可以引用。例如：

  scanf("%c",&stu1.sex)；   (输入 stu1.sex 的值)

  printf("%x",&stu1)；   (输出 stu1 的首地址，即&stu1.code)

但是，通过某结构体变量成员的地址去访问其他成员往往是行不通的，即不能像数组那样，上一个数组元素的指针增 1 就指向下一个数组元素。

(5) 如果成员本身是另一个结构体变量，在引用时则要用若干个成员运算符，逐级找到最低的成员变量，而且只能对最低的成员变量进行赋值或者运算操作。例如，根据例 6.2 中的结构体类型可定义为

  struct student student1；

可以用 student1.birthday.month 访问成员变量，而不能用 student1.birthday 来访问 student1 变量中的成员变量，因为 birthday 本身是一个结构体变量。

3．结构体变量的初始化

结构体变量的初始化是指在定义结构体变量的同时，对结构体变量中的成员赋初值。结构体变量初始化的一般格式为

  struct　结构体类型名　结构体变量={初始化列表}；

其中，大括号中包含的数据需要用逗号隔开，是按照成员项排列的先后顺序一一对应赋值。因此，每个初始化数据必须与其对应的结构体成员的数据类型相符，否则将出现错误。初值表包含的初值个数可少于结构体所包含的成员个数，不进行初始化的成员项要用"，"跳过。结构体的初始化与数组的初始化类似，仅限于外部结构体变量和静态结构体变量，对未赋初值的成员项编译系统自动地将它设置为零(对于数值型成员)和空(对字符型成员)，对存储类型为 auto 的结构体变量，不能在函数内部进行初始化，而只能使用输入语句或赋值语句进行赋值。

例 6.3　结构体变量的初始化、赋值、输入和输出。

```
#include "stdio.h"
struct student              /*定义结构体*/
{
    char code[20];
```

```
        char name[20];
        int age;
        char sex;
        float score[3];
    }stu1, stu2,stu3={"102","Zhang ping",18, 'M',78.5, 80, 90};
    void main()
    {
        stu1.code="102";
        stu1.name="Zhang ping";
        stu1.age=18;
        printf("input sex and score\n");
        scanf("%c%f%f %f ",&stu1.sex,&stu1.score[0], &stu1.score[1], &stu1.score[2]);
        printf("stu1:Code=%s\nName=%s\n",stu1.code, stu1.name);
        printf("Sex=%c\nScore[1]=%f\nScore[2]=%f\nScore[3]=%f\n",stu1.sex,stu1.score[0],
        stu1.score[1], stu1.score[2]);
        stu2=stu3;
        printf("stu2:Code=%s\nName=%s\n",stu2.code,stu2.name);
        printf("Sex=%c\nScore[1]=%f\nScore[2]=%f\nScore[3]=%f\n",stu2.sex,stu2.score[0],
        stu2.score[1], stu2.score[2]);
    }
```

6.2.3 结构体数组

1. 结构体数组的定义

一个结构体变量只能存放一个由该类型所定义的数据。例如，对于存放学生信息的 struct student 结构体类型的变量 stu1，它只能存放一个学生的信息。若要处理一个班级的学生成绩，则为一个班中的每位学生定义一个变量不太现实，处理起来也很麻烦。为了方便处理若干个学生信息，就要用到结构体数组，它集"结构体"与"数组"的优点于一身，既描述了个体数据集合，又实现了利用下标法快速存取数据的目的。

对于结构体数组来说，每一个元素都是具有相同结构体类型的下标结构体变量。结构体数组中的各元素在内存中是连续存放的。定义结构体数组的方法也有三种方式。第一种方式是先定义结构体类型然后再定义结构体数组；第二种方式是在定义结构体类型的同时定义结构体数组；第三种方式是在定义无名结构体类型的同时定义结构体数组。

例如，采用第二种方式定义结构体数组：

```
    struct student
    {
        char code[20];
        char name[20];
        char sex;
```

```
        float score[3];
    }stu[3];
```

定义了一个结构体数组 stu，共有 3 个元素，stu[0]、stu[1]、stu[2]。每个数组元素都具有 struct student 的结构体形式，包含 4 个成员。

2．结构体数组的引用

结构体数组是以下标变量的成员名形式加以引用的。其一般形式为

　　　　结构体数组名[下标].成员名

这里以之前定义的结构体数组 stu 为例，用循环语句从键盘逐行输入每一位学生的学号(code)、姓名(name)、性别(sex)和成绩(score[3])，并存入结构数组 stu 中。

```
    for(i=0;i<3;i++)
    {
        scanf("%s",&stu[i].code);
        fflush(stdin);
        gets(stu[i].name);
        scanf("%c%f%f %f ",&stu[i].sex,&stu[i].score[0], &stu[i].score[1], &stu[i].score[2]);
    }
```

其中，语句"scanf("%d",&stu[i].code);"不处理结尾的换行符。如果输入的数字后边紧接着一个换行符，则换行符会被 gets() 处理，那么 gets( )就不会得到用户输入的姓名字符串。为了解决这个问题，使用"fflush(stdin);"清空输入流，将数字之后的换行符清空，这样 gets(stu[i].name)就可以得到用户输入的姓名字符串。fflush()函数用来清空一个流，例如：fflush(stdin)用来清空输入流，fllush(stdout)用来清空输出流。

3．结构体数组的初始化

结构体数组在定义时也可以对其进行初始化，它的初始化方法与数组类似，与基本数值类型数组所不同的是在初值表中包含与每一个结构体数组元素对应的初值表，每一个结构体数组元素对应的初值表形式与结构体变量初始化时初值表的形式完全相同。例如：

```
    struct student
    {
        char code[20];
        char name[20];
        char sex;
        float score[3];
    }stu[3]={{ "101","Zhao lei",'M',45,78,90},
        {"102","Sun hui",'M',62.5,70,89},
        {"103","Li fang",'F',92.5,60,76}}
```

101
Zhao lei
M
45, 78, 90
102
Sun hui
M
62.5, 70, 89
103
Li fang
F
92.5, 60, 76

经过初始化以后，stu 数组的存储结构和内容如图 6.4 所示。

说明：

(1) 对结构体数组进行初始化时，对全部元素进行

图 6.4　stu 数组的存储结构和内容

初始化赋值时，方括号[]中的元素个数可以缺省。编译系统会根据初值数据表中结构体常量的个数来确定结构体数组元素的个数。

(2) 内层的大括号只是为了阅读程序的方便，可以省略。

(3) 结构体数组名是结构体数组存储的首地址，可以通过数组名利用指针法或下标法访问数组元素。

例 6.4 应用结构体数组建立学生信息，实现输入学生的编号，查询学生的基本信息和成绩的功能。

```
#include "stdio.h"
struct student
{
    char code[20];
    char name[20];
        float score[3];
} stu[]={{"1","David",{80,78,92}},{"2","Lily",{90,84,89}},{"3","Alice",{79,78,96}}};
void main()
{
    int i,j,number;
    printf("input student's number:");
    scanf("%d",&number);          /*输入学生的编号*/
    for(i=0;i<3;i++)              /*查询学生信息*/
        if(number= =stu[i].code)
            break;
    printf("name=%s\n ",stu[i].name);
    for(j=0;j<3;j++)
        printf("%d",stu[i].score[j]);
    printf("\n");
}
```

程序运行结果为

```
Input student's number:2
name=Lily
90 84 89
```

6.2.4 结构体与指针

指针变量可以指向整型变量和整型数组，当然也可以指向结构体类型的变量。定义一个指向结构体类型数据的指针变量，该指针变量的值就是结构体变量所占用的一段内存空间的起始地址。指针变量也可以用来指向结构体数组中的元素，结构体类型的成员也可以是指针。

1．指向结构体变量的指针

1) 结构体指针变量的定义

使用一个指针变量用来指向一个结构体变量时，称之为结构体指针变量。通过结构体指针即可访问该结构体变量。结构体指针变量定义的一般形式为

　　　struct　结构体名　*结构体指针变量名；

例如，定义一个指向 struct student 结构体类型的指针变量 pstu：

　　　struct student *pstu;

当然也可在定义 struct student 结构体的同时定义 pstu。

结构体指针变量 pstu 定义后，也为 pstu 变量分配内存单元，用来存放一个结构体变量存储空间的起始地址。但此时指针 pstu 尚未指向属于 struct student 类型的任何变量，也不能由 pstu 指针对结构体变量做任何操作。与前面讨论的各类指针变量相同，结构体指针变量也必须先赋值后才能使用。使用赋值语句让指针 pstu 指向结构体变量：

　　　struct student stu1,*pstu;

　　　pstu=&stu1;

赋值是把结构体变量的首地址赋予该指针变量，它们在内存中的示意图如图 6.5 所示。

说明：

(1) 定义结构体指针变量时，结构体名必须是已经定义过的结构体。不能把结构体名赋予该指针变量，即"pstu=&student"是错误的。

(2) 结构体指针所指向的结构体变量必须与定义时所规定的结构体类型一致。

102
Zhang ping
18
M
78.5
80
90

图 6.5　定义一个结构体指针变量

(3) 指针可在定义同时进行初始化，有两种方法。

方法一：

　　　struct student stu1={"102","Zhang ping",18, 'M',78.5, 80, 90};

　　　struct student *pstu=&stu1;

以上语句等价于：

　　　struct student stu1={"102","Zhang ping",18, 'M',78.5, 80, 90},*pstu;

　　　pstu=&stu1;

方法二：

如果不定义结构体变量,可以用分配内存函数 malloc()按下面形式完成对结构体指针变量的初始化：

　　　struct student *p=(struct student *) malloc(sizeof (struct student));

其中，sizeof (struct student)能够自动计算 struct student 结构体类型所需的字节长度, malloc()函数定义了一个大小为该结构体类型长度的内存空间，函数返回值为内存空间的首地址。

(4) 虽然不允许在结构体定义时出现成员类型为正在定义的结构体类型，但是结构体的成员可以是具有与该结构体相同结构体类型的结构体指针，这种结构体称为递归结构体，在链表、树和有向图等数据结构中广泛采用。例如：

```
struct Node
{
    int num;
    struct Node *next;
};
```

2) 指针变量的引用

有了结构体指针变量，就能更方便地访问结构体变量的各个成员。其访问的一般形式为

(*结构体指针变量).成员名

或

结构体指针变量->成员名

例如：(*pstu).age 或者：pstu->age

应该注意(*pstu)两侧的括号不可少，因为成员符"."的优先级高于"*"。如果去掉括号写作*pstu.age，则等效于*(pstu.age)。这样，意义就完全不一样了。

"->"是指向结构体成员运算符，由两个字符"-"和">"组成，而且此运算符的前面必须是指针，后面是结构体的成员。运算优先级与"()"、"[]"和"."运算的优先级相同，结合性是自左至右。利用指向运算符引用形式比较直观、简练，在程序设计中我们推荐使用这种形式。因为指向运算符的优先级是最高的，所以下面几种表达式的含义应该是比较明显的。

pstu->age：得到 pstu 指向的结构体变量中的成员变量 age 的值。

pstu->age++：得到 pstu 指向的结构体变量中的成员变量 age 的值，先使用，后使 age 加 1。

++pstu->age：得到 pstu 指向的结构体变量中的成员变量 age 的值，使 age 先加 1，再使用。

例 6.5　指向结构体变量的指针使用。

```
#include "stdio.h"
struct student
{
    char code[20];
    char name[20];
        char sex;
    float score[3];
} stu1={"102","Zhang ping",18, 'M',78.5, 80, 90},*pstu;
void main()
{
    pstu=&stu1;
    printf("Code=%s\nName=%s\n",stu1.code,stu1.name);
    printf("Sex=%c\nScore[1]=%f\nScore[2]=%f\nScore[3]=%f\n",stu1.sex,stu1.score[0],
    stu1.score[1], stu1.score[2]);
```

```
        printf("Code=%s\nName=%s\n",(*pstu).code,(*pstu).name);
        printf("Sex=%c\nScore[1]=%f\nScore[2]=%f\nScore[3]=%f\n",(*pstu).sex,(*pstu).score[0],
        (*pstu).score[1], (*pstu).score[2]);
        printf("Code=%s\nName=%s\n",pstu->code,pstu->name);
        printf("Sex=%c\nScore[1]=%f\nScore[2]=%f\nScore[3]=%f\n",pstu->sex,pstu->score[0],
        pstu->score[1], pstu->score[2]);
    }
```

2．指向结构体类型数组的指针

1）指向结构体类型数组的指针定义

一个结构体类型数组的数组名是数组的首地址，结构体指针变量可以指向一个结构体数组，这时结构体指针变量的值是整个结构体数组的首地址。结构体指针变量也可指向结构体数组中的某一个元素，这时结构体指针变量的值是该结构体数组元素的首地址。定义结构体数组的指针和定义其他数组的指针的方法是一样的。

2）数组元素的引用

如果 ps 是指向一维结构体数组 stu 的指针，则对数组元素的引用可采取 3 种方法。

(1) 地址法。stu+i 和 ps+i 均表示数组第 i 个元素的地址，数组元素各成员引用形式为 (stu+i)->code，(stu+i)->name 和(ps+i)->code，(ps+i)->name 等。stu+i 和 ps+i 与&stu[i]意义相同。

(2) 指针法。若 ps 指向数组的某一个元素，则 ps++就指向数组中下一个元素。

(3) 指针的数组表示法。若 ps=stu，则表示指针 ps 指向数组 stu，p[i]表示数组的第 i 个元素，其效果与 stu[i]等同。对数组成员的引用描述为 ps[i].name，ps[i].code 等。

例 6.6　利用指针变量输出结构体数组。

```
#include "stdio.h"
struct student
{
    char code[20];
    char name[20];
        char sex;
    float score[3];
}stu[3]={{"101","Zhao lei",'M',45,78,90},{"102","Sun hui",'M',62.5,70,89},
        {"103","Li fang", 'F', 92.5, 60, 76}};
void main()
{
    struct student *ps;
    printf("No\tName\t\tSex\tScore \n");
    for(ps=stu;ps<stu+3;ps++)
        printf("%d\t%s\t\t%c\t%f\n",ps->num,ps->name,ps->sex,ps->score[0],ps->score[1],
        ps->score[2]);
}
```

结构体数组的存储内容如图 6.6 所示。

101	Zhao lei	M	45, 78, 90
102	Sun hui	M	62.5, 70, 89
103	Li fang	F	92.5, 60, 76

图 6.6　结构体数组存储内容示意图

注意：虽然一个结构体指针变量可以用来访问结构体变量或结构体数组元素的成员，但是不能使它指向一个成员，也就是说不允许取一个成员的地址来赋予它。因此，"ps=&stu[1].sex;"是错误的，只能是："ps=stu;"或者是："ps=&stu[0];"。

对于指向结构体数组的指针，请注意以下表达式的含义：

(1) 因为"->"运算符优先级最高，所以 ps->age，ps->age++，++ps->age 三个表达式都是对成员变量的操作。

(2) (++ps)->age，先使 ps 加 1，指向下一个元素，然后得到下一个元素的 age 成员的值。

(3) ps++->age，先得到 ps 所指的 age 的值，然后使 ps 加 1，得到下一个元素。

6.2.5　结构体与函数

实际应用中，函数与函数之间经常需要相互传递结构体类型的数据。把结构体类型的变量或者结构体类型的数组传给函数，有三种方法。

(1) 用结构体的成员变量作函数参数。这与把普通变量传给函数是一样的，遵循的是值传递方式。

(2) 用结构体变量作函数的参数。要求形参和实参是同一种结构体类型的结构体变量，传递时采用的也是值传递的方式。即调用发生后，系统先为形式参数在内存中分配存储空间，然后同类型实参将自身各成员的值依次逐一赋值给形参的对应成员。这一过程无论在空间上还是在时间上都为系统增加了开销，尤其当结构体变量含有很多成员时，系统开销急剧增大，程序效率大幅降低。

(3) 用结构体变量的地址或结构体数组的首地址作为实参，传递时采用地址传递方式，函数的形参是由指向相同结构体类型的指针接收该地址值的。这样，就使形式参数直接指向了实际参数，形参不再另占内存空间。

1．指向结构体变量的指针作函数参数

因为采用结构体变量作函数的参数是按值传递数据的，所以在函数中对形参的改变是无法影响到主函数中实参的。如果想在调用函数中改变主函数中的实参，可以用结构体变量的地址作为实参，用指向相同结构体类型的结构体指针作为函数的形参来接受该地址值，以实现传地址调用。

例 6.7　在 student 结构体类型中增加一个成员 rank，如果成绩 score 大于或等于 60，则 rank 的值为"SUCCESS"，否则 rank 的值为"FAIL"。定义一个函数根据学生的成绩计算 rank。

```
#include"stdio.h"
struct student
```

```
    {
        char code[20];
        char name[20];
            char sex;
        float score;
        char *rank;
    };
    void grade(struct student *p)        /*根据学生的分数返回不同的值*/
    {
        if(p->score<60)        p->rank="FAIL";
                else        p->rank="SUCCESS";
    }
    void print(struct student s)
    {
        printf("code=%d\nname=%s\nsex=%c\nscore=%f\nrank=%s\n\n",s.code,s.name,s.sex,
                s.score,s.rank);
    }
    void main()
    {
        int i;
        struct student stu1={"102","Zhang ping",'M',78.5};
        grade(&stu1);
        print(stu1);
    }
```

程序运行结果为

```
    num=102
    name=Zhang ping
    sex=M
    score=78.500000
    rank=SUCCESS
```

2．结构体变量作为函数的返回值

结构体变量可以作为函数的返回值，具有结构体变量返回值的函数称为结构体函数。在函数定义时，说明返回值的类型为相应的结构体类型，就可以通过 return 语句使该函数返回结构体类型值。

例 6.8　求 n 个学生中成绩最高的学生信息并输出。

```
    #include "stdio.h"
    struct student
    {
        char code[20];
```

```
        char name[20];
            char sex;
        float score;
    };
    struct student fun(struct student *pstud,int n)
        {
            struct student *p,*p_max,*p_end;
                int j;
                float max=0;
                p=pstud;
                p_max=p;
                p_end=p+n;
                for ( ;p<p_end;p++)
                if (p->score>max)
            {
          max=p->score;
          p_max=p;
            }
            return (*p_max);
    }
    void main ()
    {
        int i,j;
        struct student pp,stu[]={ {"101","Zhao lei",'M',45},{"102","Sun hui",'M',62.5},
                        {"103","Li fang",'F',92.5},{"104","Wang hua",'F',89.5}};
        pp=fun (stu,4);
        printf ("%d %-10s %3c %5.1f\n",pp.code, pp.name,pp.sex,pp.score);
    }
```

程序运行结果为

103 Li fang F 92.5

6.2.6　共用体

共用体数据类型是为众多程序交叉使用同一数据构造的一种数据结构。共用体是一种与结构体相类似的构造类型，可以包括数目固定、类型不同的若干数据。区别是共用体的所有成员共享一段公共存储空间。所谓的共享，不是指把多个成员同时装入一个共用体变量内，而是指该共用体变量可被赋予任一成员值，但每次只能赋一种值，赋予新值则覆盖旧值。共用体类型变量所占内存空间不是各个成员所需存储空间字节数的总和，而是共用体成员中存储空间最大的成员所要求的字节数。

1．共用体类型的声明

共用体类型必须经过声明之后，才能使用共用体类型说明变量。与结构体类型的声明类似，声明共用体类型的一般形式为

```
union 共用体名
{
    数据类型    成员名 1;
    数据类型    成员名 2;
    …
    数据类型    成员名 n;
};
```

其中，关键字"union"是共用体的标识符；"共用体名"是所定义的共用体的类型说明符，由用户自己定义，应符合标识符的规定；"{}"中是组成该共用体的成员，每个成员的数据类型既可以是简单的数据类型，也可以是复杂的构造数据类型，成员名的命名应符合标识符的规定。整个声明用分号结束，是一个完整的语句。例如：

```
union data
{
    int stud;
    char teach [10];
};
```

声明了一个名为 union data 的共用体类型，它包含有两个成员，一个为整型，成员名为 stud；另一个为字符数组，成员名为 teach。这两种数据类型的成员共享同一块内存空间。

2．共用体变量的定义

共用体变量的定义和结构体变量的定义类似，也有三种形式。以 union data 类型为例，说明如下：

(1) 先定义共用体类型，再定义共用体类型变量：

```
union data
{
    int stud;
    char teach [10];
};
union data un1,un2,un3;
```

(2) 定义共用体类型的同时定义共用体类型变量：

```
union data
{
    int stud;
    char teach [10];
} un1,un2,un3;
```

(3) 直接定义共用体类型变量：

```
union
{
    int stud；
    char teach [10]；
} un1,un2,un3；
```

经说明后的 un1、un2、un3 变量均为 union data 类型，它在内存中的存储情况如图 6.7 所示。

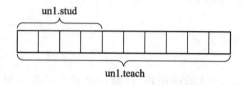

图 6.7   共用体变量的存储

由于在该共用体类型中字符数组占有 10 个字节，是最长的成员，因此为共用体变量 un1 分配 10 个字节的内存单元。当 un1 变量赋予整型数值时，只使用 4 个字节；而赋予字符数组时，可使用 10 个字节。

3．共用体变量的引用

与结构体变量一样，对共用体变量的赋值、使用都只能对变量的成员进行。引用共用体变量的成员形式为

共用体变量名.成员名

例如，un1 被说明为 union data 类型的变量后，可以使用 un1.stud，un1.teach 引用其成员，还可以使用指向共用体类型变量的指针来引用它的成员。具体格式为

指向共用体变量的指针名->成员名

例如：

union data un1,*p；

p=&un1；

(*p).stud=9；   /*等价于：p->stud=9;*/

使用共用体变量应注意以下几个方面：

(1) 共用体变量可以被初始化，但是只能给该共用体变量中的第一个成员初始化，例如：

```
union data
{
    int stud；
    char teach [10]；
}un1,un2,un3={401}；
```

这里，给共用体变量中 un3 的第 1 个成员 stud 初始化，使得 un3. stud 获得值 401。

下面的初始化是错误的：

```
union data
{
    int stud；
```

```
    char teach [10];
}un1,un2,un3={401, "jsj08012"};
```

(2) 不允许对共用体变量名作赋值或其他操作，也不能企图引用变量名来得到一个值。只有两个具有相同共用体类型的变量才可以互相赋值。例如，下面语句都是错误的：

```
un1=401;
un1={401, "jsj08012"};
```

(3) 共用体变量的地址和它的各个成员变量的地址相同，例如上面共用体的定义中，& un1.stud、&un1.teach 和&un1 都是同一个地址。

(4) 一个共用体型的变量可以用来存放几种不同类型的成员变量，但无法同时存放几种变量，即每一时刻只有一个变量在起作用。因各成员共用一段内存，给一个新的成员赋值就会覆盖原来的成员变量的值。因此在引用变量时，应十分注意当前存放在共用体型变量中的是哪一个成员变量。在某一时刻，存放和起作用的是最后一次存入的成员值。例如：执行 "un1.stud=401;strcpy(un1.teach,"jsj08012");" 后，un1. teach 才是有效的成员。同样，也不能企图通过函数："scanf("%d%s",&un1.stud,un1.teach);" 得到 un1.stdu 的值，而只能得到 un1.teach 的值。

(5) 共用体变量不能作函数参数，函数的返回值也不能是共用体类型。

(6) 共用体变量可以出现在结构体类型的定义中，也可以定义共用体数组。另外，结构体变量也可以出现在共用体类型的定义中。

例 6.9　设有一个教师与学生通用的表格，教师的数据中有姓名、年龄、职业、教研室四项，学生的数据中有姓名、年龄、职业、班级四项。如果"job"项为"s"(学生)，则第 4 项为 stud_(班级)。如果"job"项是"t"(教师)，则第 4 项为 teach(教研室)。编程输入人员数据，再以表格形式输出。为简化起见，只设两个人(一个学生、一个教师)。

```c
#include <stdio.h>
void main( )
{
    struct
    {
        char name[10];
        int age;
        char job;
        union
        {
            int stud;
            char teach [10];
        }depa;
    }body[2];
    int n,i;
    for(i=0;i<2;i++)
    {
```

```
        printf("Input name,age,job and department\n");
        scanf("%s%d%c",body[i].name,&body[i].age,&body[i].job);
        if(body[i].job=='s')        scanf("%d",&body[i].depa.stud);
        else if(body[i].job=='t')    scanf("%s",body[i].depa.teach);
                else                    printf("Input error!\n");
    }
    printf("name\tage\tjob\tstud /teach \n");
    for(i=0;i<2;i++)
        {
            if(body[i].job=='s')
             printf("%s\t%d\t%c\t%d\n",body[i].name,body[i].age,body[i].job, body[i].depa.stud);
            else
                printf("%s\t%d\t%c\t%s\n",body[i].name,body[i].age,body[i].job,body[i].depa.teach);
        }
    }
```

程序运行结果为

Input name,age,job and department

LiLi 20s 401

Input name,age,job and department

Zhenyun 35t jsj08012

Name	age	job	stud /teach
LiLi	20	s	401
Zhenyun	35	t	jsj08012

在用 scanf 语句输入时要注意，凡是字符数组类型的成员，无论是结构体成员还是共用体成员，在该项前不能再加 "&" 运算符。

6.2.7 枚举类型

枚举也是一种构造数据类型，具有枚举类型的变量称为枚举变量。实际上，枚举变量被赋值后，具有一个固定的整数值，又称为枚举常量。

1. 枚举的概念

所谓 "枚举"，是指将变量的值一一列举出来。或者说，枚举是若干个具有名称的常量的有序集合，这些常量被指定了各种合法数值。枚举类型给出一个数目固定的若干有序的名称表，称为枚举表。枚举表中的每个数据项称为枚举符。

2. 枚举类型和枚举变量的定义

定义枚举变量之前，应先定义枚举类型。枚举类型定义格式如下：

    enum 枚举名 {枚举表};

其中，enum 是定义枚举类型的关键字，"枚举表" 由若干枚举符号组成，枚举符号是标识符，可以采用含义明确的英文单词或汉语拼音来表示。多个枚举符号之间用逗号分隔。枚举表一旦被定义，每个枚举符号便是一个确定的整型值。

枚举在日常生活中十分常见，如一周分为 7 天，可定义为如下枚举类型：

　　　　enum day{sun,mon,tue,wed,thu,fri,sat};

其中，day 为枚举名；sun、mon、…、sat 等为枚举符，也称为枚举元素或枚举常量。这些标识符并不自动地代表什么含义。例如，不因为写成 sun，就自动代"星期天"，写成 sunday 也可以。

　　枚举变量的定义格式如下：

　　　　enum　枚举名　枚举变量名表；

其中，"枚举变量名表"中可以有若干个枚举变量名，多个枚举变量名之间用逗号分隔。例如，定义好一个称之为 day 的枚举类型之后，可以说明 today 是属于该类型的一个变量，它的取值范围被规定为该枚举表中的任一枚举符，只能是 sun 到 sat 之一：

　　　　enum day today;

　　当然，也可以在声明枚举类型的同时定义枚举变量：

　　　　enum day{ sun,mon,tue,wed,thu,fri,sat } today;

还可以省略枚举类型名，直接定义枚举变量：

　　　　enum { sun,mon,tue,wed,thu,fri,sat } today;

3．枚举符的值的确定

枚举类型的枚举表中各个枚举符的值为整型值。在枚举表中，首枚举符的默认值为 0，其后枚举符的值为前一个枚举符的值加 1。例如，前边定义的枚举类型 day 中的枚举表的枚举符 sun，mon，tue，wed，thu，fri，sat 的值依次为 0，1，2，3，4，5，6。如果有赋值语句 "today=sat;" 则 today 变量的值为 6(而不是名字 "sat")。这个整数是可以输出的。如果执行语句 "printf("%d",today);" 将输出整数 6。

枚举表中枚举符可以在定义时予以赋值，这时所赋的值便是该枚举符的值，没有被赋值的枚举符的值仍是前边一个枚举符的值加 1。例如：

　　　　enum day{sun=1,mon,tue=5,wed,thu,fri,sat=11};

其中，枚举表中有 3 个枚举符 sun、tue 和 sat 被赋值，于是 sun=1，mon=2，tue=5，wed=6，thu=7，fri=8，sat=11。

4．枚举变量的操作

(1) 枚举变量的赋值。枚举变量的值只能取枚举类型的枚举表中的枚举符，例如：

　　　　today=sat;

此外，还可通过同类型的枚举变量赋值，例如：

　　　　enum day{ sun,mon,tue,wed,thu,fri,sat } d1,d2;

　　　　d1=sat;

　　　　d2=d2;

枚举符号不是字符常量也不是字符串常量，使用时不要加单、双引号，可直接用于给枚举变量赋值，而枚举变量不能接收一个非枚举常量的赋值，不能把元素的数值直接赋予枚举变量。例如：

　　　　today=sun;　　　　(正确)

　　　　today=2;　　　　　(错误)

　　如果一定要把数值赋给枚举变量，可以将一个整数经过强制类型转换后赋给枚举变量。例如：

　　　　today=(enum day)2;

相当于：

　　　　today=tue;

　　(2) 枚举符可以进行加(减)整型数运算，可以使用枚举符加(减)一个整型数的表达式给枚举变量赋值，例如：

　　　　d1=sun+2;

　　　　d2=sat-3;

　　(3) 枚举元素还可以用来作判断比较。例如：

　　　　if (today>tue) …;

　　枚举元素的比较规则是：按其在定义时的顺序号比较。如果定义时没有人为指定，则第一个枚举元素的值为 0，故 mon>sun，fri>thu，…。

　　(4) 枚举变量可以作循环变量。枚举变量作循环变量时，通常要进行赋值操作、比较操作、增 1 或减 1 操作。例如：

　　　　for(today=sun;today<=sat;today++)　printf("%d",today);

输出结果如下：

　　　　0123456

　　(5) 枚举变量的输入的输出操作。枚举变量只能通过赋值获得值，而不能通过 scanf 函数从键盘输入获得值。枚举变量可以通过 printf 函数输出其枚举符的值，即整型数值，但不能直接输出其标识符。要想输出其标识符，可通过数组或 switch 语句将枚举值转换为相应的字符串进行输出。

　　(6) 枚举变量的作用域与结构体变量以及普通变量定义的作用域类似。在定义时，必须确保在同一作用域内定义的其他变量和枚举值的名字之间是唯一的。

　　例 6.10　　顺序输出 5 种颜色名。

```c
#include <stdio.h>
void main()
{
    enum color {red,yellow,blue,white,black};
    enum color c;
    for(c=red;c<=black;c++)
        switch(c){
        case red:    printf("red");break;
        case yellow: printf("yellow");break;
        case blue:   printf("blue");break;
        case white:  printf("white");break;
        case black:  printf("black");break;
        }
}
```

不用枚举变量而用常数 0 代表"红"，1 代表"黄"等描述也是可以的，但显然使用枚举变量更直观，枚举元素都选用了令人"见名知义"的标识符。

6.2.8　类型定义语句 typedef

1．类型定义含义和类型定义语句

C 语言具有较丰富的数据类型，不仅有基本类型，还有构造类型。本节讲述的类型定义不是用来定义新类型，而是对已有的数据类型或已被定义的类型用一种新的类型名来替代，或者说类型定义是在给已有的类型起一个别名，再用别名去定义变量。

类型定义语句格式为

    typedef　原类型名　新类型名表；

其中，typedef 是类型定义语句的关键字，"原类型名"包括 C 语言中已被定义的合法的数据类型说明符(char，int，double 等)和已用类型定义语句定义的新的类型名(结构体、共用体、指针、数组、枚举等类型名)；"新类型名表"为所定义的新的类型名，该表中可以有一个类型名，也可以有多个类型名，多个类型名之间用逗号分隔。新类型名习惯上用大写字母表示，以便与 C 语言中原有的类型说明符加以区别。类型定义语句以";"结束。例如：

    typedef int INTEGER；

    typedef float REAL；

这里，int 与 INTEGER 等价，float 与 REAL 等价，以后在程序中可任意使用两种类型名说明具体变量的数据类型。例如：

    int i,j；等价于 INTEGER i,j；

    float a,b；等价于 REAL a,b；

2．类型定义的作用

(1) 使用类型定义会给所定义的变量带来一些有用的信息。例如，一般地，定义 3 个 int 型变量格式如下：

    int a,b,c；

这里，只知道 a，b，c 是 3 个 int 型变量，不再知道其他信息。下面通过类型定义，再对 a，b，c 进行重新定义：

    typedef int FEET,INCHES；

    FEET a,b；

    INCHES c；

于是可知道 a 和 b 是表示长度英尺的 int 型变量，c 是表示长度英寸的 int 型变量。

(2) 使用类型定义可以使得书写简单，通过用类型定义将一个复杂类型定义一个简单形式，给书写上带来方便。下面使用类型定义将一个结构体类型进行简化。

    struct student
        {
            int num;
            char name[10];
            char sex;

```
        float score;
    };
```

如果要定义结构体变量 stu1，stu2，可以使用 typedef 来简化变量的定义，方法如下：

```
    typedef struct student STU;

    STU stu1,stu2;
```

以后再定义其他变量，则可直接用 STU 代替 struct student。

若要定义结构体指针变量 q，也可以使用 typedef 来简化定义，方法如下：

```
    typedef struct student *P_STU;

    P_STU q;
```

注意：此时在 q 前不能再加指针定义符星号"*"。

(3) 使用类型定义语句定义的新类型，再用来定义变量时，系统会进行类型检查，这样可以增加数据的安全性。

在应用 typedef 定义新的类型名时，应注意以下几点：

(1) 用 typedef 语句只是对已经存在的类型起了一个新的类型名，并没有创建一个新的数据类型。

(2) typedef 语句只能用来定义类型名，而不能用来定义变量。

(3) 当不同源文件需要共用一些数据类型时，常用 typedef 定义这些数据类型，把它们单独放在一个文件中，然后在需要它们时用#include 命令把它们包含进来。

6.3　使用结构体重构学生信息管理系统

前面章节使用数组存储学生信息，数组各信息之间没有建立有效的联系机制，进行增、删、改、查等操作时容易出现错误。本章将结构体引入学生信息管理系统，不再使用数组存储学生信息，并且能够清楚描述每个学生的数据项之间的关系，进行增、删、改、查操作时，可以方便学生信息整体关联操作。

```
/**********************************************
作者:C 语言程序设计编写组
版本:v1.0
创建时间:2015.8
主要功能:
使用结构体重构学生信息管理系统
1. 实现对多个学生基本信息的输入及输出。
2. 实现对学生信息的增、删、改、查关联操作
**********************************************/


#include<stdio.h>          /*I/O 函数*/
#include<stdlib.h>         /*其他说明*/
#include<string.h>         /*字符串函数*/
```

```
#define LEN 15              /*学号和姓名最大字符数, 实际请更改*/
#define N 100               /*最大学生人数, 实际请更改*/
struct record               /*结构体*/
{
        char code[LEN+1];   /*学号*/
        char name[LEN+1];   /*姓名*/
        int age;            /*年龄*/
        char sex;           /*性别*/
            float score[3];  /*3 门课程成绩*/


}stu[N];
int k=1,n,m;                /*定义全局变量, n 是录入学生人数, m 是新增学生人数*/
void input();               /*循环录入学生信息*/
void seek();
void modify();
void insert();
void del();
void display();
void menu();
int main()
{
        while(k)
        {
                menu();
        }
        system("pause");
        return 0;
}
void help()
{
        printf("\n0.欢迎使用系统帮助! \n");
        printf("\n1.进入系统后, 先录入全部学生信息, 再使用其他功能; \n");
        printf("\n2.按照菜单提示键入数字代号;\n");
        printf("\n3.谢谢您的使用! \n");
}
void input()/* 录入学生信息*/
{
        int i=0;
        printf("请输入学生人数 n= ");
```

```
        scanf("%d",&n);          /* n 是录入学生人数*/
        for(i=0;i<n;i++)         /*循环录入学生信息*/
        {
                printf("请输入第%d 个学生的学号:\n",i+1);
                scanf("%s",stu[i].code);
                printf("请输入第%d 个学生的姓名:\n",i+1);
                scanf("%s",stu[i].name);
                printf("请输入第%d 个学生的年龄:\n",i+1);
                scanf("%d",&stu[i].age);

                printf("请输入第%d 个学生的性别:\n",i+1);
                fflush(stdin);
                scanf("%c",&stu[i].sex);

                printf("请输入 C 语言成绩:\n",i+1);
                scanf("%f",&stu[i].score[0]);
                printf("请输入高等数学成绩:\n",i+1);
                scanf("%f",&stu[i].score[1]);
                printf("请输入大学英语成绩:\n",i+1);
                scanf("%f",&stu[i].score[2]);
        }
}
/*按学号或姓名查找学生信息*/
void seek()
{
    int i,item,flag;
    char s1[21]; /* 以姓名和学号最长长度+1 为准*/
    printf("--------------------------\n");
    printf("-----1. 按学号查询-----\n");
    printf("-----2. 按姓名查询-----\n");
    printf("-----3. 退出本菜单-----\n");
    printf("--------------------------\n");
    while(1)
    {
        printf("请选择子菜单编号:");
        scanf("%d",&item);
        flag=0;
        switch(item)
        {
```

```
        case 1:
            printf("请输入要查询的学生的学号:\n");
            scanf("%s",s1);
            for(i=0;i<n;i++)
            if(strcmp(stu[i].code,s1)==0)
            {
                flag=1;
                printf("学生学号 学生姓名 年龄 性别　C 语言成绩 高等数学成绩
                    大学英语成绩\n");
                printf("-------------------------------------------------------------------\n");
                printf("%6s %7s %6d %6c %9.1f %10.1f %10.1f\n", stu[i].code, stu[i].name,
                    stu[i].age, stu[i].sex,stu[i].score[0],stu[i].score[1],stu[i].score[2]);
            }
            if(0==flag)
                printf("该学号不存在！\n"); break;
        case 2:
            printf("请输入要查询的学生的姓名:\n");
            scanf("%s",s1);
            for(i=0;i<n;i++)
            if(strcmp(stu[i].name,s1)==0)
            {
                flag=1;
                printf("学生学号 学生姓名 年龄 性别　C 语言成绩　高等数学成绩
                    大学英语成绩\n");
                printf("-------------------------------------------------------------------\n");
                printf("%6s %7s %6d %6c %9.1f %10.1f %10.1f\n",stu[i].code, stu[i].name,
                    stu[i].age,stu[i].sex,stu[i].score[0],stu[i].score[1],stu[i].score[2]);
            }
            if(0==flag)
                printf("该姓名不存在！\n"); break;
        case 3:return;
        default:printf("请在-3 之间选择\n");
        }
    }
}
/*修改学生信息*/
void modify()
{
    int i,item,num;
```

```
char sex1,s1[LEN+1],s2[LEN+1];          /*以姓名和学号最长长度+1 为准*/
float score1;
printf("请输入要要修改的学生的学号:\n");
scanf("%s",s1);
for(i=0;i<n;i++)
if(strcmp(stu[i].code,s1)==0)            /*比较字符串是否相等*/
     num=i;
printf("-----------------\n");
printf("1.修改姓名\n");
     printf("2.修改年龄\n");
     printf("3.修改性别\n");
     printf("4.修改 C 语言成绩\n");
     printf("5.修改高等数学成绩\n");
     printf("6.修改大学英语成绩\n");
     printf("7.退出本菜单\n");
printf("-----------------------\n");
while(1)
{
     printf("请选择子菜单编号:");
     scanf("%d",&item);
     switch(item)
     {
     case 1:
             printf("请输入新的姓名:\n");
             scanf("%s",s2);
             strcpy(stu[num].name,s2); break;
     case 2:
             printf("请输入新的年龄:\n");
             scanf("%d",&stu[num].age);break;
     case 3:
             printf("请输入新的性别:\n");
             scanf("%c",&sex1);
             stu[num].sex=sex1; break;
     case 4:
             printf("请输入新的 C 语言成绩:\n");
             scanf("%f",&score1);
             stu[num].score[0]=score1; break;
     case 5:
             printf("请输入新的高等数学成绩:\n");
```

```
                    scanf("%f",&score1);
                    stu[num].score[1]=score1; break;
            case 6:
                    printf("请输入新的大学英语成绩:\n");
                    scanf("%f",&score1);
                    stu[num].score[2]=score1; break;
            case 7:return;
            default:printf("请在 1～7 之间选择\n");
            }
        }
}
/*按学号排序*/
 void sort()
{
     int i,j,*p,*q,s;
     char temp[LEN+1],ctemp;
     float ftemp;
     for(i=0;i<n-1;i++)
     {
          for(j=n-1;j>i;j--)
              if(strcmp(stu[j-1].code,stu[j].code)>0)
              {
              strcpy(temp,stu[j-1].code);
                   strcpy(stu[j-1].code,stu[j].code);
                   strcpy(stu[j].code,temp);
                   strcpy(temp,stu[j-1].name);
                   strcpy(stu[j-1].name,stu[j].name);
                   strcpy(stu[j].name,temp);
                   ctemp=stu[j-1].sex;
                   stu[j-1].sex=stu[j].sex;
                   stu[j].sex=ctemp;
                   p=&stu[j-1].age;
                   q=&stu[j].age;
                   s=*q;
                   *q=*p;
                   *p=s;
                   for(k=0;k<3;k++)
                   {
                        ftemp=stu[j-1].score[k];
```

```
                            stu[j-1].score[k]=stu[j].score[k];
                            stu[j].score[k]=ftemp;
                        }
                    }
                }
            }
/*新增学生信息*/
void insert()
{
    int i=n,j,flag;
    printf("请输入待增加的学生数:\n");
    scanf("%d",&m);        /*m 是新增学生人数*/
    do
    {
        flag=1;
        while(flag)
        {
            flag=0;
            printf("请输入第%d 个学生的学号:\n",i+1);
            scanf("%s",stu[i].code);
            for(j=0;j<i;j++)
                if(strcmp(stu[i].code,stu[j].code)==0)
                {
                    printf("已有该学号，请检查后重新录入!\n");
                    flag=1;
                    break;    /*如有重复立即退出该层循环，提高判断速度*/
                }
        }

        printf("请输入第%d 个学生的姓名:\n",i+1);
        scanf("%s",stu[i].name);
        printf("请输入第%d 个学生的年龄:\n",i+1);
        scanf("%d",&stu[i].age);
        printf("请输入第%d 个学生的性别:\n",i+1);
        scanf(" %c",&stu[i].sex);
        printf("请输入第%d 个学生的 C 语言成绩\n",i+1);
        scanf("%f",&stu[i].score[0]);
        printf("请输入第%d 个学生的高等数学成绩:\n",i+1);
        scanf("%f",&stu[i].score[1]);
```

```
            printf("请输入第%d 个学生的大学英语成绩:\n",i+1);
            scanf("%f",&stu[i].score[2]);
            if(0==flag)
            {
                    i++;
            }
        }while(i<n+m);
        n+=m;
        printf("信息增加完毕！\n\n");
        sort();
}
/* 删除学生信息*/
void del()
{
        int i,j,flag=0;
        char s1[LEN+1];
        printf("请输入要删除学生的学号:\n");
        scanf("%s",s1);
        for(i=0;i<n;i++)
        if(strcmp(stu[i].code,s1)==0)
        {
                flag=1;
                for(j=i;j<n-1;j++)
                        stu[j]=stu[j+1];
        }
        if(flag==0)
                printf("该学号不存在！\n");
        if(flag==1)
        {
                printf("删除成功，显示结果请选择菜单\n");
                n--;
        }
}
/* 显示所有学生信息*/
void display()
{
        int i;
        printf("所有学生的信息为:\n");
        printf("学生学号 学生姓名 年龄 性别    C 语言成绩    高等数学    大学英语成绩\n");
```

```
        printf("-----------------------------------------------------------------\n");
        for(i=0;i<n;i++)
        {
                printf("%6s %7s %6d %6c %9.1f %10.1f %10.1f\n",stu[i].code,stu[i].name,stu[i].age,
                        stu[i].sex,stu[i].score[0],stu[i].score[1],stu[i].score[2]);
        }
}
/* 界面*/
void menu()
{
        int num;
        printf(" \n\n                          \n\n");
        printf("  ********************************************\n\n");
        printf("  *                  学生信息管理系统                *\n \n");
        printf("  ********************************************\n\n");
        printf("********************系统功能菜单*******************   \n");
        printf("      ---------------------    ---------------------   \n");
        printf("      *******************************************      \n");
        printf("      * 0. 系统帮助及说明   * *   1. 录入全部学生信息 *      \n");
        printf("      *******************************************      \n");
        printf("      * 2. 查询学生信息     * *   3. 修改学生信息      *      \n");
        printf("      *******************************************      \n");
        printf("      * 4. 新增学生信息     * *   5. 按学号删除信息    *      \n");
        printf("      *******************************************      \n");
        printf("      * 6. 显示当前信息     * *   7. 退出系统         *      \n");
        printf("      *********************** *********************      \n");
        printf("      ---------------------    ---------------------      \n");
        printf("请选择菜单编号:");
        scanf("%d",&num);
        switch(num)
        {
        case 0:help();break;
        case 1:input();break;
        case 2:seek();break;
        case 3:modify();break;
        case 4:insert();break;
        case 5:del();break;
        case 6:display();break;
        case 7:k=0;break;
```

```
        default:printf("请在 0～7 之间选择\n");
        }
    }
```

本 章 小 结

　　本章阐述了 C 语言复合构造类型——结构体、共用体和枚举类型数据结构，以及用 typedef 自定义类型。介绍了结构体、结构体数组和共用体的说明形式、初始化及成员的引用方法；结构体或指向结构体的指针为参数或返回值时函数的定义形式和调用方法；typedef 说明的形式、typedef 定义类型名的用法。特别说明，构造类型是由基本类型导出的类型。基本类型的数据有常量、变量之分。而构造类型没有常量，只有变量。

　　数组只允许把同一类型的数据组织在一起。在实际应用中，有时需要将不同类型的并且相关联的数据组合成一个有机的整体，并利用一个变量来描述它。C 语言提供了结构体类型来描述这类数据。结构体类型不分配内存，不能赋值、存取、运算。结构体变量分配内存，可以赋值、存取、运算。结构体变量不能作为整体进行输入、输出，不能整体进行比较，只有对结构体成员才可以进行各种运算、赋值、输入、输出。结构体中每个成员相互独立，不占用同一存储单元。结构体变量可以直接作函数参数，利用指针能够灵活处理结构体变量和数组，并能实现结构体变量的地址传递。

　　C 语言中还提供了另外一种在定义和使用等方面与结构体十分相似的数据类型——共用体，共用体是多种数据的覆盖存储，几个不同的变量共占同一段内存，且都是从同一地址开始存储的，只是任意时刻只存储一种数据。结构体和共用体变量都有三种定义方式，在定义时可以互相嵌套，都可用"."或"->"访问成员，它们的成员都可参与成员类型允许的一切运算。

　　枚举类型就是将变量可取的值一一列举出来。用关键字 typedef 可以定义某个类型的新类型名，之后可用新类型名定义变量、形参、函数等，新类型名又称为此类型的别名，引用它可增强程序的通用性、灵活性及可读性。

　　正是由于 C 语言有这样丰富的数据类型和相应强大的处理能力，才使得编写大型复杂程序十分方便，并且提高了程序的执行效率。

习　题　六

1．选择题

(1) 有以下程序段：

```
    typedef struct NODE
    {
        int    num;
        struct NODE    *next;
    } OLD;
```

以下叙述中正确的是_____。

    A．以上的说明形式非法   B．NODE 是一个结构体类型

    C．OLD 是一个结构体类型   D．OLD 是一个结构体变量

(2) 若有以下说明和定义：

```
union   dt
{
    int   a;
    char  b;
    double  c;
}data;
```

以下叙述中错误的是_____。

    A．data 的每个成员起始地址都相同

    B．变量 data 所占内存字节数与成员 c 所占字节数相等

    C．程序段：data.a=5;printf("%f\n",data.c); 输出结果为 5.000000

    D．data 可以作为函数的实参

(3) 设有如下说明

```
typedef   struct   ST
{
    long a;
    int   b;
    char   c[2];
} NEW;
```

则下面叙述中正确的是_____。

    A．以上的说明形式非法   B．ST 是一个结构体类型

    C．NEW 是一个结构体类型   D．NEW 是一个结构体变量

(4) 以下对结构体类型变量 td 的定义中，错误的是_____。

    A．
```
typedef   struct   aa
{
    int   n;
    float   m;
}AA;
AA   td;
```

    B．
```
struct   aa
{
    int   n;
    float   m;
} td;
struct   aa td;
```

　　C．struct

　　　　{

　　　　　　int　n;

　　　　　　float　m;

　　　　}aa;

　　　　　struct　aa td;

　　D．struct

　　　　{

　　　　　　int　n;

　　　　　　float　m;

　　　　}td;

　(5) 设有以下语句：

　　　typedef struct　S

　　　{

　　　　　int g;

　　　　　char　h;

　　　}　T;

则下面叙述中正确的是_____。

　　　A．可用 S 定义结构体变量　　　B．可以用 T 定义结构体变量

　　　C．S 是 struct 类型的变量　　　D．T 是 struct　S 类型的变量

　(6) 设有如下说明：

　　　typedef struct

　　　{　int n;

　　　　　char c;

　　　　　double x;

　　　}STD;

则以下选项中，能正确定义结构体数组并赋初值的语句是_____。

　　　A．STD tt[2]={{1,'A',62},{2, 'B',75}};

　　　B．STD tt[2]={1,"A",62},2, "B",75};

　　　C．struct tt[2]={{1,'A'},{2, 'B'}};

　　　D．structtt[2]={{1,"A",62.5},{2, "B",75.0}};

　(7) 设有以下说明语句：

　　　typedef　struct

　　　{

　　　　　int　n;

　　　　　char　ch[8];

　　　}PER;

则下面叙述中正确的是_____。

  A．PER 是结构体变量名　　　　　　B．PER 是结构体类型名

  C．typedef　struct 是结构体类型　　D．struct 是结构体类型名

(8) 设有以下说明语句：

```
struct  ex
{
    int   x ;
    float   y;
    char   z;
}  example;
```

则下面的叙述中不正确的是_____。

  A．struct 是结构体类型的关键字　　B．example 是结构体类型名

  C．x, y, z 都是结构体成员名　　　　D．struct ex 是结构体类型

(9) 有如下定义：

```
struct person{char    name[9]; int age;};
strict person    class[10]={ "Johu",   17,
"Paul", 19
"Mary", 18,
"Adam   16,};
```

根据上述定义，能输出字母 M 的语句是_____。

  A．prinft("%c\n",class[3].mane);　　B．pfintf("%c\n",class[3].name[1]);

  C．prinft("%c\n",class[2].name[1]);　D．printf("%^c\n",class[2].name[0]);

(10) 以下代码段中，变量 a 所占内存字节数是_____。

```
union U
{
    char st[4];
    int   i;
    long l;
};
    struct A
{   int   c;
    union U u;
}a;
```

  A. 4　　　　　B. 5　　　　　C. 6　　　　　D. 8

2. 填空题

(1) 有以下定义和语句，则 sizeof(a)的值是 10，而 sizeof(a.share)的值是_____。

```
struct date
{
    int day;
    int month;
```

```
        int year;
        union
    {
        int share1;
        float share2;
        }share;
    }a;
```

(2) 阅读下面程序，写出运行结果。

```
    struct student
    {
        char name[20];
        char sex;
        int age;
    }stu[3]={ "Li Lin",'M', 18, "Zhang Fun", 'M', 19, "Wang Min", 'F', 20};
    void main()
    {
        struct student *p;
        p=stu;
        printf("%s, %c, %d\n", p->name, p->sex, p->age);
    }
```

(3) 阅读下面程序，写出运行结果。

```
    struct st
    {
        int x;
        int *y;
    }*p;
    int dt[4]={10, 20, 30, 40};
    struct st aa[4]={50, &dt[0], 60, &dt[1], 70, &dt[2], 80, &dt[3]};
    void main()
    {
        p=aa;
        printf("%d", ++p->x);
        printf("%d", (++p)->x);
        printf("%d\n", ++(*p->y));
    }
```

(4) 阅读下面程序，写出运行结果。

```
    #include
    void fun(float *p1,float *p2, float *s)
    {
```

```
        s=(float *)calloc(1, sizeof(float));
        *s=*p1+*(p2++);
    }
    void main()
    {
        float a[2]={1.1, 2.2}, b[2]={10.0, 20.0}, *s=a;
        fun (a, b, s);
        printf("%f\n", *s);
    }
```

(5) 阅读下面程序，写出运行结果。

```
    #include<stdio.h>
    void fun(float *p1,float *p2, float *s)
    {
        s=(float *)calloc(1, sizeof(float));
        *s=*p1+*(p2++);
    }
    void main()
    {
        float a[2]={1.1, 2.2}, b[2]={10.0, 20.0}, *s=a;
        fun (a, b, s);
        printf("%f\n", *s);
    }
```

3. 编程题

(1) 用结构体型数组初始化建立一工资登记表。然后键入其中一人的姓名，查询其工资情况。

(2) 有 5 个学生，每个学生的数据包括学号、姓名、3 门课的成绩，从键盘输入 5 个学生数据，要求在屏幕上显示出 3 门课程的平均成绩，以及最高分数的学生的数据。

(3) 定义一个结构体变量(包括年、月、日)表示日期，计算某日在本年中是第几天，并注意闰年的问题。

(4) 定义枚举类型 money，用枚举元素代表人民币的面值。包括 1，2，5 分；1，2，5 角，1，2，5，10，50，100 元。

(5) 仿照本章 6.3 节，对图书信息管理系统中的数据进行重新设计，对图书信息和读者信息设计合理的结构体进行数据操作，并将对应的函数内容做一调整。

第 7 章 编译预处理

教学目标 ✍

☑ 了解"编译预处理"的基本概念。

☑ 深入掌握各种预处理命令的定义和使用方法。

☑ 理解宏替换的实质含义,深入掌握带参宏的扩展过程。

☑ 了解文件包含的基本概念。

☑ 理解条件编译的用途。

编译预处理是指 C 语言对源程序在正常编译(包括词法分析、语法分析、代码生成和代码优化)之前先执行源程序中的预处理命令。预处理后,源程序再被正常编译,以得到目标代码(OBJ 文件)。通常把预处理看作编译的一部分,是编译中最先执行的部分。

编译预处理命令不属于 C 语言语句的范畴,所使用的命令单词也不是 C 语言的保留字,在程序中书写时后边不加语句结束符";",但是前边要加一个符号"#"。在 C 语言源程序中,凡是前边加有"#"号的行都是预处理命令。如果一行书写不下,可用反斜线"\"和回车键来结束本行,然后在下一行继续书写。多数编译预处理命令放在程序头,也可以根据需要放在程序中间或程序末尾等任何位置。

C 语言的编译预处理功能独特于许多语言。合理地使用编译预处理功能编写的程序便于阅读、修改、移植和调试,可以有效地提高程序的编译效率,也有利于模块化程序设计。

7.1 宏 定 义

在 C 语言源程序中允许用一个标识符来表示一个字符串,称为"宏"。被定义为"宏"的标识符称为"宏名"。在编译预处理时,对程序中所有出现的"宏名",都用宏定义中的字符串去代换,称为"宏代换"或"宏展开"。通常对程序中反复使用的表达式进行宏定义。

宏定义是由源程序中的宏定义命令完成的。宏代换是由预处理程序自动完成的。在 C 语言中,"宏"分为有参宏和无参宏两种。下面分别讨论这两种"宏"的定义和调用。

7.1.1 不带参数的宏定义

不带参数(称为无参宏)的宏定义宏名后不带参数。其定义的一般形式为

　　#define 标识符 字符串

其中，"#"表示这是一条预处理命令。"define"表示宏定义命令。"标识符"为所定义的宏名，它的写法同标识符，也叫符号常量，一般用大写字母表示。"字符串"用来表示标识符被定义的内容，它通常是常数、表达式、格式串等。前面介绍过的符号常量的定义就是一种无参宏定义。例如：

　　　　#define PI 3.1415926

这种方法使用户能以一个简单的名字代替一个长的字符串，从而减少程序中重复书写该字符串的工作量。而且用符号常量的含义作为该字符串的名称，可以使编程人员见名知义，提高程序的可读性。特别是这些常量的值需要改变时，只须改变#define 命令行即可。

说明：

(1) 在使用宏定义命令定义符号常量时，通常宏名使用大写字母，以便与变量区别。这是一种习惯，当然宏名用小写字母也不会出现语法错误。

(2) 预处理程序对符号常量的处理只是进行简单的替换工作，不作语法检查，如果程序中使用的预处理语句有错，只能在正式的编译阶段检查出来。

例如在宏定义"#define PI 3.1415926"中，错误地将字符串 3.1415926 中的数字 1 写成了字母 l，则在编译预处理时也能将程序中的标识符 PI 都替换成错误的字符串 3.l415926，只有对源程序进行通常的编译时，才会发现此类错误。

(3) 宏定义不是语句，在行末不必加分号，如加上分号则连分号也一起置换。

(4) 宏定义可以嵌套，即在一个宏定义命令中可以使用已被定义的宏名作为其字符串。例如：

　　　　#define WIDTH　　2
　　　　#define LENGTH　　(WIDTH+3)
　　　　#define AREA　　(LENGTH*WIDTH)

在程序中如果出现了宏定义嵌套的情况，宏替换时就要从后向前逐层替换。例如，在上面的宏定义嵌套的例子中，程序中出现了下述语句：

　　　　area=2*AREA;

替换时应按下述步骤逐步替换：

① 先替换宏名 AREA，替换结果为：area=2*(LENGTH*WIDTH);

② 再替换宏名 LENGTH，替换结果为：area＝2*((WIDTH+3) *WIDTH);

③ 最后替换宏名 WIDTH，替换结果为：area=2*((2+3)*2);

(5) 对于加有双引号的字符串中出现的宏名不进行替换。例如：

　　　　#define TWO　　2*n
　　　　…
　　　　int n=8;
　　　　printf("TWO=%d\n",TWO);
　　　　…

运行该程序后，输出结果为

　　　　TWO=16

(6) 宏名的作用域为定义该宏名的文件，即宏名的作用域是文件级的，从定义时起到文件结束为止。如果有终止宏名命令，则其作用域到终止宏名命令为止。终止宏名命令的

格式为

　　　　#undef 标识符

其中,"标识符"为被终止的宏名。例如:

　　　　#define M 50

　　　　…

　　　　#undef　M

　　该程序段开始定义符号常量 M,于是 M 开始起作用,直到执行了预处理命令 undef 后,M 不再是符号常量,它才变得没有定义。

　　思考:

　　① 一个宏名重复定义会出现什么问题?

　　② 一个宏名被终止后再使用会出现什么问题?

　　(7) 宏定义时必须注意字符串部分的书写,保证在宏代换之后与原题意相符。例如:

```
#define M (y*y+3*y)
#include <stdio.h>
void main()
{    int s,y;
     printf("input a number: ");
     scanf("%d",&y);
     s=3*M+4*M+5*M;
     printf("s=%d\n",s);
}
```

　　在宏定义中,表达式(y*y+3*y)两边的括号不能少,否则在宏展开时将得到下述语句:s=3*y*y+3*y+4*y*y+3*y+5*y*y+3*y;显然与原题意要求不符。计算结果当然是错误的。因此在作宏定义时必须十分注意,应保证在宏代换之后不发生错误。

7.1.2　带参数的宏定义

　　除了不带参数的宏定义之外,C 语言还提供了一种带参数(称为带参)的宏定义。在宏定义中的参数称为形式参数,在宏调用中的参数称为实际参数。

　　带参宏定义的一般形式为

　　　　#define 宏名(形参表) 字符串

其中,"宏名"同标识符,习惯上采用大写字母;"形参表"由一个或多个参数组成,多个参数之间用逗号分隔,说明参数时不加类型说明;"字符串"中包含了"形参表"中所指定的参数,它可以由若干条语句组成。

　　带参宏调用的一般形式为

　　　　宏名(实参表)

　　带参数的宏定义命令进行宏替换时,不是简单地用"字符串"来替换"宏名",而是使用"实参"来代换"形参",其余部分保持不变。

　　例如,求一个表达式平方的带参数的宏定义命令:

#define SQ(x) (x)*(x)

其中，SQ 是宏名，x 是形参。字符串是(x)*(x)，这里的括号很重要，可以避免优先级造成的误解。

在程序中有一个需要进行替换的语句：a=SQ(5);

其中，SQ 是前面已定义的带参数的宏名，其参数 5 是实参。替换时，将用实参 5 替换宏体中出现的形参 x。替换后的结果为：a=(5)*(5);

说明：

(1) 带参宏定义中，宏名和形参表之间不能有空格出现，否则将空格符后边的内容都作为字符串，成为不带参数的宏定义语句了。例如：

#define ADD   (x,y) (x)+(y)

看起来像是带参数的宏定义命令，实际上是不带参数的定义命令，是将宏名 ADD 定义为"(x,y) (x)+(y)"。

(2) 宏代换中的实参一般为常量、变量或表达式。在宏展开后容易引起误解的表达式，在宏定义时，应将表达式用圆括号括起来，形式参数两边也应加括号。例如：

#define SQ(x)   x*x

若程序中有语句：a=1/SQ(m+n);

被替换后，成为下述语句：a=1/m+n*m+n;

如果本意是要求被替换为"a=1/((m+n)*(m+n));"，宏定义时应该采用下述格式：

#define SQ(x) ((x)*(x))

(3) 在带参数宏定义中，也可以引用已定义过的宏定义。例如：

#define PI 3.1415926

#define S (r) PI*r*r

#define V(r) 3.0/4* S(r)*r

例 7.1 已知三角形的三条边 a、b、c，求三角形的面积。

```c
#include <stdio.h>
#include <math.h>
#define S(a,b,c) (a+b+c)/2
#define Srt(a,b,c) S(a,b,c)*(S(a,b,c)-a)*(S(a,b,c)-b)*(S(a,b,c)-c)
#define Area(a,b,c) sqrt(Srt(a,b,c))
void main()
{   int x=44,y=67,z=30;
    float area;
    area=Area(x,y,z);
    printf("area=%.2f\n",area);
}
```

(4) 带参数宏与函数虽有许多相似之处，但二者在本质上是不同的。

① 定义形式上不同。

② 处理时间上不同。带参数的宏定义命令是在正常编译前处理的，将预处理命令处理后再进行正常编译。而函数则在编译后进行连接，在运行时执行。

③ 处理机制上不同。带参数的宏定义命令在被处理时是用实参替代形参的，且宏替换不作计算只是进行简单的字符原样代换，对其类型没有要求。函数调用时要把实参表达式的值求出来，然后将它代入形参，要求函数的实参与形参对应的类型一致。

④ 时间和空间开销上不同。带参数的宏定义命令在替换后源程序会变长，然后进行编译连接生成目标代码和可执行程序。宏代换不占程序运行时间，只占编译时间。并不给它分配存储单元，不进行值的传递，也没有返回值。而函数在编译时只是将函数连接到调用该函数的程序中，不会使源程序变长。但是，函数调用是在程序运行中处理的，临时给形式参数分配存储单元，还需要有额外的时间和空间开销，因为函数被调用前要保留现场，调用后要恢复现场，因此函数调用所花费的额外开销要比宏定义长。应用中，调用频繁、函数体较小的函数通常采取带参数宏定义命令的方式，这样可以提高程序的运行效率。

⑤ 带参数的宏定义命令可以设法获得多个结果，而函数的返回值只能有一个，例如：

```
#define SSSV(s1,s2,s3,v) s1=l*w;s2=l*h;s3=w*h;v=w*l*h;
#include < stdio.h >
void main()
{   int l=3,w=4,h=5,sa,sb,sc,vv;
    SSSV(sa,sb,sc,vv);
    printf("sa=%d\nsb=%d\nsc=%d\nvv=%d\n",sa,sb,sc,vv);
}
```

程序第一行为宏定义，用宏名 SSSV 表示四个赋值语句，四个形参分别为四个赋值符左部的变量。在宏调用时，把四个语句展开并用实参代替形参，使计算结果送入实参之中。

⑥ 把同一表达式用函数处理与用宏处理两者的结果有可能是不同的。

例 7.2 观察同一表达式用函数处理与用宏处理两者的结果。

```
#include <stdio.h>
#define HSQ(y) ((y)*(y))
SQ(int y)
{   return((y)*(y));   }
void main()
{   int i=1;
    while(i<=5)          printf("%d\n",HSQ(i++));
    i=1;
    while(i<=5)          printf("%d\n",SQ(i++));
}
```

7.2 文 件 包 含

文件包含是 C 预处理功能中最常用的一个命令，使用该命令可以在一个源文件中包含另一个源文件的全部内容，使之成为本文件自身的一部分。文件包含是通过#include 命令实现的，一般放在源程序的开头。一般形式为

        #include "文件名"

或   #include 〈文件名〉

其中，"文件名"是指被包含的文件名称，可以是用户编制的程序文件，也可以是存在于系统中的标题文件，即扩展名为".h"的头文件。例如：

        #include "stdio.h"

是常用的一个文件包含处理。其作用是将标准输入、输出函数的头文件 stdio.h 的所有内容嵌入该预处理命令处，使它成为源程序的一部分。

    文件包含命令可以减少编程人员的重复劳动，使得程序更加简洁明了。在实际应用中，通常把若干个程序都需要使用的内容放到一个头文件中，在每个程序中都包含这个头文件，而不必将那些有重复作用的内容再书写一遍。但是，文件包含命令并不减少程序的目标代码，如果使用不当或者被包含的文件中含有不是该程序所需的内容时，还会增加程序代码的长度。

    文件包含的基本原理如图 7.1 所示。

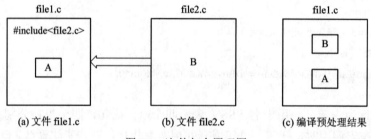

      (a) 文件 file1.c   (b) 文件 file2.c   (c) 编译预处理结果

图 7.1   文件包含原理图

    关于文件包含要注意以下几点：

    (1) 在文件包含预处理命令中，文件名可以用一对尖括号 "<>" 括起来，也可以用双引号 """" 括起来，差别在于指示编译系统使用不同的方式搜索被包含文件。

    ① 当使用尖括号时，其意义是指示编译系统在系统设定的标准子目录 include 中查找被包含的文件。如果在标准子目录中不存在指定的文件，编译系统会发出错误信息，并停止编译过程。

    ② 当用双引号括住被包含文件且文件名中无路径时，编译系统首先在源程序所在的目录中查找，如果没有找到，再到系统设定的标准子目录 include 中查找。系统提供的头文件也可以使用这种方式，只是在查找时会浪费一些时间。因此，用户自定义的文件应该使用这种方式。用户自定义文件可以是后缀为 .h 的文件，也可以是其他的源文件(例如，后缀为.c 的文件)。文件名前可以指定文件的路径。例如：

        #include "C:\user\user.h"

编译系统将在 C 盘 user 子目录下查找文件 user.h。

    (2) 一个#include 命令只能指定一个被包含的文件，若要包含多个文件，必须使用相应多个#include 命令。例如：

        #include <stdio.h>

        #include <math.h>

        #include <graphics.h>

下列的文件包含命令是错误的：

    #include <stdio.h> <math.h> <graphics.h>

(3) 在编译预处理时，文件包含命令行由被包含文件的内容替换，成为源程序文件内容的一部分，与其他源程序代码一起参加编译。

(4) 文件包含可以嵌套，即在一个被包含文件中还可以包含另外的被包含文件。例如：源文件 file.c 中有文件包含命令#include < file1.h >，而文件 file1.h 又包含了文件 file2.h，如图 7.2 所示。相当于在文件 file.c 中有下列文件包含命令行：

    #include < file2.h >

    #include < file1.h >

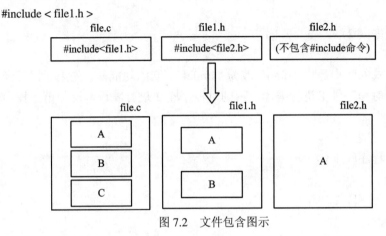

图 7.2 文件包含图示

7.3 条 件 编 译

通常情况下，C 语言程序的所有行都要进行编译，但有时可能希望程序的某部分在满足一定的条件下进行编译，或者在满足一定的条件下不进行编译，这就是条件编译。

预处理程序提供了条件编译的功能，因而产生不同的目标代码文件，使生成的目标程序较短，从而减少了内存的开销并提高了程序的效率，这对于程序的移植和调试是很有用的。

1. 条件编译命令的格式

条件编译有以下三种形式：

(1) #ifdef 标识符：

        程序段 1

    #else

        程序段 2

    #endif

其中，"标识符"为宏名，该宏名在此前可以定义，也可以没有定义。"程序段 1"和"程序段 2"是由语句或预处理命令组成的程序序列。

该种格式的功能是，如果标识符已被 #define 命令定义过，则对程序段 1 进行编译；否则对程序段 2 进行编译。如果没有程序段 2(为空)，本格式中的#else 可以没有，即可以

写为

    #ifdef 标识符
        程序段
    #endif

被简化后的格式的功能是，当"标识符"中的宏名被定义时，"程序段"中内容参加编译，否则"程序段"内容不参加编译。

(2) #ifndef 标识符：

        程序段 1
    #else
        程序段 2
    #endif

与第一种形式的区别是将"ifdef"改为"ifndef"。它的功能是，如果标识符未被#define命令定义过，则对程序段 1 进行编译，否则对程序段 2 进行编译。这与第一种形式的功能正好相反。

(3) # if 常量表达式：

        程序段 1
    #else
        程序段 2
    #endif

它的功能是，如果常量表达式的值为真(非"0")，则对程序段 1 进行编译，否则对程序段 2 进行编译。因此可以使程序在不同条件下，完成不同的功能。其中的表达式必须为常量表达式，在表达式中不能包含变量。因为条件编译在编译预处理时进行，而在预处理时不可能知道变量的实际值。

2．条件编译命令的应用

(1) 条件编译命令可以给程序调试带来方便。

在源程序的调试中，为了跟踪程序的执行情况，通常在程序中加一些输出信息的语句，通过这些输出信息来判断程序执行的情况，进而查找错误，这是一种常用的调试手段。使用这种方法调试程序，在调试结束后，需要把添加的那些输出信息的语句删除。在删除这些语句时应特别小心，不可多删，也不可少删，否则将出错。使用条件编译命令可以解决上述问题。在调试程序时，使用条件编译命令，在满足调试条件的情况下，加入所需要的输出信息的语句参加编译，通过输出的信息来分析程序的问题。当程序调试完成后，只要改变其编译条件，使之不满足调试条件，原来被添加的那些输出信息的语句便不再参与编译，它们相当于被删除了，再重新编译时，所生成的可执行的目标代码中将不会包含调试程序时所加入的语句。

(2) 条件编译命令可以使一个源程序生成不同的目标代码。

使用条件编译命令可以使得一个源程序在设置的不同条件下生成不同的目标代码。例如，可将一个源程序，通过条件编译命令编译后可以生成在 16 位机上运行的目标代码，也可以生成在 32 位机上运行的目标代码。由于在 16 位机和在 32 位机上的不同主要是整型数的长度，于是可在该程序中加上下述条件编译命令：

```
#ifdef PC16
    #define INTSIZE 16
#else
    #define INTSIZE 32
#endif
```

(3) 使用条件编译命令替代 if 语句会减少目标代码的长度。

条件编译也可以用条件语句来实现。但是用条件语句将会对整个源程序进行编译，生成的目标代码程序很长。而采用条件编译，则根据条件只编译其中的程序段 1 或程序段 2，生成的目标程序较短。如果条件选择的程序段很长，采用条件编译的方法是十分必要的。

7.4　程序设计实例

例 7.3　用宏定义的方法来替换输入、输出函数中的格式字符串。

程序如下：

```
#define int(d) printf("%d\n",d)
#define flo(f) printf("%8.2f\n",f)
#include<stdio.h>
#include "format.h"
void main()
{   int x;
    float y;
    printf("请输入一个整数：");
    scanf("%d",&x);
    printf("请输入一个实数：");
    scanf("%f",&y);
    int(x);
    flo(y);
}
```

程序运行结果为

```
请输入一个整数：25
请输入一个实数：2.3
```

例 7.4　控制输入一个字符串加密。

程序如下：

```
#include<stdio.h>
#define MAX 80
#define CHANGE 1
void main()
{   char str[MAX];
```

```
            int i;
            printf("请输入字符串：");
            gets(str);
            #if(CHANGE)
            for(i=0;i<MAX;i++)
             if(str[i]!='\0')
                if(((str[i]>='a')&&(str[i]<'z'))||((str[i]>='A')&&(str[i]<'Z')))
                        str[i]+=1;
                else
                    if(str[i]=='z'||str[i]=='Z')
                        str[i]-=25;
            #endif
            printf("output:%s\n",str);
        }
```

程序运行结果为

  请输入字符串：XYZA

  output：YZAB

  因为标识符 CHANGE 被宏定义过，所以在编译预处理时对第一个#if 语句进行编译，即控制加密输出。如果将#define CHANGE 去掉，则程序变为原样输出。

本 章 小 结

  本章介绍了宏定义、文件包含和条件编译三种编译预处理。编译预处理功能是 C 语言特有的功能，也是 C 语言与其他高级语言的重要区别之一。

  宏定义是用一个标识符来表示一个字符串，这个字符串可以是常量、变量或表达式。在宏调用中将用该字符串代换宏名。宏定义可以带有参数，宏调用时以实参代换形参。而不是"值传送"。为了避免宏代换时发生错误，宏定义中的字符串应加括号，字符串中出现的形式参数两边也应加括号。

  文件包含命令用来把多个源文件连接成一个源文件进行编译，结果将生成一个目标文件，给程序书写带来了很大的方便。

  条件编译允许只编译源程序中满足条件的程序段，使生成的目标程序较短，从而减少了内存的开销并提高了程序的效率。

  使用预处理功能便于程序的修改、阅读、移植和调试，也便于实现模块化程序设计。

习 题 七

1．选择题

(1) C 语言的编译系统对宏命令是_____。

　　A．在程序运行时进行处理的

　　B．在程序连接时进行处理的

　　C．和源程序中的其他 C 语言同时进行编译的

　　D．在对源程序中其他成分正式编译之前进行处理的

(2) 以下叙述中不正确的是_____。

　　A．预处理命令行都必须以"#"开始

　　B．在程序中凡是以"#"开始的语句行都是预处理命令行

　　C．C 程序在执行过程中对预处理命令行进行处理

　　D．"#define　ABCD 5"是正确的宏定义

(3) 下列关于预处理命令的描述中，错误的是_____。

　　A．预处理命令都是以"#"字符开头的

　　B．预处理命令是在程序运行时处理的

　　C．预处理命令可放在程序首部，也可以放在程序其他位置

　　D．处理命令在书写时不用分号";"结束

(4) 下列关于宏定义命令的描述中，错误的是_____。

　　A．宏定义命令有两种：不带参数的宏定义命令和带参数的宏定义命令

　　B．定义命令在程序中出现宏名在编译前被替换

　　C．带参数的宏定义命令中，参数表中必须指出参数的类型

　　D．宏替换在正常编译前进行的，实际上是占用编译时间

(5) 下列关于文件包含命令的描述中，错误的是_____。

　　A．文件包含命令只能放在程序首部

　　B．文件包含命令可以包含 C 的源文件

　　C．文件包含命令包含用户自定义的头文件时可以选用双撇号("")

　　D．文件包含命令一次只能包含一个文件

(6) 下列关于条件编译命令的描述中，错误的是_____。

　　A．条件编译命令中可以使用标识符作为条件，也可以使用表达式作为条件

　　B．条件编译命令通常有 3 种格式供用户选择

　　C．条件编译命令中的＜程序段＞中可以是语句，也可以是预处理命令

　　D．以标识符为条件的条件编译命令中，事先必须对标识符进行宏定义

(7) 以下程序运行后的结果是_____。

```
#include <stdio.h>
#define   SUB(a)   (a)-(a)
void main()
{    int   a=2,b=3,c=5,d;
     d=SUB(a+b)*c;
     printf("%d\n",d);
}
```

　　A．0　　　　　　　　B．−12　　　　　　　C．−20　　　　　　　D．10

(8) 有以下程序，运行后的输出结果是_____。

```
#include <stdio.h>
#define f(x) x*x*x
void main()
{   int a=3,s,t;
    s=f(a+1);    t=f((a+1));
    printf("%d,%d\n",s,t);
}
```

    A．10,64   B．10,10   C．64,10   D．64,64

2．填空题

(1) 有下列语句：

```
#define   N   2
#define   Y(n)   ((N+1)*n)
```

则执行语句 z=2*(N+Y(5));后的结果是_____。

(2) 常用的三种预处理命令分别是_____、_____、_____。

(3) 文件包含命令中，有两种引用包含文件的方式分别是用_____和_____。

(4) 带参数宏定义命令进行宏替换时，使用程序中宏定义语句中的_____来替代宏体中的_____，宏体中的其他内容_____。

(5) 已知：#define B(a,b) a+1/b，则表达式 B(5,1+3)的值是_____。

3．读程序

(1) 写出下面程序的输出结果。

```
#include "stdio.h"
#define   M   8
#define   N   M+1
#define   Q   N+N/3
void main()
{   printf("%d\n",Q);
    printf("%d\n",5*Q);
}
```

(2) 写出以下程序的输出结果。

```
#include   "stdio.h"
#define   MAX(x,y)   (x)>(y)?(x):(y)
void main()
{   int a=1,b=2,c=3,d=2,t;
    t=MAX(a+b,c+d)*100;
    printf("%d\n",t);
}
```

(3) 分析以下程序，写出程序所实现的功能。

a.c 文件：

```
#include    <stdio.h>
#include    "myfile.h"
void main()
{    func();    }              /*func()函数定义在 myfile.h 文件中*/
    myfile.h 文件:
    func()                     /*func()为一个递归函数*/
{    char c;
    if((c=getchar())!='\n')    func();
    putchar(c);
}
```

4．编程序

(1) 编写一个程序求 3 个数中的最小值，要求用带参宏实现。

(2) 编写一个程序求一个一维数组中所有元素之和。要求采用一个 input.c 文件存放数组元素，sum.c 文件计算数组元素之和并输出结果，另一个 mfile.c 文件存放主函数。

第 8 章 文 件

教学目标 ✍

☑ 了解文件的概念以及文件操作方式。

☑ 了解 C 语言中文件指针的意义及使用方法。

☑ 掌握文件的运用步骤和简单的输入输出操作。

☑ 熟悉有关文件运用的常用标准函数使用方法。

在前面我们所编写的程序中，需要输入的数据都是由用户从键盘输入并保留在内存中的，程序运行结果也是存储在内存、送到显示器显示或打印机输出的。在实际应用中，为了增强数据输入、运算和输出的功能，C 语言提供了将数据存储在文件的功能，即将数据保存在文件中并为其命名，称为数据文件。

8.1 引入文件的原因

在前面章节中，已经多次使用到计算机的输入/输出操作，这些输入/输出操作仅对常规输入/输出设备进行：从键盘输入数据，或将数据从显示器或打印机输出。通过这些常规输入/输出设备，有效地实现了计算机与用户的联系。然而，在实际应用系统中，仅仅使用这些常规外部设备是很不够的。通常在计算机系统中，一个程序运行结束后，它所占用的内存空间将被全部释放，该程序涉及的各种数据所占有的内存空间也将被其他程序或数据占用而不能被保留。

比如，通过引入结构体类型来实现学生信息管理系统。这样的数据表示方式更真实地反映了客观实际，并且提高了数据的处理效率。但是与之前的程序一样，程序运行后的所有输出结果都显示在外部设备(显示器)上，并没有保存下来，一旦屏幕滚动或者刷新，输出结果就会丢失。当想要观察运行的结果，查看全部学生的基本信息时，只能再次运行该程序，必须花费大量时间通过外部设备(键盘)输入全部学生的信息数据到内存中去。在输入过程中一旦有错误的数据输入，则需要全部重新输入。对于这种大量数据，显然从键盘输入并做到准确无误，是一件困难的事情。因此，键盘输入数据的方法在数据量不大时，还可以满足要求，但是如果数据量庞大，仍然采用键盘输入是不现实的。

解决上述问题的最根本方法就是，为了保存 C 程序需要的原始数据或程序运行结果，必须将它们像文本一样以文件形式存储到外部存储介质(如硬盘、软盘)上，这些介质可以永久性地存储数据而不会丢失，能够有效地管理和长期保存数据。在这类介质上存储数据

的基本单位就是文件，为了区分不同的数据，给数据取个名字，这就是文件名。把文件中
的数据送入内存称为"输入"或"读"文件，而把内存中的数据送到磁盘文件中的操作称
为"输出"或"写"文件。如果将输出结果写入文件，用户需要观察运行结果时就可以用
文件编辑器直接打开文件浏览这些输出结果，也可以使用编辑器在打印机上打印出这些输
出结果。当程序要使用这些数据时，再以文件的形式将数据从外存读入内存，而不是直接
从键盘输入。如果需要用不同的输入数据重新运行程序，可以先编辑输入数据文件，然后
再运行程序。

　　因此，在用户处理的数据量较大、数据存储要求较高、处理功能需求较多的场合，应
用程序总要使用文件操作功能。使用文件可以提高输入效率，并且可以反复使用、长期保
存数据。C 语言提供了很多文件操作的函数，通过它们可以实现对文件的读取、存储等操
作。因此，数据输入有四种方式：程序中直接赋值输入、从键盘手工输入(scanf()，getchar()，
gets()，getch()，getche())、利用随机函数产生(rand())、从数据文件中读入(fgetc()，fgets()，
fread()，fscanf())。数据输出有两种方式：送往显示器显示(printf()，putchar()，puts()，putch())
和送往磁盘采用文件保存(fputc()，fputs()，fwrite()，fprintf())。

8.2　文　件　概　述

8.2.1　文件及文件分类

　　文件是程序设计中的重要概念。文件是指一组相关数据的有序集合，这个数据集合有
一个名称，叫做文件名。实际上在前面的各章中已经多次使用了文件，例如源程序文件、
目标文件、可执行文件、库文件(头文件)等。此处主要讨论 C 语言的数据文件。

1. 数据文件

　　文件通常是保存在外部介质(如磁盘等)上的，在使用时才被调入内存中。文件是操作
系统管理数据的基本单位，其总体原则是"按名存取"。数据文件就是把必要的内存数据存
放到文件中，并永久保留在外部存储介质上。如果想使用存在外部介质上的某些数据，必
须先按相关文件名找到所指定的文件并打开，然后再从该文件中读取数据。要向外部介质
上存储数据也必须先建立一个指定文件(以文件名标识)，才能向它输出数据并保存。

　　从数据文件编码的方式来看，文件可分为 ASCII 码文件和二进制码文件两类。

　　ASCII 码文件也称为文本(text)文件，这种文件在磁盘中存放时每个字符对应一个字节，
存放对应字符的 ASCII 码，并且在其中夹杂着换行符，这些换行符将文本文件中的字符分
成了若干行。例如，短整型数据 5678 的存储形式为

　　　　　　　ASCII 码：　　00110101　00110110　00110111　00111000
　　　　　　　　　　　　　　　↓　　　　↓　　　　↓　　　　↓
　　　　　　　十进制码：　　　5　　　　6　　　　7　　　　8

共占用 4 个字节。ASCII 文件可在屏幕上按字符显示，文件的内容可以通过编辑程序(如 edit、
记事本等)进行建立和修改，因此能读懂文件内容。但是所占的存储空间较多，ASCII 文件
所占空间大小与数值大小有关。C 语言源程序文件就是 ASCII 码文件。

二进制文件存放的是二进制补码形式的数据，其存储形式和在内存中数据的表示是一致的，所以二进制文件不具有行文结构。例如，短整型数据 5678 的存储形式为：00010110 00101110，只占两个字节。二进制文件虽然也可在屏幕上显示，但其内容无法读懂。

C 语言把文件看作是一个个字符(字节)的序列，即处理文件时，并不区分类型，把数据看作是一连串的字符(字节)，按字节进行处理，不考虑记录的界限。也就是说，C 语言的数据文件不是由记录组成的。在 C 语言中对数据文件的存取是以字符(字节)为单位的，输入、输出字符流的开始和结束只由程序控制而不受物理符号(如回车符)的控制。因此也把这种文件称作"流式文件"。

2. 设备文件

C 语言中还有一种特殊文件，称为设备文件。

把与主机相联的各种外部设备，如显示器、打印机、键盘等也看作是一个文件，把主机向显示器、打印机输出看作是对该设备文件进行写操作，把键盘向主机输入看作是对该设备文件进行读操作。

C 语言中，显示器被定义为标准输出文件；键盘被定义为标准输入文件。在前面常用的 printf()是向标准输出文件(显示器)输出数据，而 scanf()是从标准输入文件(键盘)上输入数据。对标准输出文件和标准输入文件不需要定义，由系统默认自动完成。

8.2.2 文件处理方法

计算机程序设计中有两类文件处理方式：一种为默认缓冲文件系统，如图 8.1 所示。该种文件处理方式是在调用文件时系统首先自动在内存中开辟一个固定容量的缓冲区，用来暂存输入或输出的数据，直到缓冲区存满数据时才将其数据送到外设(如写入磁盘)或写入到内存。另一种方式为非默认缓冲文件系统，该种文件处理方式是在调用文件时由程序为文件设定适当容量的缓冲区，如图 8.2 所示。在 UNIX 系统中，采用默认缓冲文件系统处理文本文件；采用非默认缓冲文件系统处理二进制文件。ANSI C 标准采用默认缓冲文件系统处理文本文件和二进制文件。

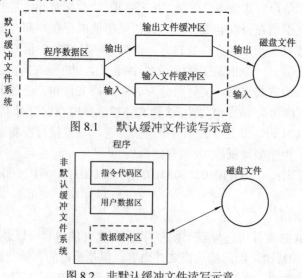

图 8.1　默认缓冲文件读写示意

图 8.2　非默认缓冲文件读写示意

8.3　文 件 指 针

在文件读写过程中，系统需要确定文件信息、当前的读写位置、缓冲区状态等数据，才能顺利地实现文件操作。在 C 语言中用一个指针变量指向一个文件，这个指针称为文件指针。通过文件指针就可对它所指的文件进行各种操作。定义文件指针的一般形式为

FILE *指针变量标识符；

其中，FILE 应为大写，它是由系统定义在头文件 stdio.h 中的一个结构体类型。对于这个类型的各个成员，不必弄清它们的具体含义和用法，因为在对文件操作时不需要直接存取和处理这个类型的各个成员。当需要对一个文件进行操作时，只要先定义一个指向 FILE 类型的指针，用该指针变量指向一个文件，通过文件指针就可以对它所指的文件进行各种操作。例如：

FILE *fp；

表示 fp 是指向 FILE 结构体的指针变量，通过 fp 即可找到存放某个文件信息的结构体变量，然后按结构体变量提供的信息找到该文件，实施对文件的操作。习惯上也笼统地把 fp 称为指向一个文件的指针。

一个文件有一个文件指针，如果程序中同时要处理几个文件，则应该定义几个文件类型指针变量，例如：

FILE *fp1,*fp2,*fp3；

8.4　文件的打开与关闭

打开文件是进行文件的读或写操作之前的必要步骤。所谓打开文件，实际上是建立文件的各种有关信息，并使文件指针指向该文件，以便进行其他操作。数据文件可以借助常用的文本编辑程序建立，就如同建立源程序文件一样，当然，也可以是其他程序写操作生成的文件。关闭文件则断开指针与文件之间的联系，禁止再对该文件进行操作。在 C 语言中，没有输入/输出语句，对文件的操作都是由库函数来完成的。文件的打开与关闭是通过调用 fopen() 和 fclose() 函数来实现的。

1．文件打开函数 fopen( )

fopen 函数用来打开一个文件，其调用的一般形式为

文件指针名=fopen(文件名，文件使用方式)

其中，"文件指针名"必须是被说明为 FILE 类型的指针变量，"文件名"是要被打开的文件名，可以是字符串常数、字符型数组或字符型指针。如果在当前目录下使用一个文件，则可以不加路径；如果在当前目录的子目录下使用某一个文件，则必须加上相对路径；如果使用的文件在另外一个目录下，必须使用绝对路径；"文件使用方式"是指文件的类型和操作要求，它规定了打开文件的目的，共 12 种。表 8-1 给出了它们的符号、意义和使用限制。

表 8-1　文件使用方式

使用方式	意　义	指定文件不存在时	指定文件存在时	文件被打开后，位置指针的指向	从文件中读	向文件中写
"rt"	打开一个文本文件，只允许读数据	出错	正常打开	文件的起始处	允许	不允许
"wt"	打开或建立一个文本文件，只允许写数据	建立新文件	删除文件原有内容	文件的起始处	不允许	允许
"at"	打开或建立一个文本文件，并在文件末尾写数据	建立新文件	正常打开	文件的结尾处	不允许	允许
"rb"	打开或建立一个二进制文件，只允许读数据	出错	正常打开	文件的起始处	允许	不允许
"wb"	打开或建立一个二进制文件，只允许写数据	建立新文件	删除文件原有内容	文件的起始处	不允许	允许
"ab"	打开或建立一个二进制文件，并在文件末尾写数据	建立新文件	正常打开	文件的结尾处	不允许	允许
"rt+"	打开或建立一个文本文件，允许读和写	出错	正常打开	文件的起始处	允许	允许
"wt+"	打开或建立一个文本文件，允许读和写	建立新文件	删除文件原有内容	文件的起始处	允许	允许
"at+"	打开一个文本文件，允许从文件头读取，或在文件末追加数据	建立新文件	正常打开	文件的起始处(读操作)　文件的结尾处(写操作)	允许	允许
"rb+"	打开一个二进制文件，允许读和写	出错	正常打开	文件的起始处	允许	允许
"wb+"	打开或建立一个二进制文件，允许读和写	建立新文件	删除文件原有内容	文件的起始处	允许	允许
"ab+"	打开或建立一个二进制文件，允许从文件头读取，或在文件末追加数据	建立新文件	正常打开	文件的起始处(读操作)　文件的结尾处(写操作)	允许	允许

说明：

(1) 打开的文件分文本文件与二进制文件。文本文件用"t"表示(可省略)；二进制文件用"b"表示。

(2) 文件存储成为二进制文件还是文本文件取决于 fopen()的方式。如果用"wt"，则存储为文本文件，这样用记事本打开就可以正常显示了；如果用"wb"，则存储为二进制文件，这样用记事本打开有可能会出现小方框，若要正常显示，可以用写字板打开。

(3) 用不正确的文件模式来打开文件将导致破坏性的错误。例如，当应该用更新模式

"r+"的时候而用写入模式"w"打开文件将删除文件内容而没有任何警告。例如:

    FILE *fp;

    fp= fopen (" file1.txt ","r")

它表示在当前目录(程序所在工程的目录)下打开文本文件 file1.txt,只允许进行"读"操作,fopen()函数的返回值是指向文件"file1.txt"的指针,将其赋给 fp,这样 fp 就指向了文件"file1.txt"。又如:

    FILE *fpex1;

    fpex1= fopen ("e:\\ex1","rb")

它表示是打开 E 驱动器磁盘的根目录下的文件 ex1,这是一个二进制文件,只允许按二进制方式进行读操作。两个反斜线"\\"为转义字符,表示字符"\"。

    在打开一个文件时,如果出错,fopen()将返回一个空指针值 NULL。在程序中可以用这一信息来判别是否完成打开文件的工作,并作相应的处理。因此常用以下程序段打开文件:

    if(fp=fopen("c:\\ex1","rb")= =NULL)

    {   printf("\n error on open c:\\ex1 file!");

       getch();

       exit(1);

    }

其中,exit()函数在 stdlib.h 中声明,将强制程序结束。在检测到输入错误或者程序无法打开要处理的文件时使用。exit(0) 为正常退出,exit(1)为非正常退出(只要其中的参数不为零)。

    用 exit()函数可以退出程序并将控制权返回给操作系统,而用 return 语句可以从一个函数中返回并将控制权返回给调用该函数的函数。在主程序 main 中,语句 return(表达式)等价于 exit(表达式)。如果在 main()函数中加入 return 语句,那么在执行这条语句后将退出main()函数并将控制权返回给操作系统,这样的一条 return 语句和 exit()函数的作用是相同的。

2. 文件关闭函数 fclose()

    使用完文件后应及时关闭,否则可能会丢失数据(因为写文件时,只有当缓冲区满时才将数据真正写入文件,若当缓冲区未满时结束程序运行,缓冲区中的数据将会丢失),以保证本次文件操作的有效。"关闭"就是使文件指针变量不再指向该文件,此后不能再通过该指针对原来关联的文件进行操作。如果文件关闭成功,fclose()函数返回 0,否则返回 EOF(-1)。这可以用 ferror()函数来测试。fclose()函数调用的一般形式为

    fclose(文件指针);

例如:

    fclose(fp);

8.5 文 件 的 读 写

    对文件的读和写是最常用的文件操作。文件在被打开之后,就可以对它进行读写操作了。读操作是指从文件中向内存输入数据的过程,写操作过程恰好相反。C 语言中提供了

多种文件读写的函数：

字符读写函数：fgetc()和 fputc()

字符串读写函数：fgets()和 fputs()

数据块读写函数：fread()和 fwrite()

格式化读写函数：fscanf()和 fprinf()

使用以上函数都要求包含头文件 stdio.h。下面分别讲述这些读写函数的功能、格式和在程序中的用法。

1．字符读写函数

字符读函数 fgetc()和字符写函数 fputc()是以字符(字节)为单位的读写函数。每次可从文件读出或向文件写入一个字符。

1) 字符读函数fgetc()

fgetc 函数的功能是从指定文件的位置指针处读取一个字符，调用结束时返回读取的字符值，同时文件的位置指针将指向下一个字节的位置。与它完全等价的还有 getc()函数。函数调用的形式为

字符变量=fgetc(文件指针);

字符变量=getc(文件指针);

其中，fgetc 是函数名，该函数有一个参数，该参数是待读文件的文件指针。fgetc( )函数返回读取字符的 ASCII 码值。例如：

ch=fgetc(fp);

其意义是从打开的文件 fp 中读取一个字符并送入 ch 中。

可使用该函数反复读取一个文件的内容，直到文件结束。当 fp 指向文件的结尾时，fgetc()函数返回一个文件结束标志 EOF。可用如下表达式判断 fp 的位置：

(c=fgetc(fp))!=EOF

其中，EOF 是 End of File 的缩写，系统定义的整型符号常量，值通常是-1，用来表示文件结束，它被包含在 stdio.h 文件中。

在程序中测试符号常量 EOF，而不是测试-1，这可以使程序更具有可移植性。ANSI标准强调，EOF 是负的整型值(但没有必要一定是-1)。因此，在不同的系统中，EOF 可能具有不同的值，即输入 EOF 的按键组合取决于系统，如表 8-2 所示。

表 8-2　不同操作系统下 EOF 的输入方法

系　　统	EOF 的输入方法
UNIX	\<return\>\<ctrl-d\>
Windows	\<ctrl-z\>

由于 EOF 被定义为-1，使用它来判断二进制文件是否结束时不够方便，于是对于二进制文件可使用 feof()函数来判断是否结束(二进制文件与文本文件均适用 feof()函数)。

说明：

(1) 在 fgetc()函数调用中，读取的文件必须是以读或读写方式打开的。

(2) 读取字符的结果也可以不向字符变量赋值，例如："fgetc(fp);"但是读出的字符不能保存。

（3）在文件内部有一个位置指针，用来指向文件的当前读写字节。每读写一次，该指针均向后移动，它不需在程序中定义说明，而是由系统自动设置的。

2）字符写函数 fputc()

fputc()函数的功能是把一个指定的字符写入指定的文件中，与其完全等价的还有 putc( )函数。fputc()函数调用的形式为

　　　　fputc(字符量,文件指针);

　　　　putc(字符量,文件指针);

其中，fputc 为函数名，该函数有两个参数，第一个参数是待写入的字符量，可以是字符常量或变量，后一个参数是被写入文件的文件指针。该函数将字符量输出到文件指针所指向的文件中。如果输出成功，函数的返回值是输出的字符；如果输出失败，则返回文件结束标志 EOF，可用此来判断写入是否成功。例如：

　　　　fputc('a',fp);

其意义是把字符 a 写入 fp 所指向的文件中。

说明：

（1）被写入的文件可以用写、读写、追加方式打开，用写或读写方式打开一个已存在的文件时将清除原有的文件内容，写入字符从文件首开始。如需保留原有文件内容，希望写入的字符从文件末开始续写，则必须以追加方式打开文件。被写入的文件若不存在，则创建该文件。

（2）每写入一个字符，文件内部位置指针向后移动一个字节。

（3）当 fp 为 stdout 时，"fputc('a',fp);"等价于函数 putchar('a')。其中，stdout 是标准输出设备的文件指针。

2．字符串读写函数

1）字符串读函数fgets()

Fgets()函数的功能是从指定的文件中读一个字符串到字符数组中，函数调用的形式为

　　　　fgets(char str[ ],int n,FILE *fp);

其中，fgets 是函数名，该函数有 3 个参数。str 是一个用来存放从输入文件中读取的字符串，可以是字符数组名或字符串指针；n 是一个正整数，为读取字符的个数，表示从文件中读出的字符串不超过 n-1 个字符；参数 fp 是文件指针变量，用它来指向被打开的文件。在读入的最后一个字符后加上串结束标志'\0'。

fgets()函数的功能是，从 fp 文件指针所指向的文件中，一次读取一个字符串，字符个数不得超过 n-1 个，将其存放在指定的 str 中。如果读取够 n-1 个字符，或在 n-1 个之前读取到换行符或文件结束标志 EOF，将在读取到的字符串后自动添加一个'\0'字符，结束读取。该函数执行成功，返回读取的字符串 str 的首地址，否则返回空指针。

2）字符串写函数 fputs()

fputs()函数的功能是，向指定的文件写入一个字符串，字符串结束符'\0'自动舍去，不写入文件中。如果函数执行成功，则返回值为写入的字符个数；出错时，返回值为 EOF。其调用形式为

　　　　fputs(字符串,文件指针)

其中，fputs 是函数名，该函数有 2 个参数。"字符串"可以是字符串常量，也可以是字符数组名或指针变量。"文件指针"是要将字符串写入的文件指针。例如：

   fputs("abcd",fp);

  其意义是把字符串"abcd"写入 fp 所指的文件之中。

  例 8.1 从键盘输入学生的姓氏，用 fputc()函数写入 string 文件中，再把该文件内容用 fgetc()函数读出显示在屏幕上。然后用 fputs()函数向 string 文件中追加学生的名字，再从 string 文件中用 fgets()函数读入完整的姓名字符串。

```c
#include<stdio.h>
#include <stdlib.h>
#include <conio.h>
void main()
{
    FILE *fp;
    char ch, st[10],name[10];
    if((fp=fopen("string","wt+"))==NULL)
    {
        printf("无法打开该文件，请按任意键退出!\n");
        getch();
        exit(1);
    }
    printf("请输入您的姓氏：");
    ch=getchar();
    while (ch!='\n')
    {
        fputc(ch,fp);          /*将字符写入文件 */
        ch=getchar();
    }
    printf("\n");
    rewind(fp);               /*把文件内部的位置指针移到文件首*/
    ch=fgetc(fp);             /*从文件中读出字符*/
    printf("您输入的姓氏是：");
    while(ch!=EOF)
    {
        putchar(ch);
        ch=fgetc(fp);         /*重复从文件中读出字符，直至文件结束*/
    }
    printf("\n\n");
    fclose(fp);
```

```
        if((fp=fopen("string","at+"))==NULL)
        {
            printf("无法打开该文件，请按任意键退出!");
            getch();
            exit(1);
        }
        printf("请输入您的名字: ");
        scanf("%s",st);
        fputs(st,fp);                /*将字符串写入文件  */
        rewind(fp);                  /*把文件内部的位置指针移到文件首*/
        fgets(name,10,fp);           /*从文件中读出字符串*/
        printf("\n 完整姓名为: %s\n",name);
        fclose(fp);
    }
```

程序运行结果为

　　　　请输入您的姓氏: 王

　　　　您输入的姓氏是: 王

　　　　请输入您的名字: 梅梅

　　　　完整姓名为: 王梅梅

从此程序中，可以看出关于文件操作的程序有一个比较固定的格式：

(1) 包含必要的头文件 stdio.h。

(2) 使用 FILE 来定义文件指针，通常为一个或多个。

(3) 使用 fopen()函数来打开文件，并且使用 if 语句判断文件打开是否成功。

(4) 根据需要对文件进行读写操作，这时应选择合适的读写函数。

(5) 如果是随机操作，还应使用读写指针定位函数来定位读写指针。

(6) 读写操作结束后，将打开的文件使用 fclose()关闭函数逐一关闭。

　　由于 fputs()函数并不将字符串结束符'\0'写入文件，文件中的字符串之间不存在任何分隔符，因此，字符串很难被正确读出。为了使文件中的字符串能被正确读出，可在末尾增加一个换行符。

3．数据块读写函数

　　如果文件用二进制形式打开，则可以使用针对整块数据的读写函数来读写数据，如数组元素，结构体变量的值等。

1) 数据块读函数 fread()

　　fread()函数用于从一个指定的文件中一次读取由若干个数据项组成的一个数据块，存放到指定的内存缓冲区中。调用的一般形式为

```
        fread(char *buffer,int size,int count,FILE *fp);
```

其中，fread 是函数名，该函数有 4 个参数。buffer 为从文件中读取的数据在内存中存放的起始地址，size 是用来指出数据块中的数据项大小，count 是用来表示数据块中的数据项个

数，fp 是指向被操作文件的指针。

该函数的功能是，从 fp 所指的文件中，读取长度为 size 个字节的数据项 count 次，存放到 buffer 所指的内存单元中，所读取的数据块总长度为 size*count 个字节。当文件按二进制打开时，fread()函数可以读出任何类型的信息。函数执行成功时，返回值为实际读出的数据项个数，否则若返回值小于实际需要读出数据项的个数 count，则出错。例如：

        fread(fa,4,5,fp);

其意义是，从 fp 所指的文件中，每次读 4 个字节(一个实数)送入实型数组 fa 中，连续读 5 次，即读 5 个实数到数组 fa 中。

2) 数据块写函数 fwrite()

写数据块函数是将指定的内存缓冲区中的数据块内的数据项写入指定的文件中。调用的一般形式为：

        fwrite(char *buffer,int size,int count,FILE *fp);

其中，fwrite 是函数名，该函数有 4 个参数，与 fread()函数的参数相同，不再一一描述。

该函数的功能是，从 buffer 所指向的内存区域取出 count 个数据项写入 fp 指向的文件中，每个数据项的长度为 size，也就是写入的数据块大小为 size*count 个字节。如果函数执行成功，则返回值为实际写入文件中的数据项个数，否则若返回值小于实际需要写入数据项的个数 count，则出错。当文件按二进制打开时，fwrite()函数可以写入任何类型的信息。

4．格式化文件读写函数

fscanf()函数、fprintf()函数与前面使用的 scanf()和 printf()函数的功能相似，都是格式化读写函数。两者的区别在于 fscanf( )函数和 fprintf()函数的读写对象不是键盘和显示器，而是磁盘文件。当格式化读函数中 fp 参数为 stdin 时，便与标准格式输入函数 scanf()相同。当格式化写函数中 fp 参数为 stdout 时，它具有同标准格式输出函数 printf()相同的功能。

格式化读函数的调用格式为

        fscanf(文件指针，格式字符串，输入表列)；

其中，fscanf 是函数名，该函数有 3 个参数。"文件指针"是指写入文件的文件指针，其余的 2 个参数与 scanf()函数相同。该函数的功能是从所指向的文件中读取数据，按格式字符串所规定的格式存入输入表列所指向的内存中。函数执行成功，返回值为实际读取的项目的个数，否则为 EOF 或 0。

使用时需要注意的是，fscanf()函数从文件中读取数据时，以制表符、空格字符、回车符作为数据项的结束标志。因此，在用 fprintf()函数写入文件时，也要注意在数据项之间留有制表符、空格字符和回车符。

格式化写函数的调用格式为

        fprintf(文件指针，格式字符串，输出表列)；

其中，fprintf 是函数名，该函数有 3 个参数。除了第一个参数是被写入文件的文件指针外，其余参数与 printf()函数相同。该函数的功能是按格式字符串中规定的格式，将输出表列中所列输出项的值写入指向的文件中。如该函数执行成功，返回值为实际写入的字符个数，否则为负数。例如：

        fscanf(fp,"%d%s",&i,s);
        fprintf(fp,"%d%c",j,ch);

例 8.2　编程将学生的 3 门课程成绩写入文件 file.dat 中，然后从文件 file.dat 中读出这些实数，并显示在屏幕上。分别用 fread()函数和 fwrite()函数以及 fscanf()和 fprintf()函数完成。

```c
#include <stdio.h>
#include <stdlib.h>
void main()
{
    FILE *fp;
    int i;
    float sc[]={89.0,73.5,92.0},score[3];
    if ((fp=fopen("file.dat","wb+"))==NULL)
    {
        printf("无法打开该文件！\n");
        exit(1);
    }
    printf("使用 fwrite 函数将成绩写入文件中！\n");
    if (fwrite(sc,sizeof(float),3,fp)!=3)
    {
        printf ("\n");
        exit(1);
    }
    rewind(fp);            /*把文件内部的位置指针移到文件首*/
    printf("使用 fread 函数将成绩从文件中读出，内容为：");
    if( fread(score,sizeof(float),3,fp)!=3)
    {
        if(!feof(fp))
            printf ("文件过早结束！\n");
        else
        {
            printf("文件读出错！\n");
            exit(1);
        }
    }
    for (i=0;i<3;i++)
        printf ("%.2f    ",score[i]);
    printf ("\n\n");
    fclose (fp);

    if ((fp=fopen("file.dat","wb+"))==NULL)
    {
        printf("无法打开该文件\n");
```

```
            exit(1);
        }
        printf("使用 fprintf 函数将成绩写入文件中！\n");
        for(i=0;i<3;i++)
        {
            fprintf(fp, "%.2f", sc[i]);
            fprintf(fp, "%c", ' ');
        }
        rewind(fp);                /*把文件内部的位置指针移到文件首*/
        for(i=0;i<3;i++)
            fscanf(fp,"%.2f ", &score[i]);
        printf("使用 fscanf 函数将成绩从文件中读出，内容为：");
        for (i=0;i<3;i++)
            printf ("%.2f   ",score[i]);
        printf ("\n");
        fclose (fp);
    }
```

程序运行结果为

　　　　使用 fwrite 函数将成绩写入文件中！

　　　　使用 fread 函数将成绩从文件中读出，内容为：89.00　73.50　92.00

　　　　使用 fprintf 函数将成绩写入文件中！

　　　　使用 fscanf 函数将成绩从文件中读出，内容为：89.00　73.50　92.00

　　程序中的 fscanf()和 fprintf()函数每次只能读写一个结构数组元素，因此采用了循环语句来读写全部数组元素。

5．使用技巧

为方便起见，建议按下列原则选用函数：

(1) 读/写 1 个字符(或字节)数据时，选用 fgetc()、fputc()。

(2) 读/写 1 个字符串时，选用 fgets()、fputs()。

(3) 读/写 1 个(或多个)不含格式的数据时，选用 fread()、fwrite()。

(4) 读/写 1 个(或多个)含格式的数据时，选用 fscanf()、fprintf()。

6．关于文件读写的讨论

(1) 在文件缓冲区中的数据形式，与文件读写模式无关。文件的写入方式、读出方式是文本模式还是二进制模式，程序结果都如表 8-3 所示，即读写的文件模式不影响程序的结果。

表 8-3　读写方式与程序结果

写入方式	读出方式	程序结果是否正确
fprintf	fscanf	是
fputc	fgetc	是
fwrite	fread	是
fprintf	fread	否

(2) 按文本方式或二进制方式中的某一种方式存储的文件，使用时必须以原来的方式从外存中读入，才能保证数据的正确性。把希望的内容写入文件后，查看文件时出现乱码，这往往是由于文件操作函数要求的文件模式与写入文件时打开文件的模式不一致造成的。

程序生成的.txt 文件的数据是否能够正常查看，与文件读写模式有关，具体如表 8-4 所示。

表 8-4　文件写入模式与显示内容的关系

文件写入模式	.txt 文件显示内容
fprintf(wb)	乱码
fprintf(w)	正常
fwrite(wb)	乱码
fwrite(w)	正常

(3) 启动一个 C 语言程序时，操作系统环境负责打开三个文件，并将这三个文件的指针提供给该程序。这三个文件指针分别为：标准输入 stdin(默认为键盘输入)、标准输出 stdout(默认为显示器输出)、标准错误 stderr(默认为显示器输出)。它们在 stdio.h 中声明。

之所以使用 stderr，是由于某种原因造成其中一个文件无法访问，相应的诊断信息要在该链接输出的末尾才能打印出来，当输出到屏幕时，这种处理方法尚可接受，但如果输出到一个文件或另一个程序，就无法接受了。若有 stderr 存在，即使对标准输出进行了重定向，写到 stderr 中的输出通常也会显示在屏幕上。

(4) 使用 freopen()函数，可以实现重定向，把预定义的标准流文件定向到指定的文件中。其调用形式为

　　　　freopen(文件名，文件使用方式，标准流文件)

其中，"文件名"是要打开的文件名，可以是字符串常数、字符型数组或字符型指针。"文件使用方式"是指文件的类型和操作要求，和 fopen()函数中的模式相同。该函数调用成功，则返回一个文件名所指定文件的指针；失败，则返回 NULL。

例 8.3　使用 freopen()函数，从文件 in.txt 输入数据，输出结果写在 out.txt 文件中。

```c
#include<stdio.h>
void main()
{
    int a,b;
    //输入重定向，输入数据从当前项目的 debug 目录里的 in.txt 文件中读取
    freopen("debug\\in.txt","r",stdin);
    //输出重定向，输出数据保存在当前项目的 debug 目录里的 out.txt 文件中
    freopen("debug\\out.txt","w",stdout);
    while (scanf("%d %d",&a,&b)!=EOF)
        printf("a+b=%d\n",a+b);
    fclose(stdin);
    fclose(stdout);
}
```

说明：

输入数据从当前项目的 debug 目录里的 in.txt 文件中读取。在程序运行前，在 in.txt 文件中保存两个整型数据，比如"5 6"。输出数据将保存在当前项目的 debug 目录里的 out.txt 文件中。程序运行后，在 debug 目录里会发现多了一个 out.txt 文件，打开它，可以看到内容为："a+b=11"。

8.6　文 件 的 定 位

前面介绍的对文件的读写方式都是顺序读写，即读写文件只能从头开始，每次读写一个字符，读写完一个字符后，指针自动移动，指向下一个字符位置。但在实际问题中常常要求只读写文件中某一指定的部分。解决这个问题的办法是移动文件内部的位置指针到需要读写的位置，再进行读写，这种读写方式称为随机读写。实现随机读写的关键是按要求移动位置指针，称为文件的定位。移动文件内部位置指针的函数主要有三个，即读写指针归位函数 rewind()、读写指针位置函数 ftell() 和读写指针定位函数 fseek()。

1. rewind()函数

rewind 函数在前面两个例题中已经使用过，其调用形式为

rewind(文件指针);

它的功能是把文件内部的位置指针移到文件首，该函数没有返回值。

2. ftell()函数

用 ftell 函数来返回文件指针的当前位置。其调用形式为

ftell(文件指针);

由于在文件的随机读写过程中，位置指针不断移动，往往不容易搞清当前位置，这时就可以使用 ftell()函数得到文件指针的当前位置。ftell()函数的返回值为一个长整型数，表示相对文件头的字节数，出错时返回-1L。例如：

long i;

if ((i=ftell(fp))==-1L)

printf ("A file error has occurred at %ld.\n",i);

该程序段的功能是通知用户在文件什么位置出现了文件错误。

3. fseek()函数

fseek()函数用来移动文件内部位置指针，其调用形式为

fseek(文件指针，位移量，起始点);

其中，"文件指针"指向被移动的文件。"位移量"表示移动的字节数，要求是长整型数据，以便在文件长度大于 64 KB 时不会出错。当用常量表示位移量时，要求加后缀"L"，正值表示从当前位置向文件结尾方向移动，负值表示从当前位置向文件头方向移动。"起始点"表示从何处开始计算位移量，取值有三种：文件首、当前位置和文件尾。其表示方法如表8-5 所示。起始点按表中规定的方式取值，既可以取标准 C 规定的常量名，也可以取对应的数字。

表 8-5 指针初始位置表示法

起始点	表示符号	数字表示
文件首	SEEK_SET	0
当前位置	SEEK_CUR	1
文件末尾	SEEK_END	2

如果文件定位成功，则 fseek 返回 0，否则返回一个非 0 值。例如：

    fseek(fp,100L,0);

其意义是把位置指针移到离文件首 100 个字节处。

rewind()函数的功能与"fseek(fp, 0L,0);"语句功能相同。

使用该函数与 ftell()函数可以确定某个文件的长度，其方法如下：

    fseek(fp,0L,2);

    printf ("%ld\n",ftell(fp));

还要说明的是，fseek( )函数一般用于二进制文件。而在文本文件中由于要进行转换，往往计算的位置会出现错误。

例 8.4 向 student1.txt 文件中写入 3 位学生的信息，再从文件中读出显示到屏幕。然后再从文件中读出第二位学生的数据。

```
#include<stdio.h>              /*I/O 函数*/
#include<stdlib.h>             /*其他说明*/
#define LEN 15                 /*学号和姓名最大字符数，实际请更改*/
struct record                  /*结构体*/
{
        char code[LEN+1];      /*学号*/
        char name[LEN+1];      /*姓名*/
        int age;               /*年龄*/
        char sex;              /*性别*/
        float score[3];        /*3 门课程成绩*/
}stu;
int main()
{
        char *p="student1.txt";
        FILE *fp;
        int i;
        if ((fp=fopen("student1.txt","wb"))==NULL) /*以二进制只写方式打开文件*/
        {
                printf("打开文件%s 出错! ",p);
                exit(0);
        }
        printf("请输入数据:\n");
```

```
        for(i=0;i<3;i++)
        {
            scanf("%s %s %d %c %f %f %f",stu.code,stu.name,&stu.age,
                &stu.sex,&stu.score[0],&stu.score[1],&stu.score[2]);   /*输入一行记录*/
            fwrite(&stu,sizeof(stu),1,fp);        /*成块写入文件，一次写结构体的一行*/
        }
        fclose(fp);

        /*重新以二进制只读方式打开文件*/
        if ((fp=fopen("student1.txt","rb"))==NULL)
        {
            printf("打开文件%s 出错! ",p);
            exit(0);
        }
        printf("输出数据:\n");
        for(i=0;i<3;i++)

        {fread(&stu,sizeof(struct record),1,fp);                /*从文件中成块读*/
        printf("%s %s %d %c %f %f %f\n",stu.code,stu.name,stu.age,
            stu.sex,stu.score[0],stu.score[1],stu.score[2]); /*显示到屏幕*/
        }

        /*输出第二位学生的数据*/
        printf("第二位学生的数据为:\n");
        rewind(fp);          /*把文件内部的位置指针重新定位于文件开头*/
        fseek(fp,1*sizeof(struct record),0);   /*从文件头开始，向后移动 1 个结构体大小的字节数*/
        fread(&stu,sizeof(struct record),1,fp);   /*从 fp 文件中读出结构体的当前行，存入 stu 的
                                            地址中*/
        printf("%s %s %d %c %f %f %f\n",stu.code,stu.name,stu.age,
            stu.sex,stu.score[0],stu.score[1],stu.score[2]); /*显示到屏幕*/
        fclose(fp);
    }
```

程序运行结果为
```
请输入数据:
1308020101  张乐  21 g 78.0 89.0 67.0
1308020102  刘静  18 g 89.0 53.0 90.0
1308020103  张强  19 b 76.0 69.0 84.0
输出数据:
1308020101  张乐  21 g 78.000000 89.000000 67.000000
```

1308020102 刘静　18 g 89.000000 53.000000 90.000000

1308020103 张强　19 b 76.000000 69.000000 84.000000

第二位学生的数据为

1308020102 刘静　18 g 89.000000 53.000000 90.000000

8.7　文件检测函数

C 语言中提供了一些用来检测文件输入输出函数调用中出错的函数，包括：

1．ferror()函数

该函数的功能是检测被操作文件最近一次的操作(包括读写、定位等)是否发生错误。它的一般调用形式为

ferror (文件指针);

如果返回一个非 0 值，表示出错。如果返回值为 0，表示未出错。应该注意的是，对同一个文件，每一次调用输入输出函数，均产生一个新的 ferror()函数值，因此，应在调用一个输入输出函数结束后立刻检查 ferror( )函数的值，否则信息会丢失。在执行 fopen( )函数时，ferror 函数的初值自动置为 0。

2．clearerr()函数

clearerr()函数用于将文件的错误标志和文件结束标志置 0。其调用格式如下：

clearerr(文件指针);

当调用输入输出函数出错时，ferror()函数值为一个非 0 值。并一直保持此值，直到使用 clearerr()函数或 rewind()函数时才重新置 0。用该函数可及时清除文件错误标志和文件结束标志，使它们为 0 值。

3．feof()函数

在文本文件中，C 编译系统定义 EOF 为文件结束标志，EOF 的值为 –1。由于 ASCII 码不可能取负值，所以它在文本文件中不会产生冲突。但在二进制文件中，–1 有可能是一个有效数据。为此，C 编译系统定义了 feof()函数用做判定二进制文件的结束标志。调用格式如下：

feof(文件指针);

如果文件指针已到文件末尾，函数返回值为非 0，否则为 0。例如：

while (!feof(fp))　getc(fp);

该语句可将文件一直读到结束为止。

8.8　使用文件重构学生信息管理系统

文件实现了程序与数据的独立性，同时使多个程序文件共享数据文件，这正是现代程序设计所倡导的思想。编写与文件有关的程序，首先要考虑将对文件以什么方式操作，文件能否被打开，文件在什么位置，文件的类型是什么。同时建议：为了程序的可读性，一

般将文件的读取、存盘、操作分别自定义成函数；文件一旦操作完毕，最好立即关闭。

将文件概念引入学生信息管理系统，完善学生信息数据的处理，包括信息的读取、保存功能。将第 6 章中的 input()函数替换为 readfile()函数，则不需要每次运行程序都花费大量时间由键盘输入全部学生信息，而是能够实现从指定文件中读入已保存的学生信息(事先须在程序文件所在工程的目录下建立该文件，否则运行时会出错)。在插入、删除某条学生信息或对学生信息进行过任何修改后，应该及时调用 save()函数将学生信息保存到文件 student.txt 中。readfile()函数体及 save()函数体内容如下：

```c
/* 从文件中读入数据，建立信息*/
void readfile()
{
        char filename[LEN+1];                /*文件名*/
        FILE *fp;                            /*文件指针*/
        int i=0;
        printf("请输入已存有学生信息的文件名：\n");
        scanf("%s",filename);                /*输入文件名*/
        if ((fp=fopen(filename,"r"))==NULL)    /*以只读方式打开指定文件*/
        {
                printf("打开文件%s 出错! ",filename);
                printf("您需要先选择菜单 4 增加学生信息，并注意及时保存！\n");
                system("pause");
                return;
        }
        while(fscanf(fp,"%s %s %d %c %f %f %f",stu[i].code,stu[i].name,&stu[i].age,
                &stu[i].sex,&stu[i].score[0],&stu[i].score[1],&stu[i].score[2])==7)/*循环读入学生信息*/
        {
                i++;
        }
        n=i;
        if(0==i)
                printf("文件为空，请选择菜单 4 增加学生信息，并注意及时保存！\n");
        else
                printf("读入完毕！\n");
        fclose(fp);
        system("pause");
}
/*保存数据*/
void save()
{
        int i;
```

```
        FILE *fp;                        /*文件指针*/
        char filename[LEN+1];            /*文件名*/
        printf("请输入欲将学生信息写入的文件名：\n");
        scanf("%s",filename);            /*输入文件名*/
        fp=fopen(filename,"w");          /*以写入方式打开文件*/
        for(i=0;i<n;i++)
        {
            fprintf(fp,"%s %s %d %c %.1f %.1f %.1f\n",stu[i].code,stu[i].name,stu[i].age,
                    stu[i].sex,stu[i].score[0],stu[i].score[1],stu[i].score[2]);
        }
        printf("保存成功！\n");
        fclose(fp);
        system("pause");
    }
```

修改后的学生信息管理系统完整源程序代码如下：

```
/***********************************************

作者:C 语言程序设计编写组
版本:v1.0
创建时间:2015.8
主要功能:
使用文件重构学生信息管理系统
1.实现基于文件学生基本信息的输入及输出。
2.实现学生信息的增、删、改、查功能
附加说明：

***********************************************/


#include<stdio.h>           /*I/O 函数*/
#include<stdlib.h>          /*其他说明*/
#include<string.h>          /*字符串函数*/
#define LEN 15              /*学号和姓名最大字符数，实际请更改*/
#define N 100               /*最大学生人数，实际请更改*/
struct record              /*学生信息结构体*/
{
    char code[LEN+1];       /*学号*/
    char name[LEN+1];       /*姓名*/
    int age;                /*年龄*/
    char sex;               /*性别*/
    float score[3];         /*3 门课程成绩*/
}stu[N];                    /*定义结构体数组*/
```

```c
    int k=1,n,m;            /*定义全局变量，n 为学生的总人数，m 为新增加的学生人数*/
/*  函数声明*/
    void readfile();        /*读入数据*/
    void seek();            /*查找*/
    void modify();          /*修改数据*/
    void insert();          /*插入数据*/
    void del();             /*删除数据*/
    void display();         /*显示信息*/
    void save();            /*保存信息*/
    void menu();            /*用户界面*/
    void help();            /*帮助*/
    int main()
    {
        while(k)
        {
            menu();
        }
        return 0;
    }
/*帮助*/
    void help()
    {
        printf("\n0.欢迎使用系统帮助！\n");
        printf("\n1.进入系统后，先从文件中读入学生信息，再使用其他功能; \n 如果文件不存在
                或文件中无内容，请选择增加学生信息;\n");
        printf("\n2.按照菜单提示键入数字代号;\n");
        printf("\n3.增加学生信息后，切记保存;\n");
        printf("\n4.谢谢您的使用！\n");
        system("pause");        /*发出一个 DOS 命令，屏幕上输出"请按任意键继续..."*/
    }
/* 从文件中读入数据，建立信息*/
    void readfile()
    {
        char filename[LEN+1];                   /*文件名*/
        FILE *fp;                               /*文件指针*/
        int i=0;
        printf("请输入已存有学生信息的文件名：\n");
        scanf("%s",filename);
        if ((fp=fopen(filename,"r"))==NULL)      /*以只读方式打开指定文件*/
        {
```

```
        printf("打开文件%s 出错! ",filename);
        printf("您需要先选择菜单 4 增加学生信息，并注意及时保存！\n");
        system("pause");
        return;
    }
    while(fscanf(fp,"%s %s %d %c %f %f %f",stu[i].code,stu[i].name,&stu[i].age,
        &stu[i].sex,&stu[i].score[0],&stu[i].score[1],&stu[i].score[2])==7)/*循环读入学生信息*/
    {
        i++;
    }
    n=i;
    if(0==i)
        printf("文件为空，请选择菜单 4 增加学生信息，并注意及时保存！\n");
    else
        printf("读入完毕！\n");
    fclose(fp);
    system("pause");
}
/*查找*/
void seek()
{
    int i,item,flag;    /*item 代表选择查询的子菜单编号，flag 代表是否查找成功*/
    char s1[21]; /*  以姓名和学号最长长度+1 为准*/
    printf("------------------\n");
    printf("-----1.按学号查询-----\n");
    printf("-----2.按姓名查询-----\n");
    printf("-----3.退出本菜单-----\n");
    printf("------------------\n");
    while(1)
    {
        printf("请选择子菜单编号:");
        scanf("%d",&item);
        flag=0;
        switch(item)
        {
        case 1:
            printf("请输入要查询的学生的学号:\n");
            scanf("%s",s1);
            for(i=0;i<n;i++)
                if(strcmp(stu[i].code,s1)==0)
```

```
                {
                    flag=1;
                    printf("学生学号　学生姓名　年龄　性别 C 语言成绩　高等数学成绩
                        英语成绩\n");
                    printf("-----------------------------------------------------------------\n");
                    printf("%6s %8s %7d %4c %9.1f %9.1f %9.1f\n",stu[i].code,stu[i].name,
                        stu[i].age,stu[i].sex,stu[i].score[0],stu[i].score[1],stu[i].score[2]);
                    break;
                }
            if(0==flag)
                printf("该学号不存在！\n"); break;
        case 2:
            printf("请输入要查询的学生的姓名:\n");
            scanf("%s",s1);
            for(i=0;i<n;i++)
                if(strcmp(stu[i].name,s1)==0)
                {
                    flag=1;
                    printf("学生学号　学生姓名　年龄　　性别　C 语言成绩 高等数学成绩
                        大学英语成绩\n");
                    printf("-----------------------------------------------------------------\n");
                    printf("%6s %7s %6d %6c %9.1f %10.1f %10.1f\n",stu[i].code,stu[i].name,
                        stu[i].age, stu[i].sex,stu[i].score[0],stu[i].score[1],stu[i].score[2]);
                }
                if(0==flag)
                        printf("该姓名不存在！\n"); break;
        case 3:return;
        default:printf("请在 1～3 之间选择\n");
        }
    }
}
/*修改信息*/
void modify()
{
    int i,item,num=-1;/*item 代表选择修改的子菜单编号，num 保存要修改信息的学生的序号*/
    char sex1,s1[LEN+1],s2[LEN+1];    /*以姓名和学号最长长度+1 为准*/
    float score1;
    printf("请输入需要修改的学生的学号:\n");
    scanf("%s",s1);
    for(i=0;i<n;i++)
```

```
       if(strcmp(stu[i].code,s1)==0)        /*比较字符串是否相等*/
              num=i;                         /*保存要修改信息的学生的序号*/
       if(num!=-1)
       {
              printf("-----------------\n");
              printf("1.修改姓名\n");
              printf("2.修改年龄\n");
              printf("3.修改性别\n");
              printf("4.修改 C 语言成绩\n");
              printf("5.修改高等数学成绩\n");
              printf("6.修改大学英语成绩\n");
              printf("7.退出本菜单\n");
              printf("-----------------\n");
              while(1)
              {
                     printf("请选择子菜单编号:");
                     scanf("%d",&item);
                     switch(item)
                     {
                     case 1:
                            printf("请输入新的姓名:\n");
                            scanf("%s",s2);
                            strcpy(stu[num].name,s2); break;
                     case 2:
                            printf("请输入新的年龄:\n");
                            scanf("%d",&stu[num].age);break;
                     case 3:
                            printf("请输入新的性别:\n");
                            scanf(" %c",&sex1);
                            stu[num].sex=sex1; break;
                     case 4:
                            printf("请输入新的 C 语言成绩:\n");
                            scanf("%f",&score1);
                            stu[num].score[0]=score1; break;
                     case 5:
                            printf("请输入新的高等数学成绩:\n");
                            scanf("%f",&score1);
                            stu[num].score[1]=score1; break;
                     case 6:
                            printf("请输入新的英语成绩:\n");
```

```
                    scanf("%f",&score1);
                    stu[num].score[2]=score1; break;
          case 7:      return;
          default:printf("请在 1～7 之间选择\n");
              }
          }
          printf("修改完毕！显示结果请选择菜单 6，并请及时保存！\n");
      }
      else
      {
          printf("该学号不存在！\n");
          system("pause");
      }
}
/*按学号排序*/
void sort()
{
    int i,j,k,*p,*q,s;
    char temp[LEN+1],ctemp;
    float ftemp;
    for(i=0;i<n-1;i++)                    /*比较法排序*/
    {
        for(j=n-1;j>i;j--)
            if(strcmp(stu[j-1].code,stu[j].code)>0)
            {
                strcpy(temp,stu[j-1].code);
                strcpy(stu[j-1].code,stu[j].code);
                strcpy(stu[j].code,temp);
                strcpy(temp,stu[j-1].name);
                strcpy(stu[j-1].name,stu[j].name);
                strcpy(stu[j].name,temp);
                ctemp=stu[j-1].sex;
                stu[j-1].sex=stu[j].sex;
                stu[j].sex=ctemp;
                p=&stu[j-1].age;
                q=&stu[j].age;
                s=*q;
                *q=*p;
                *p=s;
                for(k=0;k<3;k++)
```

```
                    {
                        ftemp=stu[j-1].score[k];
                        stu[j-1].score[k]=stu[j].score[k];
                        stu[j].score[k]=ftemp;
                    }
            }
        }
    }
}
/*插入函数*/
void insert()
{
    int i=n,j,flag;              /*n 为现有学生人数*/
    printf("请输入待增加的学生数:\n");
    scanf("%d",&m);
    if(m>0)
    {
        do
        {
            flag=1;
            while(flag)
            {
                flag=0;
                printf("请输入第%d 位学生的学号:\n",i+1);
                scanf("%s",stu[i].code);
                for(j=0;j<i;j++) /*与之前已有学号比较，如果重复，则置 flag 为 1，重新
                                进入循环体内输入*/
                    if(strcmp(stu[i].code,stu[j].code)==0)
                    {
                        printf("已有该学号，请检查后重新录入!\n");
                        flag=1;
                        break; /*如有重复则立即退出该层循环，提高判断速度*/
                    }
            }
            printf("请输入第%d 位学生的姓名:\n",i+1);
            scanf("%s",stu[i].name);
            printf("请输入第%d 位学生的年龄:\n",i+1);
            scanf("%d",&stu[i].age);
            printf("请输入第%d 位学生的性别:\n",i+1);
            scanf(" %c",&stu[i].sex);
            printf("请输入第%d 位学生的 C 语言成绩\n",i+1);
```

```
                scanf("%f",&stu[i].score[0]);
                printf("请输入第%d 位学生的高等数学成绩:\n",i+1);
                scanf("%f",&stu[i].score[1]);
                printf("请输入第%d 位学生的大学英语成绩:\n",i+1);
                scanf("%f",&stu[i].score[2]);
                if(0==flag)        /*与之前已有学生学号无重复,学生人数加 1*/
                {
                        i++;
                }
        }while(i<n+m);
    }
    n+=m;
    printf("信息增加完毕!显示结果请选择菜单 6,并请及时保存\n\n");
    sort();
    system("pause");
}
/*删除数据*/
void del()
{
    int i,j,flag=0;        /*flag 为查找成功标记,0 表示查找失败,1 表示查找成功*/
    char s1[LEN+1];
    printf("请输入要删除学生的学号:\n");
    scanf("%s",s1);
    for(i=0;i<n;i++)
        if(strcmp(stu[i].code,s1)==0)    /*找到要删除的学生记录*/
        {
                flag=1;                /*查找成功*/
                for(j=i;j<n-1;j++)            /*之前的学生记录向前移动*/
                        stu[j]=stu[j+1];
        }
    if(0==flag)                    /*查找失败*/
        printf("该学号不存在!\n");
    if(1==flag)
    {
        printf("删除成功!显示结果请选择菜单 6,并请及时保存\n");
        n--;            /*删除成功后,学生人数减 1*/
    }
    system("pause");
}
/*显示全部数据*/
```

```
void display()
{
      int i;
      printf("共有%d 位学生的信息:\n",n);
      if(0!=n)
      {
            printf("学生学号 学生姓名 年龄 性别 C 语言成绩   高等数学成绩   英语成绩\n");
            printf("------------------------------------------------------------------\n");
            for(i=0;i<n;i++)
            {
                  printf("%6s %8s %7d %4c %9.1f %9.1f %9.1f\n",stu[i].code,stu[i].name,stu[i].age,
                        stu[i].sex,stu[i].score[0],stu[i].score[1],stu[i].score[2]);
            }
      }
      system("pause");
}
/*保存数据*/
void save()
{
      int i;
      FILE *fp;                         /*文件指针*/
      char filename[LEN+1];             /*文件名*/
      printf("请输入欲将学生信息写入的文件名：\n");
      scanf("%s",filename);
      fp=fopen(filename,"w");           /*以写入方式打开文件*/
      for(i=0;i<n;i++)
      {
            fprintf(fp,"%s %s %d %c %.1f %.1f %.1f\n",stu[i].code,stu[i].name,stu[i].age,
                  stu[i].sex,stu[i].score[0],stu[i].score[1],stu[i].score[2]);
      }
      printf("保存成功！\n");
      fclose(fp);
      system("pause");
}
void menu()/* 用户界面*/
{
      int num;
      printf(" \n\n                        \n\n");
      printf(" ************************************************ \n\n");
      printf(" *                    学生信息管理系统                    *\n\n");
```

```
printf("    ********************************************* \n\n");
printf("    ********************系统功能菜单******************** \n");
printf("    -------------------------   ------------------------   \n");
printf("    ********************************************** \n");
printf("    * 0. 系统帮助及说明   * *   1. 读入学生信息   *   \n");
printf("    ********************************************** \n");
printf("    * 2. 查询学生信息   * *   3. 修改学生信息   *   \n");
printf("    ********************************************** \n");
printf("    * 4. 增加学生信息   * *   5. 按学号删除信息 *   \n");
printf("    ********************************************** \n");
printf("    * 6. 显示当前信息   * *   7. 保存当前学生信息*   \n");
printf("    **********************   ********************** \n");
printf("    * 8. 退出系统        *                          \n");
printf("    *********************                           \n");
printf("    --------------------------   --------------------------   \n");
printf("请选择菜单编号:");
scanf("%d",&num);
switch(num)
{
case 0:help();break;
case 1:readfile();break;
case 2:seek();break;
case 3:modify();break;
case 4:insert();break;
case 5:del();break;
case 6:display();break;
case 7:save();break;
case 8:k=0;printf("即将退出程序！\n");break;
default:printf("请在 0～8 之间选择\n");
}
}
```

读者可以根据该案例，继续完善学生信息管理系统。例如：计算每位学生的总成绩及平均成绩；统计每门课程的平均分；统计每门课程高于平均成绩的人数；统计各年龄段人数；统计男女生比例等等。

本 章 小 结

凡是需要长期保存的数据，都必须以文件形式保存到外部存储介质上。为标识一个文件，每个文件都必须有一个文件名。在 C 语言中，根据文件的存储形式，将文件分为 ASCII

码文件(文本文件)和二进制文件。C 语言中的文件是由一个一个的字符(或字节)组成的。对这种流式文件的存取操作，是以字符或字节为单位进行的。通过系统定义的文件结构体类型 FILE(必须大写)，可定义指向已打开文件的文件指针变量。通过这个文件指针变量，可实现对文件的读写操作和其他操作。

对文件进行操作之前，必须先打开该文件；使用结束后，应立即关闭，以免数据丢失。在程序开始运行时，系统自动打开三个标准文件，并分别定义了文件指针：标准输入文件——stdin，标准输出文件——stdout，标准错误文件——stderr。

C 语言提供了若干文件读写函数，可以读写文件中的一个字符、读写文件中的一个字符串、读写文件中的一个数据块、进行格式化读写。对于流式文件，也可随机读写，关键在于通过调用 fseek()和 rewind()函数，将位置指针移动到需要读写文件的地方。

值得提醒的是，文件运用容易出错的情况包括：

(1) 文件的打开方式与文件的存取方式不一致。

(2) 读取文件数据时所用的格式与文件的实际数据格式不符。

(3) 对文件的读写函数的意义不明确。

(4) fseek()函数的位移量要求是长整型，ftell()函数的返回值是一长整型数据，注意数据类型的匹配问题。

习　题　八

1. 选择题

(1) 下面的程序执行后，文件 test 中的内容是_____。

```c
#include <stdio.h>
#include <string.h>
void fun(char *fname,char *st)
{
    FILE *myf;
    int i;
    myf=fopen(fname,"w");
    for(i=0;i<strlen(st); i++)
        fputc(st[i],myf);
    fclose(myf);
}
void main()
{
    fun("test","new world");
    fun("test","hello,");
}
```

A．hello　　　　B．new worldhello　　　C．new world　　　D．hello, rld

(2) 若 fp 是指向某文件的指针,且已读到此文件末尾,则库函数 feof(fp)的返回值是___。

A．EOF   B．0   C．非零值   D．NULL

2．填空题

(1) 以下程序用来统计文件中字符个数。请填空。

```
#include "stdio.h"
#include "stdlib.h"
void main()
{
FILE    *fp;
long    num=0L;
if((fp=fopen("fname.dat","r"))==NULL)
{
         printf("Open error\n");    exit(0);
}
while(_____)
{
         fgetc(fp); num++;
}
printf("num=%1d\n",num-1);
fclose(fp);
}
```

(2) 以下程序段打开文件后，先利用 fseek 函数将文件位置指针定位在文件末尾，然后调用 ftell 函数返回当前文件位置指针的具体位置，从而确定文件长度，请填空。

```
#include "stdio.h"
void main()
{
    FILE *myf;
    long f1;
    myf=_____("test","r");
    fseek(myf,0,SEEK_END);
    f1=ftell(myf);
    fclose(myf);
    printf("%ld\n",f1);
}
```

(3) 下面程序把从终端读入的文本(用@作为文本结束标志)输出到一个名为 bi.dat 的新文件中。请填空。

```
#include "stdio.h"
#include "stdlib.h"
FILE *fp;
```

```
    void main()
    {
        char ch;
        if( (fp=fopen (_____) )= = NULL)
            exit(0);
        while( (ch=getchar( )) !='@')
            fputc (ch,fp);
        fclose(fp);
    }
```

(4) 设有如下程序：

```
#include <stdio.h>
#include <stdlib.h>
void main(int argc, char *argv[])
{
    FILE *fp;
    void fc();
    int i=1;
    while( --argc>0)
        if((fp=fopen(argv[i++],"r"))==NULL)
        {
            printf("Cannot open file! \n");
            exit(1);
        }
        else
        {
            fc(fp);
            fclose(fp);
        }
    }
    void fc(FILE *ifp)
    {
    char c;
    while((c=getc(ifp))!='#') putchar(c-32);
    }
```

上述程序经编译、连接后生成可执行文件名为 cpy.exe。假定磁盘上有三个文本文件，其文件名和内容分别为：

文件名	内容
a	aaaa#
b	bbbb#
c	cccc#

如果在 DOS 下键入：

    cpy a b c\<CR\>

则程序输出结果为＿＿＿＿＿＿＿＿。

(5) 以下程序由终端输入一个文件名，然后把从终端键盘输入的字符依次存放到该文件中，用#作为结束输入的标志，并将字符的个数写到文件尾部。请填空。

```c
#include <stdio.h>
#include <stdlib.h>
void    main()
{
    FILE * fp;
    char ch,fname[10];
    int count=0;
    printf("lnput the name of file\n");
    gets(fname);
    if((fp=_____)==NULL)
    {
        printf("Cannot open\n");
        exit(0);
    }
    printf("Enter data\n");
    while((ch=getchar())!='#')
    {
        fputc(_____,fp);
        count++;
    }
    fprintf( _____,"\n%d\n",count);
    fclose(fp);
}
```

(6) 以下程序的功能是：从键盘上输入一个字符串，把该字符串中的小写字母转换为大写字母，输出到文件 test.txt 中，然后从该文件读出字符串并显示出来。请填空。

```c
#include<stdio.h>
#include <stdlib.h>
void main()
{
    FILE *fp;
    char str[100]; int i=0;
    if((fp=fopen("test.txt",_____))==NULL)
    {
        printf("can't open this file.\n");
```

```
            exit(0);
        }
        printf("input astring:\n");
        gets (str);
        while (str[i])
        {
            if(str[i]>='a'&&str[i]<='z')
                str[i]=_____;
            fputc(str[i],fp);
            i++;
        }
        fclose(fp);
        fp=fopen("test.txt",_____);
        fgets(str,100,fp);
        printf("%s\n",str);
        fclose(fp);

    }
```

3．编程题

(1) 有两个磁盘文件 a.txt 和 b.txt,各存放一行字母,要求把这两个文件中的信息合并(按字母顺序排列),输出到一个新文件 c.txt 中。

(2) 打开一篇英文文章 file1.txt,统计它有多少行。

(3) Read()函数从文件 in.txt 中读取一篇英文文章存入到字符串数组 xx 中,请编制加密函数 CharConvA(),其算法是：以行为单位把字符串中的最后一个字符的 ASCII 值右移 4 位后加上最后第二个字符的 ASCII 值,得到最后一个新的字符,最后第二个字符的 ASCII 值右移 4 位后加上最后第三个字符的 ASCII 值,得到最后第二个新的字符,依此类推一直处理到第二个字符,第一个字符的 ASCII 值加原字符串最后一个字符的 ASCII 值,得到第一个新的字符,得到的新字符分别存放在原字符串对应的位置上。最后已处理的字符串仍按行重新存入字符串数组 xx 中,最后调用函数 writeDat()把结果 xx 输出到文件 out.txt 中。

原始文件 in.txt 先在记事本中建立,其数据存放的格式是原字符串每行的宽度均小于 80 个字符,含标点符号和空格。

(4) 仿照本章学生信息管理系统例程,完善图书信息管理系统,实现能够从文件中读出已有图书信息数据、读者信息数据,并且可以将数据保存在文件中,并上机编译运行。

第 9 章 C 语言在单片机中的应用

工业监测与过程控制和仪器仪表中大量用到单片机。本章介绍 C 语言在 MCS-51 系列单片机开发中的应用。为了适合初学者学习，首先简要介绍 MCS-51 单片机的基本结构和内部资源，然后以实例为主，结合目前最常用的单片机开发软件 Keil 以及仿真软件 PROTEUS，阐述 MCS-51 单片机 C 语言的开发应用，使读者能够快速掌握单片机 C51 基于高级语言的开发过程。

9.1 MCS-51 系列单片机的基本结构

9.1.1 MCS-51 系列单片机内部组成

单片机的基本结构组成中包含有中央处理器、程序存储器、数据存储器、输入/输出接口部件，还有地址总线、数据总线和控制总线等。MCS-51 单片机的典型芯片是 80C51，这里以 80C51 为例简单介绍一下单片机的基本知识。80C51 单片机的结构框图如图 9.1 所示。该单片机主要包括：

(1) 一个 8 位微处理器 CPU。

(2) 数据存储器 RAM 和特殊功能寄存器 SFR。

(3) 内部程序存储器 ROM。

(4) 2 个定时/计数器，用以对外部事件进行计数，也可用做定时器。

(5) 4 个 8 位可编程的 I/O(输入/输出)并行端口，每个端口既可作输入，也可作输出。

(6) 一个串行端口，用于数据的串行通信。

(7) 中断控制系统。

(8) 内部时钟电路(在 CPU 中)。

80C51 是一个 8 位(数据线是 8 位)单片机，片内有 256 字节 RAM 及 4 K 字节 ROM。中央处理器单元完成运算和控制功能。内部数据存储器共 256 个单元，访问它们的地址是 00～FFH，其中用户使用前 128 个单元(00～7FH)，后 128 个单元被专用寄存器占用。内部的 2 个 16 位计数器/定时器用做定时或计数，并可用定时或计数的结果实现控制功能。80C51 有 4 个 8 位并行口(P0、P1、P2、P3)，用以实现地址输出及数据输入/输出。片内还有一个时钟振荡器，外部只需接入石英晶体即可振荡。

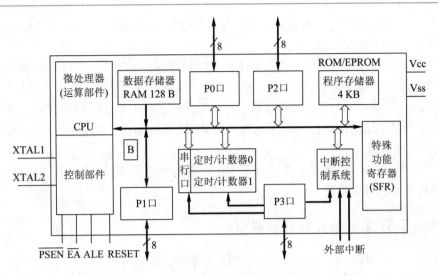

图 9.1　80C51 单片机的基本结构图

9.1.2　MCS-51 系列单片机的引脚及 I/O 口

MCS-51 系列单片机芯片均为 40 个引脚,HMOS 工艺制造的芯片采用双列直插(DIP) 方式封装,其引脚示意图及功能分类如图 9.2 所示。

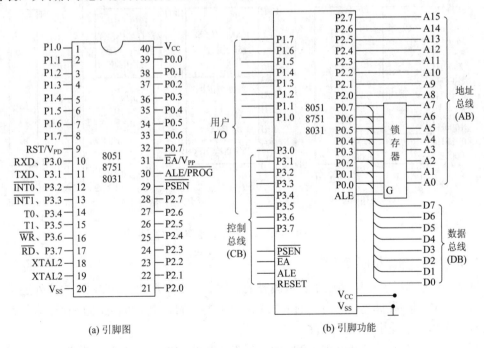

(a) 引脚图　　　　　　　　　　(b) 引脚功能

图 9.2　MCS-51 系列单片机引脚图及引脚功能

MCS-51 单片机有 4 个 8 位 I/O 端口,即 P0、P1、P2 和 P3 口,各端口的组成及功能如下:

(1) P0 口(P0.0~P0.7)是一个 8 位漏极开路型的双向 I/O 口,其第二功能是在访问外部存储器时，分时提供低 8 位地址线和 8 位双向数据总线。在对片内 ROM 进行编程和校验时，P0 口用于数据的输入和输出。

(2) P1 口(P1.0～P1.7)是一个内部带上拉电阻的准双向 I/O 口，在对片内 ROM 编程和校验时，P1 口用于接收低 8 位地址。

(3) P2 口(P2.0～P2.7)是一个内部带上拉电阻的 8 位准双向 I/O 口，其第二功能是在访问外部存储器时，输出高 8 位地址。在对片内 ROM 进行编程和校验时，P2 口用做接收高 8 位地址和控制信号。

(4) P3 口(P2.0～P2.7)是一个内部带上拉电阻的 8 位准双向 I/O 口。在系统中，这 8 个引脚都有各自的第二功能。

9.1.3 MCS-51 系列单片机存储器简介

从物理上看，MCS-51 单片机有 4 个存储器地址空间，即片内程序存储器(简称片内 ROM)、片外程序存储器(片外 ROM)、片内数据存储器(片内 RAM)和片外数据存储器(片外 RAM)。外部可直接扩展的程序存储器或数据存储器最多为 64 KB。由于片内、片外程序存储器统一编址，因此从逻辑地址空间看，MCS-51 有 3 个存储器地址空间，即片内 RAM、片外 RAM 及片内、片外统一编址的 ROM，如图 9.3 所示的 MCS-51 单片机存储器空间结构图。

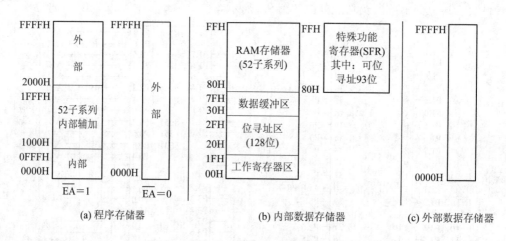

图 9.3　MCS-51 单片机存储器空间结构图

1. MCS-51 内部程序存储器

MCS-51 内部程序存储器用于存放编好的程序、表格和常数。MCS-51 的片外还可以最多扩展 64 KB 程序存储器，片内外的 ROM 是统一编址的。MCS-51 的程序存储器中有些单元具有特殊功能，使用时应予以注意。

其中一组特殊单元是 0000H～0002H。系统复位后，(PC) = 0000H，单片机从 0000H 单元开始取指令执行程序。如果程序不从 0000H 单元开始，应在这三个单元中存放一条无条件转移指令，以便直接转去执行指定的程序。

还有一组特殊单元是 0003H～002AH，共 40 个单元。这 40 个单元被均匀地分为 5 段，作为 5 个中断源的中断地址区。其中：

0003H～000AH	外部中断 0 中断地址区
000BH～0012H	定时/计数器 0 中断地址区
0013H～001AH	外部中断 1 中断地址区
001BH～0022H	定时/计数器 1 中断地址区
0023H～002AH	串行中断地址区

2. 数据存储器

MCS-51 的程序存储器与数据存储器是分开的独立区域，所以当访问数据存储器时，所使用的地址并不会与程序存储器发生冲突。这是由专用指令来保证的。MCS-51 单片机的数据存储器在物理上和逻辑上都分为两个地址空间，一个内部数据存储区和一个外部数据存储区。MCS-51 内部 RAM 有 128 个或 256 个字节的用户数据存储(不同的型号有区别)，它们是用于存放执行的中间结果和过程数据的。

1) 内部数据存储器

内部数据存储器是使用最多的地址空间，所有的运算指令(算术运算、逻辑运算、位操作运算等)的操作数只能在此地址空间或特殊功能寄存器(SFR)中存放。

内部 RAM 地址只有 8 位，因而最大寻址范围为 256 个字节。对于普通型 51 子系列单片机，地址为 00H～7FH(128B 空间)。其中又分为工作寄存器区、位寻址区和数据缓冲区、特殊功能寄存器(SFR)。

(1) 工作寄存器区。8051 共有 4 组寄存器，每组 8 个寄存单元(各为 8)，各组都以 R0～R7 作寄存单元编号。寄存器常用于存放操作数中间结果等。由于它们的功能及使用不作预先规定，因此称之为通用寄存器，有时也叫工作寄存器。4 组通用寄存器占据内部 RAM 的 00H～1FH 单元地址。

在任一时刻，CPU 只能使用其中的一组寄存器，并且把正在使用的那组寄存器称之为当前寄存器组。到底是哪一组，由程序状态字寄存器 PSW 中 RS1、RS0 位的状态组合来决定。

通用寄存器为 CPU 提供了就近存储数据的便利，有利于提高单片机的运算速度。此外，使用通用寄存器还能提高程序编制的灵活性，因此，在单片机的应用编程中应充分利用这些寄存器，以简化程序设计，提高程序运行速度。

(2) 位寻址区。内部 RAM 的 20H～2FH 单元，既可作为一般 RAM 单元使用，进行字节操作，也可以对单元中每一位进行位操作，因此把该区称之为位寻址区。位寻址区共有 16 个 RAM 单元，共计 128 位，地址为 00H～7FH。MCS-51 具有布尔处理机功能，这个位寻址区可以构成布尔处理机的存储空间。这种位寻址能力是 MCS-51 的一个重要特点。

(3) 数据缓冲区。数据缓冲区又称为用户 RAM 区，在内部 RAM 低 128 单元中，通用寄存器占去 32 个单元，位寻址区占去 16 个单元，剩下 80 个单元，这就是供用户使用的一般 RAM 区，其单元地址为 30H～7FH。对用户 RAM 区的使用没有任何规定或限制，但在一般应用中常把堆栈开辟在此区中。

(4) 特殊功能存储器 SFR。特殊功能寄存器(SFR)也称专用寄存器，用户在编程时可以给其设定值，但不能移作它用。SFR 分布在 80H～FFH 地址空间，与片内数据存储器统一编址。除 PC 外，51 子系列有 18 个特殊功能寄存器，其中 3 个为双字节，共占用 21 个字节，如表 9-1 所示，此处不再详细讲解。

表 9-1　MCS-51 单片机特殊功能存储器 SFR

特殊功能寄存器名称	符号	地址	位地址与位名称							
			D7	D6	D5	D4	D3	D2	D1	D0
P0 口	P0	80H	87	86	85	84	83	82	81	80
堆栈指针	SP	81H								
数据指针低字节	DPL	82H								
数据指针高字节	DPH	83H								
定时/计数器控制	TCON	88H	TF1	TR1	TF0	TR0	IE1	IT1	IE0	IT0
			8F	8E	8D	8C	8B	8A	89	88
定时/计数器方式	TMOD	89H	GATE	C/T	M1	M0	GATE	C/T	M1	M0
定时/计数器 0 低字节	TL0	8AH								
定时/计数器 0 高字节	TH0	8BH								
定时/计数器 1 低字节	TL1	8CH								
定时/计数器 1 高字节	TH1	8DH								
P1 口	P1	90H	97	96	95	94	93	92	91	90
电源控制	PCON	97H	SMOD				GF1	GF0	PD	IDL
串行口控制	SCON	98H	SM0	SM1	SM2	REN	TB8	RB8	TI	RI
			9F	9E	9D	9C	9B	9A	99	98
串行口数据	SBUF	99H								
P2 口	P2	A0H	A7	A6	A5	A4	A3	A2	A1	A0
中断允许控制	IE	A8H	EA		ET2	ES	ET1	EX1	ET0	EX0
			AF		AD	AC	AB	AA	A9	A9
P3 口	P3	B0H	B7	B6	B5	B4	B3	B2	B1	B0
中断优先级控制	IP	B8H			PT2	PS	PT1	PX1	PT0	PX0
					BD	BC	BB	BA	B9	B8
程序状态寄存器	PSW	D0H	C	AC	F0	RS1	RS0	OV		P
			D7	D6	D5	D4	D3	D2	D1	D0
累加器	A	E0H	E7	E6	E5	E4	E3	E2	E1	E0
寄存器 B	B	F0H	F7	F6	F5	F4	F3	F2	F1	F0

2) 外部数据存储器

MCS-51 单片机中设置有一个专门的数据存储器的地址指示器——数据指针 DPTR，用于访问片外数据存储器。数据指针 DPTR 也是 16 位寄存器，这样，就使 MCS-51 具有 64 KB 外部 RAM 和 I/O 端口扩展能力，外部 RAM 和外部 I/O 端口实行统一编址，并使用相同的选通控制信号，使用相同的汇编语言指令 MOVX 访问，使用相同的寄存器间接寻址方式。

9.1.4　MCS-51 系列单片机定时/计数器模块

51 子系列单片机有定时/计数器 T0 和定时/计数器 T1 两个 16 位的可编程定时/计数器，每个定时/计数器既可以对系统时钟计数实现定时，也可以对外部信号计数实现计数功能，通过编程设定定时/计数器的方式寄存器 TMOD 和定时/计数器的控制寄存器 TCON 来实现。每个定时/计数器都有多种工作方式，其中，T0 有四种工作方式，T1 有三种工作方式，通过编程可设定工作于某种方式。每一个定时/计数器定时、计数时间到时产生溢出，使相应的溢出位置位，溢出可通过查询或中断方式来处理。

9.1.5　MCS-51 系列单片机串行通信模块

单片机与外界的通信有并行通信和串行通信两种基本方式。根据信息传送的方向，串行通信可以分为单工、半双工和全双工 3 种，如图 9.4 所示。

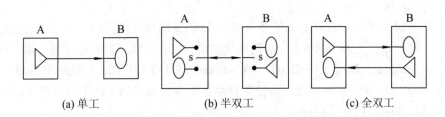

(a) 单工　　　　　　　(b) 半双工　　　　　　　(c) 全双工

图 9.4　三种通信方式

串行通信按信息的格式又可分为异步通信和同步通信两种方式。串行异步通信方式的特点是数据在线路上传送时，是以一个字符(字节)为单位，未传送时线路处于空闲状态，空闲线路约定为高电平"1"。传送一个字符又称为一帧信息，传送时每一个字符前加一个低电平的起始位，然后是数据位，数据位可以是 5~8 位，低位在前，高位在后，数据位后可以带一个奇偶校验位，最后是停止位，停止位用高电平表示，它可以是 1 位、1 位半或 2 位，如图 9.5 所示。由于一次只传送一个字符，因而一次传送的位数比较少，对发送时钟和接收时钟的要求相对不高，线路简单，但传送速度较慢。

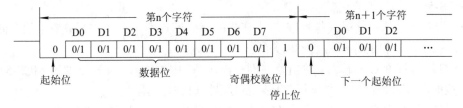

图 9.5　通信数据传输格式

MCS-51 单片机具有一个全双工的串行异步通信接口，可以同时发送、接收数据，发送、接收数据可通过查询或中断方式处理，使用十分灵活。它有四种工作方式，分别是方式 0、方式 1、方式 2 和方式 3。其中，方式 0 称为同步移位寄存器方式，一般用于外接移位寄存器芯片扩展 I/O 接口；方式 1 为 8 位的异步通信方式，通常用于双机通信；方式 2 和方式 3 为 9 位的异步通信方式，通常用于多机通信。

MCS-51 单片机串行口主要由发送数据寄存器、发送控制器、输出控制门、接收数据寄存器、接收控制器、输入移位寄存器等组成。从用户使用的角度来看，它由三个特殊功能寄存器组成：发送数据寄存器和接收数据寄存器合起来使用一个特殊功能寄存器 SBUF(串行口数据寄存器)，串行口控制寄存器 SCON 和电源控制寄存器 PCON。

9.2 C 语言与 MCS-51 单片机

用 C 语言编写 MCS-51 单片机的应用程序，虽然不像用汇编语言那样具体地组织、分配存储器资源和处理端口数据，但在 C 语言编程中，对数据类型与变量的定义，必须要与单片机的存储结构相关联，否则编译器将不能正确地映射定位。用 C 语言编写单片机应用程序与编写标准的 C 语言程序的不同之处就在于根据单片机存储结构及内部资源定义相应的 C 语言中的数据类型和变量，其他的语法规定、程序结构及程序设计方法都与标准的 C 语言程序设计相同。

用 C 语言编写的应用程序必须经单片机的 C 语言编译器(简称 C51)，编译生成单片机可执行的代码程序。支持 MCS-51 系列单片机的 C 语言编译器有很多种，如 American Automation、Auocet、BSO/TASKING、DUNFIELD SHAREWARE、KEIL/Franklin 等。其中，KEIL 以生成的代码紧凑和使用方便等特点优于其他编译器。本节将针对 KEIL 编译器介绍 MCS-51 单片机 C 语言程序设计。

9.2.1 C51 程序结构

C51 的语法规定、程序结构及程序设计方法都与标准的 C 语言程序设计相同，但 C51 程序与标准的 C 程序在以下几个方面是不一样的：

(1) C51 中定义的库函数和标准 C 语言定义的库函数不同。标准的 C 语言定义的库函数是按通用微型计算机来定义的，而 C51 中的库函数是按 MCS-51 单片机相应情况来定义的。

(2) C51 中的数据类型与标准 C 的数据类型也有一定的区别，在 C51 中还增加了几种针对 MCS-51 单片机特有的数据类型。

(3) C51 变量的存储模式与标准 C 中变量的存储模式不一样，C51 中变量的存储模式是与 MCS-51 单片机的存储器紧密相关的。

(4) C51 与标准 C 的输入、输出处理不一样，C51 中的输入、输出是通过 MCS-51 串行口来完成的，输入、输出指令执行前必须要对串行口进行初始化。

(5) C51 与标准 C 在函数使用方面也有一定的区别，C51 中有专门的中断函数。

9.2.2　C51 的数据类型

C51 单片机的数据类型分为基本数据类型和组合数据类型，情况与标准 C 中的数据类型基本相同，其中 char 型与 short 型相同，float 型与 double 型相同。另外，C51 单片机中还有专门针对 MCS-51 单片机的特殊功能寄存器型和位类型，如表 9-2 所示。

表 9-2　C51 单片机数据类型

基本数据类型	长　度	取　值　范　围
unsigned char	1 字节	0～255
signed char	1 字节	−128～+127
unsigned int	2 字节	0～65 535
signed int	2 字节	−32 768～+32 767
unsigned long	4 字节	0～4 294 967 295
signed long	4 字节	−2 147 483 648～+2 147 483 647
float	4 字节	±1.175 494E − 38～±3.402 823E + 38
bit	1 位	0 或 1
sbit	1 位	0 或 1
sfr	1 字节	0～255
sfr16	2 字节	0～65 535

1. char 字符型

字符型有 signed char 和 unsigned char 之分，默认为 signed char。它们的长度均为一个字节，用于存放一个单字节的数据。signed char 用于定义带符号字节数据，其字节的最高位为符号位，"0"表示正数，"1"表示负数，补码表示数的范围为 −128～+127；unsigned char 用于定义无符号字节数据或字符，可以存放一个字节的无符号数，其取值范围为 0～255。unsigned char 既可以用来存放无符号数，也可以存放西文字符，一个西文字符占一个字节，在计算机内部用 ASCII 码存放。

2. int 整型

整型分 singed int 和 unsigned int，默认为 signed int。它们的长度均为两个字节，用于存放一个双字节数据。signed int 存放两字节带符号数，补码表示数的范围为 −32 768～+32 767；unsigned int 用于存放两字节无符号数，表示数的范围为 0～65 535。

3. long 长整型

长整型分 singed long 和 unsigned long，默认为 signed long。它们的长度均为四个字节，用于存放一个四字节数据。signed long 用于存放四字节带符号数，补码表示数的范围为 −2 147 483 648～+2 147 483 647；unsigned long 用于存放四字节无符号数，表示数的范围为 0～4 294 967 295。

4. float 浮点型

float 型数据的长度为四个字节，格式符合 IEEE-754 标准的单精度浮点型数据，包含指数和尾数两部分，最高位为符号位，"1"表示负数，"0"表示正数，其次的 8 位为阶码，最后的 23 位为尾数的有效数位，由于尾数的整数部分隐含为"1"，所以尾数的精度为 24 位。

5. 指针型

指针型本身就是一个变量，这个变量的地址称为该变量的指针。这个指针变量要占用一定的内存单元，对不同的处理器其长度不一样，在 C51 单片机中它的长度一般为 1~3 个字节。

6. 特殊功能寄存器型

特殊功能寄存器型是 C51 扩充的数据类型，用于访问 MCS-51 单片机中的特殊功能寄存器数据，它分为 sfr 和 sfr16 两种类型。其中，sfr 为字节型特殊功能寄存器类型，占一个内存单元，利用它可以访问 MCS-51 内部的所有特殊功能寄存器；sfr16 为双字节型特殊功能寄存器类型，占用两个字节单元，利用它可以访问 MCS-51 内部的所有两个字节的特殊功能寄存器。在 C51 中，对特殊功能寄存器的访问必须先用 sfr 或 sfr16 进行声明。

7. 位类型

位类型也是 C51 中扩充的数据类型，用于访问 MCS-51 单片机中的可寻址的位单元。在 C51 中，支持 bit 型和 sbit 型两种位类型。它们在内存中都只占一个二进制位，其值可以是"1"或"0"。其中用 bit 定义的位变量在 C51 编译器编译时，在不同的时候位地址是可以变化的，而用 sbit 定义的位变量必须与 MCS-51 单片机的一个可以寻址位单元或可位寻址的字节单元中的某一位联系在一起。在 C51 编译器编译时，其对应的位地址是不可变化的。

在 C51 语言程序中，有可能会出现运算中数据类型不一致的情况。C51 允许任何标准数据类型的隐式转换，隐式转换的优先级顺序如下：

bit→char→int→long→float

signed→unsigned

也就是说，当 char 型与 int 型进行运算时，先自动对 char 型扩展为 int 型，然后与 int 型进行运算，运算结果为 int 型。C51 除了支持隐式类型转换外，还可以通过强制类型转换符"()"对数据类型进行人为的强制转换。

C51 编译器除了支持以上这些基本数据类型之外，还支持一些复杂的组合型数据类型，如数组类型、指针类型、结构类型、联合类型等这些复杂的数据类型。

9.2.3　C51 变量的存储种类

存储种类是指变量在程序执行过程中的作用范围。C51 变量的存储种类有四种，分别是自动(auto)、外部(extern)、静态(static)和寄存器(register)。

1. auto

使用 auto 定义的变量称为自动变量，其作用范围在定义它的函数体或复合语句内部，当定义它的函数体或复合语句执行时，C51 才为该变量分配内存空间，结束时占用的内存空间释放。自动变量一般分配在内存的堆栈空间中。定义变量时，如果省略存储种类，则该变量默认为自动(auto)变量。

2. extern

使用 extern 定义的变量称为外部变量。在一个函数体内，要使用一个已在该函数体外或别的程序中定义过的外部变量时，该变量在该函数体内要用 extern 说明。外部变量被定义后分配固定的内存空间，在程序整个执行时间内都有效，直到程序结束才释放。

3. static

使用 static 定义的变量称为静态变量。它又分为内部静态变量和外部静态变量。在函数体内部定义的静态变量为内部静态变量，它在对应的函数体内有效，一直存在，但在函数体外不可见，这样不仅使变量在定义它的函数体外被保护，还可以实现当离开函数时值不被改变。外部静态变量是指在函数外部定义的静态变量，它在程序中一直存在，但在定义的范围之外是不可见的，如在多文件或多模块处理中，外部静态变量只在文件内部或模块内部有效。

4. register

使用 register 定义的变量称为寄存器变量。它定义的变量存放在 CPU 内部的寄存器中，处理速度快，但数目少。C51 编译器编译时能自动识别程序中使用频率最高的变量，并自动将其作为寄存器变量，用户可以无需专门声明。

9.2.4　C51 数据的存储类型与 MCS-51 存储结构

存储类型用于指明变量所处的单片机的存储器区域情况，其与存储种类完全不同。C51编译器能识别的存储类型有六种，其对应存储空间如表 9-3 所示。存储类型及其数据长度和值域如表 9-4 所示。

表 9-3　C51 存储类型与 MCS-51 存储空间的对应关系

存储类型	存 储 空 间
data	直接寻址的片内 RAM 低 128B，访问速度快
bdata	片内 RAM 的可位寻址区(20H～2FH)，允许字节和位混合访问
idata	间接寻址访问的片内 RAM，允许访问全部片内 RAM
pdata	用 Ri 间接访问的片外 RAM 的低 256 B
xdata	用 DPTR 间接访问的片外 RAM，允许访问全部 64 K 片外 RAM
code	程序存储器 ROM 64 K 空间

表 9-4　C51 存储类型及其数据长度和值域

存储类型	长度(bit)	长度(byte)	值域范围
data	8	1	0～255
bdata	8	1	0～255
idata	8	1	0～255
pdata	8	1	0～255
xdata	16	2	0～65 535
code	16	2	0～65 535

带存储类型的变量的定义的一般格式为

数据类型　存储类型　变量名

例如：

```
char    data    var1;
bit     bdata    flags;
float   idata    x,y,z;
unsigned  int    pdata    var2;
unsigned  char    vector[3][4];
```

定义变量时也可以省略"存储类型"，此时 C51 编译器将按编译模式默认存储器类型。

9.2.5 特殊功能寄存器变量

MCS-51 系列单片机片内有许多特殊功能寄存器，通过这些特殊功能寄存器可以控制 MCS-51 系列单片机的定时器、计数器、串口、I/O 及其他功能部件，每一个特殊功能寄存器在片内 RAM 中都对应于一个字节单元或两个字节单元。

在 C51 中，允许用户对这些特殊功能寄存器进行访问，访问时须通过 sfr 或 sfr16 类型说明符进行定义，定义时须指明它们所对应的片内 RAM 单元的地址。格式如下：

sfr 或 sfr16   特殊功能寄存器名=地址；

sfr 用于对 MCS-51 单片机中单字节的特殊功能寄存器进行定义，sfr16 用于对双字节特殊功能寄存器进行定义。特殊功能寄存器名一般用大写字母表示，地址一般用直接地址形式，具体特殊功能寄存器地址见前面内容。

例如：特殊功能寄存器的定义：

```
sfr    PSW=0xd0;
sfr    SCON=0x98;
sfr    TMOD=0x89;
sfr    P1=0x90;
sfr16   DPTR=0x82;
sfr16   T1=0x8A;
```

9.2.6 位变量

在 C51 中，允许用户通过位类型符定义位变量。位类型符有 bit 和 sbit 两个，可以定义两种位变量。

bit 位类型符用于定义一般的位变量。它的格式如下：

bit   位变量名；

在格式中可以加上各种修饰，但注意存储类型只能是 bdata、data、idata，而且只能是片内 RAM 的可位寻址区，严格来说只能是 bdata。

例如，bit 型变量的定义：

```
bit    data    a1;        /*正确*/
bit    bdata    a2;        /*正确*/
bit    pdata    a3;        /*错误*/
bit    xdata    a4;        /*错误*/
```

　　sbit 位类型符用于定义在位寻址字节或特殊功能寄存器中的位，定义时须指明其位地址，可以是位直接地址或可位寻址变量带位号，也可以是特殊功能寄存器名带位号。格式如下：

　　　　sbit　位变量名=位地址；

　　如位地址为位直接地址，其取值范围为 0x00～0xff；如位地址是可位寻址变量带位号或特殊功能寄存器名带位号，则在它前面须对可位寻址变量或特殊功能寄存器进行定义。字节地址与位号之间、特殊功能寄存器与位号之间一般用"^"间隔。

　　例如，sbit 型变量的定义：

```
sbit    OV=0xd2;
sbit    CY=0xd7;
unsigned  char  bdata  flag;
sbit    flag0=flag^0;
sfr     P1=0x90;
sbit    P1_0=P1^0;
sbit    P1_1=P1^1;
sbit    P1_2=P1^2;
sbit    P1_3=P1^3;
sbit    P1_4=P1^4;
sbit    P1_5=P1^5;
sbit    P1_6=P1^6;
sbit    P1_7=P1^7;
```

　　在 C51 中，为了用户处理方便，C51 编译器把 MCS-51 单片机常用的特殊功能寄存器和特殊位进行了定义，放在"reg51.h"或"reg52.h"头文件中，当用户使用时，只需要在使用之前用一条预处理命令#include　<reg52.h>把这个头文件包含到程序中，就可使用特殊功能寄存器名和特殊位名了。

9.2.7　存储模式

　　C51 编译器支持 SMALL 模式、COMPACT 模式和 LARGE 模式三种存储模式。不同的存储模式对变量默认的存储器类型不一样。

　　(1) SMALL 模式。SMALL 模式称为小编译模式，在 SMALL 模式下编译时，函数参数和变量被默认在片内 RAM 中，存储器类型为 data。

　　(2) COMPACT 模式。COMPACT 模式称为紧凑编译模式，在 COMPACT 模式下编译时，函数参数和变量被默认在片外 RAM 的低 256 字节空间，存储器类型为 pdata。

　　(3) LARGE 模式。LARGE 模式称为大编译模式，在 LARGE 模式下编译时，函数参数和变量被默认在片外 RAM 的 64K 字节空间，存储器类型为 xdata。

　　在程序中变量存储模式的指定通过#pragma 预处理命令来实现，函数的存储模式可通过在函数定义时后面带存储模式来说明。如果没有指定，则系统都隐含为 SMALL 模式。

　　例如：变量的存储模式

```
#pragma   small                          /*变量的存储模式为 SMALL*/
char   k1;
int   xdata   m1;
#pragma   compact                        /*变量的存储模式为 COMPACT*/
char   k2;
int   xdata   m2;
int   func1(int   x1,int   y1)   large    /*函数的存储模式为 LARGE*/
{
    return(x1+y1);
}
int   func2(int   x2,int   y2)            /*函数的存储模式隐含为 SMALL*/
{
    return(x2-y2);
}
```

程序编译时，k1 变量存储器类型为 data，k2 变量存储器类型为 pdata，m1 和 m2 由于定义时带了存储器类型 xdata，因而它们为 xdata 型；函数 func1 的形参 x1 和 y1 的存储器类型为 xdata 型，函数 func2 由于没有指明存储模式，因此隐含为 SMALL 模式，形参 x2 和 y2 的存储器类型为 data。

9.2.8   绝对地址的访问

1. 使用 C51 运行库中预定义宏

C51 编译器提供了一组共 8 个宏定义来对 51 系列单片机的 code、data、pdata 和 xdata 空间进行绝对寻址，并规定只能以无符号数方式访问，其函数原型如下：

```
#define   CBYTE((unsigned char volatile*)0x50000L)
#define   DBYTE((unsigned char volatile*)0x40000L)
#define   PBYTE((unsigned char volatile*)0x30000L)
#define   XBYTE((unsigned char volatile*)0x20000L)
#define   CWORD((unsigned int volatile*)0x50000L)
#define   DWORD((unsigned int volatile*)0x40000L)
#define   PWORD((unsigned int volatile*)0x30000L)
#define   XWORD((unsigned int volatile*)0x20000L)
```

这些函数原型放在 absacc.h 文件中，使用时须用预处理命令把该头文件包含到文件中，形式为

```
#include   <absacc.h>
```

其中，CBYTE 以字节形式对 code 区寻址，DBYTE 以字节形式对 data 区寻址，PBYTE 以字节形式对 pdata 区寻址，XBYTE 以字节形式对 xdata 区寻址，CWORD 以字形式对 code 区寻址，DWORD 以字形式对 data 区寻址，PWORD 以字形式对 pdata 区寻址，XWORD 以字形式对 xdata 区寻址。

访问形式如下：

　　宏名[地址]

　　宏名为 CBYTE、DBYTE、PBYTE、XBYTE、CWORD、DWORD、PWORD 或 XWORD。地址为存储单元的绝对地址，一般用十六进制形式表示。

　　例如：绝对地址对存储单元的访问：

```
#include   <absacc.h>              /*将绝对地址头文件包含在文件中*/
#include   <reg52.h>               /*将寄存器头文件包含在文件中*/
#define   uchar  unsigned char     /*定义符号 uchar 为数据类型符 unsigned char*/
#define   uint  unsigned int       /*定义符号 uint 为数据类型符 unsigned int*/
void   main(void)
{
    uchar  var1;
    uint   var2;
    var1=XBYTE[0x0005];            /*XBYTE[0x0005]访问片外 RAM 的 0005 字节单元*/
    var2=XWORD[0x0002];            /*XWORD[0x0002]访问片外 RAM 的 0002 字单元*/
    ...
    while(1);
}
```

在上面程序中，XBYTE[0x0005]　就是以绝对地址方式访问的片外 RAM 0005 字节单元；XWORD[0x0002]　就是以绝对地址方式访问的片外 RAM 0002 字单元。

2. 通过指针访问

采用指针的方法可以实现在 C51 程序中对任意指定的存储器单元进行访问。

　　例如：通过指针实现绝对地址的访问：

```
#define   uchar  unsigned char     /*定义符号 uchar 为数据类型符 unsigned char*/
#define   uint  unsigned int       /*定义符号 uint 为数据类型符 unsigned int*/
void   func(void)
{
    uchar   data  var1;
    uchar   pdata  *dp1;           /*定义一个指向 pdata 区的指针 dp1*/
    uint   xdata  *dp2;            /*定义一个指向 xdata 区的指针 dp2*/
    uchar   data  *dp3;           /*定义一个指向 data 区的指针 dp3*/
    dp1=0x30;                      /*dp1 指针赋值，指向 pdata 区的 30H 单元*/
    dp2=0x1000;                    /*dp2 指针赋值，指向 xdata 区的 1000H 单元*/
    *dp1=0xff;                     /*将数据 0xff 送到片外 RAM30H 单元*/
    *dp2=0x1234;                   /*将数据 0x1234 送到片外 RAM1000H 单元*/
    dp3=&var1;                     /*dp3 指针指向 data 区的 var1 变量*/
    *dp3=0x20;                     /*给变量 var1 赋值 0x20*/
}
```

3. 使用 C51 扩展关键字 _at_

使用_at_可对指定的存储器空间的绝对地址进行访问，一般格式如下：

[存储器类型] 数据类型说明符 变量名 _at_ 地址常数；

其中，存储器类型为 data、bdata、idata、pdata 等 C51 能识别的数据类型，如省略，则按存储模式规定的默认存储器类型确定变量的存储器区域；数据类型为 C51 支持的数据类型；地址常数用于指定变量的绝对地址，必须位于有效的存储器空间之内；使用_at_定义的变量必须为全局变量。

例如，通过_at_实现绝对地址的访问：

```
#define  uchar  unsigned char      /*定义符号 uchar 为数据类型符 unsigned char*/
#define  uint   unsigned int       /*定义符号 uint 为数据类型符 unsigned int*/
void    main(void)
{
    data   uchar  x1 _at_ 0x40;    /*在 data 区中定义字节变量 x1，它的地址为 40H*/
    xdata  uint   x2 _at_ 0x2000;  /*在 xdata 区中定义字变量 x2，它的地址为 2000H*/
    x1=0xff;
    x2=0x1234;
    ...
    while(1);
}
```

9.2.9 C51 的输入与输出

C51 语言中，不提供输入和输出语句，输入和输出操作是由函数来实现的。在 C51 的标准函数库中，提供了一个名为"stdio.h"的一般 I/O 函数库，并定义了 C51 中的输入和输出函数。当对输入和输出函数使用时，须先用预处理命令"#include <stdio.h>"将该函数库包含到文件中。

在 C51 的一般 I/O 函数库中定义的 I/O 函数都是通过串行接口来实现的，在使用 I/O 函数之前，应先对 MCS-51 单片机的串行接口进行初始化。选择串口工作于方式 2(8 位自动重载方式)，波特率由定时/计数器 1 的溢出率决定。例如，设系统时钟为 12 MHz，波特率为 2400，则初始化程序如下：

```
SCON=0x52;
TMOD=0X20;
TH1=0xf3;
TR1=1;
```

1. printf()函数

print()函数的作用是通过串行接口输出若干任意类型的数据，其格式如下：

printf(格式控制，输出参数表)

格式控制是用双引号括起来的字符串，也称之为转换控制字符串，它包括格式说明符、普通字符和转义字符三种信息。

(1) 格式说明符：由"%"和格式字符组成，用于指明输出数据的格式输出，如%d、%f 等，它们的具体情况见表 9-5。

(2) 普通字符：这些字符按原样输出，用来输出某些提示信息。

(3) 转义字符：即前面介绍的转义字符，用来输出特定的控制符，如输出转义字符\n 就是使输出换一行。

输出参数表是需要输出的一组数据，可以是表达式。

表 9-5　格式字符与输出格式对照表

格式字符	数据类型	输 出 格 式
d	int	带符号十进制数
u	int	无符号十进制数
o	int	无符号八进制数
x	int	无符号十六进制数，用"a～f"表示
X	int	无符号十六进制数，用"A～F"表示
f	float	带符号十进制数浮点数，形式为[−]dddd.dddd
e，E	float	带符号十进制数浮点数，形式为[−]d.ddddE±dd
g，G	float	自动选择 e 或 f 格式中更紧凑的一种输出格式
c	char	单个字符
s	指针	指向一个带结束符的字符串
p	指针	带存储器指示符和偏移量的指针，形式为 M：aaaa，其中，M 可分别为 C(code)、D(data)、I(idata)、P(pdata)。如 M 为 a，则表示的是指针偏移量

2. scanf() 函数

scanf()函数的作用是通过串行接口实现数据输入，它的使用方法与 printf()函数类似。scanf()函数的格式如下：

scanf(格式控制，地址列表)

格式控制与 printf()函数的情况类似，也是用双引号括起来的一些字符，可以包括空白字符、普通字符和格式说明三种信息。

(1) 空白字符：包含空格、制表符、换行符等，这些字符在输出时被忽略。

(2) 普通字符：除了以百分号"%"开头的格式说明符外的所有非空白字符，在输入时要求原样输入。

(3) 格式说明：由百分号"%"和格式说明符组成，用于指明输入数据的格式，它的基本情况与 printf()相同。

地址列表是由若干个地址组成的，它可以是指针变量、取地址运算符"&"加变量(变量的地址)或字符串名(表示字符串的首地址)。

使用格式输入、输出函数的例子如下：

```
#include  <reg52.h>              /*包含特殊功能寄存器库*/

#include  <stdio.h>             /*包含 I/O 函数库*/
```

```
    void main(void)                          /*主函数*/
    {
        int   x,y;                           /*定义整型变量 x 和 y*/
        SCON=0x52;                           /*串口初始化*/
        TMOD=0x20;
        TH1=0XF3;
        TR1=1;
        printf("input    x,y:\n");           /*输出提示信息*/
        scanf("%d%d",&x,&y);                 /*输入 x 和 y 的值*/
        printf("\n");                        /*输出换行*/
        printf("%d+%d=%d",x,y,x+y);          /*按十进制形式输出*/
        printf("\n");                        /*输出换行*/
        printf("%xH+%xH=%XH",x,y,x+y);       /*按十六进制形式输出*/
        while(1);                            /*结束*/
    }
```

9.2.10 "interrupt m using n" 修饰符的使用

1. interrupt m 修饰符

"interrupt m" 是 C51 函数中非常重要的一个修饰符，这是因为中断函数必须通过它进行修饰。在 C51 程序设计中，当函数定义时用了 interrupt m 修饰符，系统编译时将会把对应函数转化为中断函数，自动加上程序头段和尾段，并按 MCS-51 系统中断的处理方式自动把它安排在程序存储器中的相应位置。在该修饰符中，m 的取值为 0~31，对应的中断情况如下：

0——外部中断 0

1——定时/计数器 T0

2——外部中断 1

3——定时/计数器 T1

4——串行口中断

5——定时/计数器 T2

其他值预留。

编写 MCS-51 中断函数注意事项：

(1) 中断函数不能进行参数传递，如果中断函数中包含任何参数声明，都将会导致编译出错。

(2) 中断函数没有返回值，如果企图定义一个返回值，将得不到正确的结果。建议在定义中断函数时将其定义为 void 类型，以明确说明没有返回值。

(3) 在任何情况下都不能直接调用中断函数，否则会产生编译错误。因为中断函数的返回是由 8051 单片机的 RETI 指令完成的，RETI 指令影响 8051 单片机的硬件中断系统。如果在没有实际中断情况下直接调用中断函数，RETI 指令的操作结果将会产生一个致命的错误。

(4) 如果在中断函数中调用了其他函数，则被调用函数所使用的寄存器必须与中断函数相同，否则会产生不正确的结果。

(5) C51 编译器对中断函数编译时会自动在程序开始和结束处加上相应的内容，具体如下：在程序开始时对 ACC、B、DPH、DPL 和 PSW 入栈，结束时出栈。中断函数未加 using n 修饰符的，开始时还要将 R0～R1 入栈，结束时出栈。如果中断函数加了 using n 修饰符，则在开始将 PSW 入栈后还要修改 PSW 中的工作寄存器组选择位。

(6) C51 编译器从绝对地址 8m+3 处产生一个中断向量，其中 m 为中断号，也即 interrupt 后面的数字。该向量包含一个到中断函数入口地址的绝对跳转。

(7) 中断函数最好写在文件的尾部，并且禁止使用 extern 存储类型说明，防止其他程序被调用。

2. using n 修饰符

using n 修饰符用于指定本函数内部使用的工作寄存器组，其中 n 的取值为 0～3，表示寄存器组号。使用 using n 修饰符的注意事项：

(1) 加入 using n 修饰符后，C51 在编译时会自动在函数的开始处和结束处加入以下指令：

```
{
    PUSH  PSW              ;标志寄存器入栈
    MOV   PSW，#与寄存器组号相关的常量
    …
    POP  PSW               ;标志寄存器出栈
}
```

(2) using n 修饰符不能用于有返回值的函数，因为 C51 函数的返回值是放在寄存器中的。如果寄存器组改变了，返回值就会出错。

例如：编写一个用于统计外中断 0 的中断次数的中断服务程序。

程序如下：

```
extern  int  x;
void   int0()   interrupt 0  using 1
{
    x++;
}
```

9.2.11　自定义函数的声明

在 C51 中，函数声明的一般形式如下：

[extern]　函数类型　函数名(形式参数表)

函数的声明是把函数的名字、函数类型以及形参的类型、个数和顺序通知编译系统，以便调用函数时系统进行对照检查。函数的声明后面要加分号。

如果声明的函数在文件内部，则声明时不用 extern；如果声明的函数不在文件内部，而在另一个文件中，声明时须带 extern，指明使用的函数在另一个文件中。

例如：函数在文件内部的使用。

程序如下：

```
#include   <reg52.h>                    /*包含特殊功能寄存器库*/
#include   <stdio.h>                    /*包含 I/O 函数库*/
int   max(int   x,int   y);            /*对 max 函数进行声明*/
void main(void)                         /*主函数*/
{
    int   a,b;
    SCON=0x52;                          /*串口初始化*/
    TMOD=0x20;
    TH1=0XF3;
    TR1=1;
    scanf("please input a,b:%d,%d",&a,&b);
    printf("\n");
    printf("max is:%d\n",max(a,b));
    while(1);
}
int   max(int   x,int   y)
{   int   z;
    z=(x>=y?x:y);
    return(z);
}
```

例如：函数在文件外部的使用。

程序如下：

程序 serial_initial.c

```
#include   <reg52.h>                    /*包含特殊功能寄存器库*/
#include   <stdio.h>                    /*包含 I/O 函数库*/
void serial_initial(void)               /*主函数*/
{
    SCON=0x52;                          /*串口初始化*/
    TMOD=0x20;
    TH1=0XF3;
    TR1=1;
}
```

程序 y1.c

```
#include   <reg52.h>                    /*包含特殊功能寄存器库*/
#include   <stdio.h>                    /*包含 I/O 函数库*/
extern   serial_initial();
void   main(void)
```

```
{   int   a,b;
    serial_initial();
    scanf("please input a,b:%d,%d",&a,&b);
    printf("\n");
    printf("max is:%d\n",a>=b?a:b);
    while(1);
}
```

9.3　MCS-51 单片机 C 语言设计实例

9.3.1　MCS-51 开发软件 KEIL 及电路仿真软件 PROTEUS 简介

　　KEIL 是众多单片机应用开发软件中优秀的软件之一，它支持众多不同公司的 MCS-51 架构的芯片，它集编辑、编译、仿真于一体，同时还支持 PLM、汇编和 C 语言的程序设计，它的界面和常用的微软 VC++ 的界面相似，界面友好，易学易用，在调试程序、软件仿真方面有很强大的功能。因此很多开发 MCS-51 应用的工程师或普通的单片机爱好者，都对它十分喜欢。

　　PROTEUS 是世界上著名的 EDA 工具(仿真软件)，从原理图布图、代码调试到单片机与外围电路协同仿真，一键切换到 PCB 设计，真正实现了从概念到产品的完整设计。是目前世界上唯一将电路仿真软件、PCB 设计软件和虚拟模型仿真软件三合一的设计平台，其处理器模型支持 8051、HC11、PIC10/12/16/18/24/30/DsPIC33、AVR、ARM、8086 和 MSP430 等，2010 年又增加了 Cortex 和 DSP 系列处理器，并持续增加其他系列处理器模型。在编译方面，它也支持 IAR、KEIL 和 MPLAB 等多种编译器。

9.3.2　C51 工程的建立

　　本节通过建立一个简单的 C51 工程实例，简述 KEIL 软件的使用。这里需要说明的是，本节及后面内容都将使用 MCS-51 系列中的 AT89C51 及 AT89S52 作为被编程对象。

　　首先是运行 KEIL 软件，运行几秒后，出现如图 9.6 所示的启动窗口。

　　接着按下面的步骤建立第一个项目：

　　(1) 点击 Project 菜单，选择弹出的下拉式菜单中的 New Project，如图 9.7 所示。接着弹出一个标准 Windows 文件对话窗口，如图 9.8 所示。在"文件名"中输入第一个 C 程序项目名称，这里我们用"test"作为项目名称，"保存"后的文

图 9.6　KEIL 启动窗口

件扩展名为 uv2，这是 KEIL uVision2 项目文件扩展名。此后可以直接点击此文件打开先前做的项目。

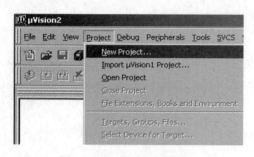

图 9.7　New Project 菜单

图 9.8　文件窗口

(2) 选择所要使用的单片机，这里选择 Atmel 公司的 AT89S52，如图 9.9 所示。完成上面步骤后，我们就可以编写程序了。

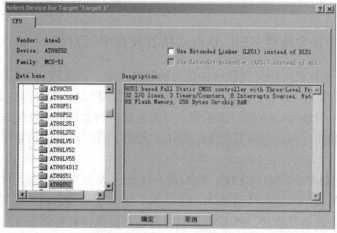

图 9.9　选择要使用的单片机

(3) 在项目中创建新的程序文件或加入旧程序文件。如果没有现成的程序，那么就要新建一个程序文件。在这里我们以一个 C 程序为例，介绍如何新建一个 C 程序和如何加到项目中。点击图 9.10 中 1 的新建文件的快捷按钮，在 2 中将会出现一个新的文字编辑窗口，这个操作也可以通过菜单"File"→"New"或快捷键 Ctrl + N 来实现。这时就可以编写程序了，此时光标已出现在文本编辑窗口中，等待我们的输入。

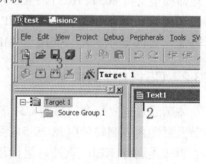

图 9.10　新建程序文件

下面是一段程序：

```
#include <AT89x52.h>
#include <stdio.h>
void main(void)
{
    SCON = 0x50;                /*串口方式 1，允许接收*/
    TMOD = 0x20;                /*定时器 1 定时方式 2*/
    TCON = 0x40;                /*设定时器 1 开始计数*/
```

```
TH1 = 0xE8;                          /*22.1184 MHz 2400 波特率*/
TL1 = 0xE8;
TI = 1;
TR1 = 1;                             /*启动定时器*/
while(1)
{
    printf("Hello World!\n");        /*显示 Hello World*/
}
}
```

注意： KEIL 的文本编辑器对中文的支持欠佳，所以读者在写程序时，可以考虑用英文对程序代码进行注释。本书中的代码多用中文注释仅是为了使读者阅读方便。

(4) 点击图 9.10 中的 3 保存新建的程序，也可以用菜单"File"→"Save"或快捷键 Ctrl + S 进行保存。因为是新建文件，所以保存时会弹出类似图 9.8 的文件操作窗口，我们把第一个程序命名为"test1.c"，保存在项目所在的目录中，这时你会发现程序单词有了不同的颜色，说明 KEIL 的 C 语法检查生效了。如图 9.11 所示，鼠标在屏幕左边的"Source Group 1"文件夹图标上右击弹出菜单，在这里可以做项目中增加、减少文件等操作。我们选中"Add Files to Group'Source Group 1'"弹出文件窗口，选择刚刚保存的文件，按"ADD"按钮，关闭文件窗口，程序文件即已添加到项目中了。这时在"Source Group 1"文件夹图标左边出现了一个小"+"号，说明文件组中已有了新文件，点击它可以展开查看。

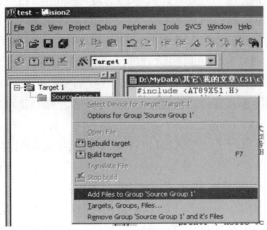

图 9.11　把文件添加到项目中

(5) C 程序文件已被添加到项目中了，下面就剩下编译运行了。这个项目只是用做学习新建程序项目和编译运行仿真的基本方法，所以使用软件默认的编译设置，它不会生成用于芯片编写的 hex 文件。

在图 9.12 中，1、2、3 都是编译按钮，不同的是 1 用于编译单个文件；2 是编译当前项目，如果先前编译过一次之后文件没有作过编辑改动，这时再点击是不会再次重新编译的；3 是重新编译，每点击一次均会再次编译链接一次，不管程序是否有改动；在 3 右边的是停止编译按钮，只有点击了前三个中的任一个，停止按钮才会生效；5 是这三个按钮在菜单中相应的命令，效果和按钮是一样的；这个项目只有一个文件，按下 1、2、3 中的任意一个按钮都可以进行编译；在 4 中可以看到编译的错误信息和使用的系统资源情况等，以后我们要查错就靠它了；6 是有一个小放大镜的按钮，这就是开启/关闭调试模式的按钮，也可以使用菜单 "Debug" → "Start/Stop Debug Session" 或快捷键 Ctrl + F5 进行编译。

(6) 进入调试模式，软件窗口样式大致如图 9.13 所示。

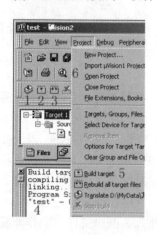

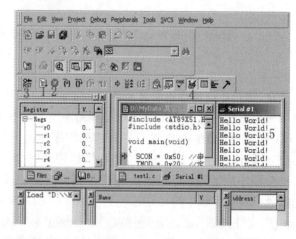

图 9.12　编译程序　　　　　　　图 9.13　调试运行程序

图 9.13 中，1 为运行，当程序处于停止状态时才有效；2 为停止，程序处于运行状态时才有效；3 是复位，模拟芯片的复位，程序回到最开头处执行；按 4 我们可以打开 5 中的串行调试窗口，这个窗口我们可以看到从 51 芯片的串行口输入、输出的字符，这里的第一个项目也正是在这里看到的运行结果。这些在菜单中也有，这里不再一一介绍。

首先按 4 打开串行调试窗口，再按运行键，这时可以看到串行调试窗口中不断地打印 "Hello World!"。这样就完成了第一个 C 项目。最后我们要停止程序运行回到文件编辑模式中，就要先按停止按钮再按开启/关闭调试模式按钮，然后我们就可以进行关闭 KEIL 等相关操作了。

到此为止，我们初步学习了一些 KEIL uVision2 的项目文件创建、编译、运行和软件仿真的基本操作方法。

(7) 生成 hex 文件。在开始学习 C 语言的主要内容时，我们先来看看如何用 KEIL uVision2 软件来编译生成用于编写芯片的 hex 文件。hex 文件格式是 Intel 公司提出的用来保存单片机或其他处理器的目标程序代码的文件格式，一般的编程器都支持这种格式。

我们先来打开刚做的第一个项目，打开它的所在目录，找到 test.Uv2 的文件就可以打开先前的项目了，然后右击图 9.14 中的 1 项目文件夹，弹出项目功能菜单，选中 "Options for Target 'Target1'"，将会弹出项目选项设置窗口，同样先选中项目文件夹图标，这时在 Project 菜单中也有一样的菜单可供选择。

打开项目选项窗口，转到 "Output" 选项页，如图 9.15 所示，图中 1 是选择编译输出的路径，2 是设置编译输出生成的文件名，3 则是决定是否要创建 hex 文件，选中它就可以输出 hex 文件到指定的路径中。现在我们重新编译一次，很快在编译信息窗口中就显示 hex 文件创建到指定的路径中了，如图 9.15 所示。这样我们就可用自己的编程器所附带的软件去读取并下载到芯片了。

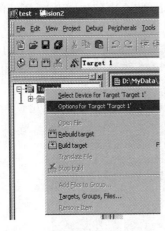

图 9.14　项目功能菜单

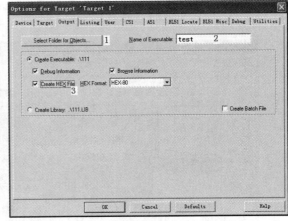

图 9.15　项目选项窗口

9.3.3　简单八路流水灯的设计

前面通过一个简单的实例主要讲述了一个简单的 51 单片机 KEIL 工程的建立、编译及调试等，没有涉及单片机的硬件设计及仿真，本节将通过一个简单的流水灯实例，结合 PROTEUS 软件介绍 51 单片机的硬件设计及硬件仿真。

八路流水灯是指通过 51 单片机的某一个端口(P0、P1、P2、P3 均可) 控制外部电路中与其连接的 8 个发光二极管按照设定要求循环点亮发光。这里首先设计一个简单的 C 语言程序，使 8 个发光二极管按照二进制加法过程循环点亮。

(1) 按照 10.3.2 节中 KEIL 软件的使用建立一个工程，文件名为 led，并写入如下程序代码，并编译产生可下载的 hex 文件：led.hex，以便下载到单片机中。

```
#include"at89x52.h"              /*头文件*/
DELAY()                          /*延时程序*/
{
    int i;
    for(i=0;i<5000;i++)
    {}
}
main()
{
    P0=0X00;                     /*单片机的 P0 口，用来控制外部的发光二极管*/
    while(1)
    {
        P0=P0+1;                 /*P0 口为 8 位，一次加一并输出控制外部电路*/
        DELAY();                 /*延时大概 1 s，使眼睛可以分辨出显示过程*/
    }
}
```

(2) 启动 PROTEUS 仿真软件。要使用 PROTEUS 软件，计算机上要先安装该软件，安装好后可单击 ISIS 7 快捷方式，运行 ISIS 7 Professional，将会出现如图 9.16 所示的窗口界面。

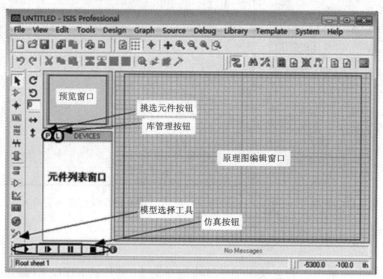

图 9.16　PROTEUS 仿真界面

(3) 图 9.16 只是一个空白窗口，需要添加硬件元器件。对八路流水灯来说，需要有 AT89S52 单片机，以及单片机工作所必需的晶振(这里选 12 MHz)、电容、电阻，以及用于发光的 LED。添加元器件需要单击图 9.16 中的挑选元器件按钮 "P"，这时会弹出图 9.17 所示的元器件筛选窗口。

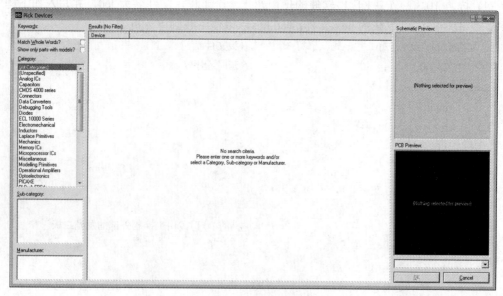

图 9.17　元器件筛选窗口

(4) 在图 9.17 左上角 Keywords 栏中输入 "AT89C51"，在右边区域会筛选出符合要求的元器件，如图 9.18 所示，双击第一个 "AT89C51"，该器件就被加到了图 9.16 中左侧的元器件列表中。接下来继续添加晶振(CRYSTAL)、电阻(RES)、电容(CAP)以及红色发光二极管(LED-RED)等，添加过程与添加单片机相同，只需要改变图 9.17 中 Keywords 栏的内容即可。当需要的元器件都添加完成后，单击"OK"按钮退出元器件筛选窗口。

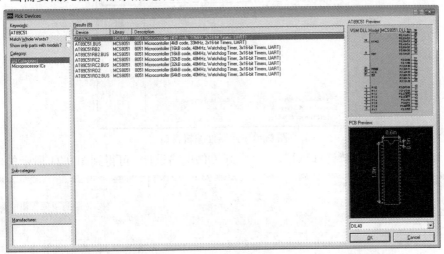

图 9.18　已选中器件窗口

当需要的所有元器件都添加完成后，就可以在图 9.16 的中间区域——原理图编辑窗口中放置并编辑元器件。放置元器件时只需在图 9.16 的原件列表中单击选中要放置的元器件，再在图 9.16 的原理图编辑窗口中点击鼠标，要放置的元器件就会出现，然后将鼠标移动到需要放置的位置，单击鼠标，放置即完成，如图 9.19 所示。一个元器件可以多次放置。

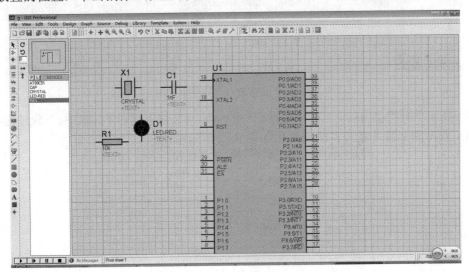

图 9.19　元器件的放置

需要注意的是，像电阻、电容、晶振等元器件在使用时常常需要改变其标称值，才能满足使用要求。这里以电阻为例来说明如何改变标称值。在图 9.19 中，双击电阻会弹出如图 9.20 所示的元器件编辑窗口，其中的"Resistance"就是电阻的阻值，改变其数值，电阻的阻值也就随之改变。

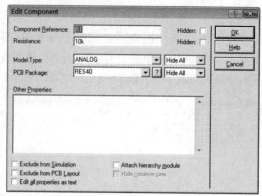

图 9.20　元器件编辑窗口

(5) 通过在原理图编辑窗口对八路流水灯硬件电路设计，可得到图 9.21 所示的电路图。

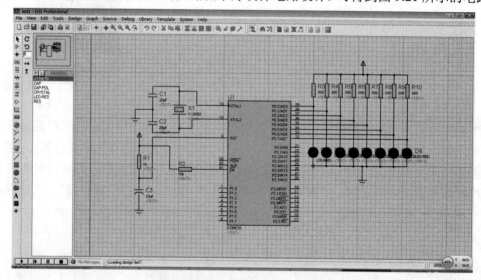

图 9.21　八路流水灯硬件电路图

(6) 将本节开始使用 C 语言程序编译产生的 led.hex 文件下载到单片机中。下载过程如下：
① 双击图 9.21 中的单片机，弹出如图 9.22 所示窗口。

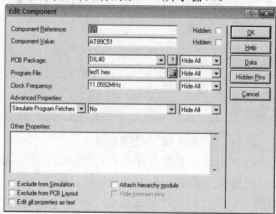

图 9.22　下载文件加载窗口

②　单击图 9.22 中 Program File 后面的打开文件标识，弹出如图 9.23 所示的文件选择窗口。双击 led.hex 文件(如果 KEIL 工程与 PROTEUS 工程文件保存在同一个文件夹下，会自动找到该文件，否则需要设计人员自己查找 hex 文件的所在位置)，这时会回到图 9.22 所示窗口，然后单击"OK"按钮，程序加载完成。

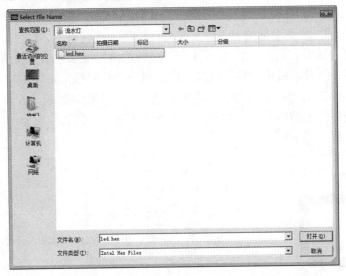

图 9.23　文件选择

注意：这里所说的下载是指对 PROTEUS 仿真环境下 hex 文件的加载，而并非真正的程序下载，对于单片机实物的程序下载需要专用的硬件下载器将 hex 文件下载到单片机中。

③　仿真运行。单击图 9.16 中左下角的仿真按钮，开始仿真运行，如图 9.24 所示。此时可以观察到，发光二极管的点亮次序是按照二进制加法的原则循环点亮的。

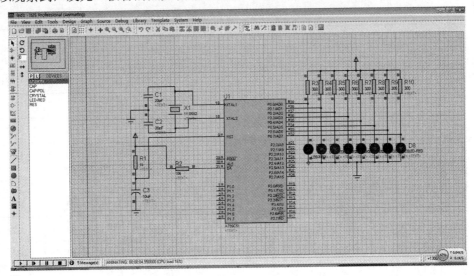

图 9.24　八路流水灯仿真运行图

9.3.4　数码管动态扫描显示

　　首先我们来看数码管是怎样来显示 1、2、3、4、…呢？数码管实际上是由 7 个发光管组成 8 字形构成的，加上小数点就是 8 个。我们分别把它命名为 A、B、C、D、E、F、G、H(H 为小数点)，如图 9.25 所示。了解了这个原理，如果要显示一个数字 2，那么只需要 A、B、G、E、D 这 5 个段的发光管点亮就可以了。也就是 C、F、H(小数点)不亮，其余全亮。但是也应注意，如图 9.25 所示 8 个二极管的电路接法，如果将所有的阳极接在一起，称为共阳极，此时阴极将连接控制端，相反则成为共阴极，同样此时阳极连接控制端。我们可以根据硬件的接线把数码管显示数字编制成一个表格，如表 9-6 所示为共阳极接法的真值表，如果所选的数码管为共阴极的，那么将表 9-6 的代码取反即可。有了表 9-6，以后编写程序时直接调用即可。

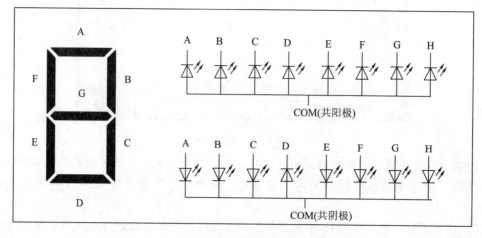

图 9.25　数码管原理图

表 9-6　数码管显示数字真值表

显示	P0.7	P0.6	P0.5	P0.4	P0.3	P0.2	P0.1	P0.0	代码
	H	G	F	E	D	C	B	A	
0	1	1	0	0	0	0	0	0	C0H
1	1	1	1	1	1	0	0	1	F9H
2	1	0	1	0	0	1	0	0	A4H
3	1	0	1	1	0	0	0	0	B0H
4	1	0	0	1	1	0	0	1	99H
5	1	0	0	1	0	0	1	0	92H
6	1	0	0	0	0	0	1	0	82H
7	1	1	1	1	1	0	0	0	F8H
8	1	0	0	0	0	0	0	0	80H
9	1	0	0	1	0	0	0	0	90H

　　按照表 9-6 的关系，如果要显示一个数字，那么就需要单片机一个端口的 8 个位，而 MCS-51 单片机总共有 4 个端口，最多只能控制 8 个数码管，只能显示 4 个数字，这样是不能满足实际需求的。为了能增加所控制的数码管，就需要改变控制方法，这里假设需要控制 6 个数码管，数码管如图 9.26 所示，左边的字母代表每个数码管的 8 个发光二极管，我们称之为段码，右边的数字为 6 个数码管，我们称之为位码。如果要控制这 6 个数码管显示"012345"应该如何做呢？

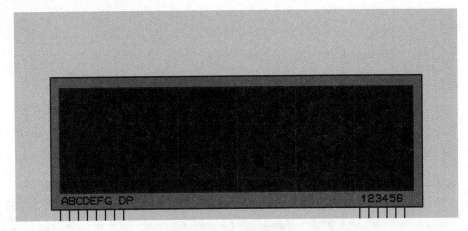

图 9.26　六位数码管

　　要实现上述要求，首先按照表 9-6 的关系将单片机的一个端口(这里选 P0 口)与六位数码管的段码依次连接，然后再将数码管的位码连到 P1 口上，每一个位连接 P1 的一个 I/O 口(P1.0 连 1，依次类推)，这时只要按照表 10.6 通过 P0 口输出"0"的代码，然后控制 P1.0 输出低电平(数码管是共阴极接法)，P1 口的其他 I/O 输出高电平，此时第一位数码管会显示数字"0"；接下来再通过 P0 口输出数字"1"的代码，同时控制 P1.1 输出低电平，P1 的其他口输出高电平，此时第二位数码管会显示数字"1"。按照此法，可以依次使 6 个数码管按顺序显示"012345"，如果程序循环起来，并且将每个位显示的时间足够短，此时人眼已经分辨不出显示顺序，看到的将是"012345"在同时显示，这就是数码管的动态扫描方式。一个简单的数码管动态扫描程序如下：

```
#include "at89x51.h"              /*头文件*/
delay(int a)                      /*延时程序，用于控制每个位的显示时间*/
{
    int i;
    for(i=0;i<a;i++)
    {}
}
main()
{
    char i,a;
    /*用数组来存储数字代码，所选数码管为共阴极接法，因此将表 10.6 的代码取反*/
```

```
char segcode[10]={0x3f,0x06,0x5b,0x4f,0x66,0x6d,0x7d,0x07,0x7f,0x6f} ;   /*循环显示*/
while(1)
{
    a=0x01;                        /*控制位的变量*/
    P2=0X00;                       /*先使所有位不选通*/
    for(i=0;i<6;i++)               /*循环 6 次，依次显示 0~5 六个数字*/
    {
        P2=a;
        P0=segcode[i];
        a=a<<1;
         delay(300);               /*调用延时程序*/
    }
}
}
```

可通过 PROTEUS 软件进行仿真，元器件添加等操作方法前面已经详细介绍，这里不再细述。仿真运行结果如图 9.27 所示。

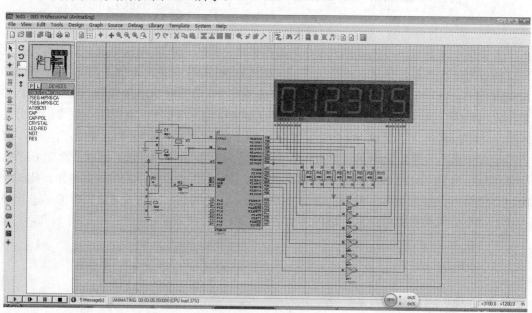

图 9.27　数码管动态扫描

9.3.5　串口通信应用设计

本节使用 U1 和 U2 两个单片机来设计一个简单的单工串口通信实例，通信采用单片机的方式 1 工作模式(单片机总共有四种工作方式，具体工作方式由方式控制寄存器 SCON 的 SM0、SM1 控制，见表 9-7)，通过 U1 的 TXD 口发送一段流水灯控制码，U2 通过 RXD 口接收到该段代码，并控制其外围的流水灯按照代码点亮。

表 9-7　串口的四种工作方式

SM0	SM1	工作方式	功 能 说 明
0	0	0	同步移位寄存器方式(用于扩展 I/O 口)，波特率 $f_{osc}/12$
0	1	1	8 为异步收发，波特率可变(由定时器 T1 设置)
1	0	2	8 为异步收发，波特率 $f_{osc}/64$ 或 $f_{osc}/32$
1	1	3	9 为异步收发，波特率可变(由定时器 T1 设置)

要实现通信功能，需要对 U1、U2 两个单片机分别设计程序和硬件电路，才能在 PROTEUS 中仿真。单片机 U1 用于发送流水灯代码，因此不需要其他硬件电路，编写程序时是发送程序；单片机 U2 用于接收流水灯代码，并将代码显示出来，因此硬件需要外接 8 个发光二极管作为流水灯显示，编写程序时要编写串口接收程序和控制发光二极管的显示程序。

本例的流水灯显示方式是采用 P1 口控制 8 个灯，从第一个到第八个依次单独点亮，程序循环运行。硬件上 8 个流水灯采用共阳极接法，以下分别为用于发送的单片机 U1 和用于接收的单片机 U2 的程序。

U1 程序：

```
include<reg51.h>
unsigned char code Tab[ ]={0xFE,0xFD,0xFB,0xF7,0xEF,0xDF,0xBF,0x7F};
/*流水灯控制码，该数组被定义为全局变量*/
void Send(unsigned char dat)     /*发送流水灯代码子程序*/
{
    SBUF=dat;
    while(TI==0)
        ;
     TI=0;
}
void delay(void)                 /*延时程序*/
{
    unsigned char m,n;
     for(m=0;m<200;m++)
     for(n=0;n<250;n++)
            ;
 }
void main(void)
{
    unsigned char i;
    TMOD=0x20;                   /*TMOD=0010 0000B，定时器 T1 工作于方式 2*/
    SCON=0x40;                   /*SCON=0100 0000B，串口工作方式 1*/
    PCON=0x00;                   /*PCON=0000 0000B，波特率 9600*/
    TH1=0xfd;                    /*根据规定给定时器 T1 赋初值*/
```

```
    TL1=0xfd;                  /*根据规定给定时器 T1 赋初值*/
    TR1=1;                     /*启动定时器 T1*/
    while(1)
      {
        for(i=0;i<8;i++)       /*模拟检测数据*/
          {
                Send(Tab[i]);  /*发送数据 i*/
                delay();       /*50 ms 发送一次检测数据*/
          }
      }
  }
```

U2 程序：

```
    #include<reg51.h>
    unsigned char Receive(void)    /*接收代码子程序*/
    {
        unsigned char dat;
        while(RI==0)               /*只要接收中断标志位 RI 没有被置"1" */
             ;                     /*等待，直至接收完毕(RI=1) */
        RI=0;                      /*为了接收下一帧数据，需将 RI 清零*/
        dat=SBUF;                  /*将接收缓冲器中的数据存于 dat*/
        return dat;
    }
    /***********************************************
    函数功能：主函数
    ***********************************************/
    void main(void)
    {
        TMOD=0x20;                 /*定时器 T1 工作于方式 2*/
        SCON=0x50;                 /*SCON=0101 0000B，串口工作方式 1，允许接收(REN=1) */
        PCON=0x00;                 /*PCON=0000 0000B，波特率 9600*/
        TH1=0xfd;                  /*根据规定给定时器 T1 赋初值*/
        TL1=0xfd;                  /*根据规定给定时器 T1 赋初值*/
        TR1=1;                     /*启动定时器 T1*/
        REN=1;                     /*允许接收*/
        while(1)
        {
            P1=Receive();          /*将接收到的数据送 P1 口显示*/
        }
    }
```

PROTEUS 中仿真结果如图 9.28 所示。

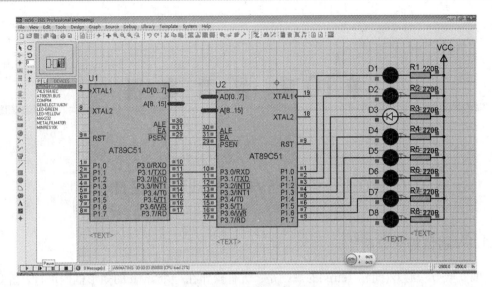

图 9.28　串口通信运行图

　　需要注意的是，本例中用到两个单片机，因此程序是独立的，需要采用 KEIL 单独编译发送和接收程序，并分别产生两个独立的编程文件(hex 文件)。在 PROTEUS 中加载 hex 文件时，一定要将发送程序的编程文件加载到 U1 中，接收程序的编程文件加载到 U2 中。

本 章 小 结

　　本章介绍了 MCS-51 单片机的基本结构、系统资源及 C 语言在 MCS-51 系列单片机开发中的应用方法。以实例为主，结合目前最常用的单片机开发软件 Keil 以及仿真软件 PROTEUS，阐述了 MCS-51 单片机 C 语言的开发应用，使读者能够快速掌握单片机 C51 的开发与应用过程。

习　 题　 九

　　1．编写一个函数，计算两个无符号数 x 与 y 的平方和。

　　2．现有以下指针数组：

　　　　char *str[]_{"English","Math","Music","Physics","Chemistry");

请编写一个函数将各字符串送 P0 口循环显示，要求用该指针数组作参数。

　　3．使用头文件"AT89x51.h"编写一个程序流水点亮 P2 口 8 位 LED。画出其仿真原理图，并对其结果分别进行 PROTEUS 软件仿真。

　　4．编写一个 C 程序，从键盘上为 5×5 的一个整型二维数组输入数据，最后输出该二维数组中的对角线元素。

　　5．编写一个程序数码管动态扫描，实现 8 个数码管轮流循环显示 1 至 8。画出其仿真原理图，并对结果分别进行 PROTEUS 软件仿真。

第 10 章　综合案例

10.1　俄罗斯方块游戏程序设计

10.1.1　题目需求分析

俄罗斯方块游戏(简称 Tetris)的规则是：所有操作在一个 m*n 的矩形框内进行。游戏开始时，矩形框的顶部会随机出现一个由四个小方块构成的砖块，每过一个很短的时间(我们称这个时间为一个 tick)，它就会下落一格，直到它碰到矩形框的底部，然后再过一个 tick 它就会固定在矩形框的底部，成为固定块。接着再过一个 tick 顶部又会出现下一个随机形状的方块，同样每隔一个 tick 都会下落，直到接触到底部或者接触到下面的固定块时，再过一个 tick 它也会成为固定块，每过一个 tick 之后会进行检查，发现有充满方块的行则会消除该行，同时顶部出现下一个随机形状。直到顶部出现的随机形状在刚出现时就与固定块重叠，则表示游戏结束。游戏中涉及到的操作有：左移、右移、旋转、自由下落和快速下落。

下面根据游戏规则，分析整个系统需要的功能。

1．游戏流程控制

(1) 需要控制游戏的开始、暂停和结束。需要控制生成新方块和成为固定块时间以及速度。

(2) 当游戏中的方块在进行移动处理时，要清除先前的游戏方块，用新坐标重绘游戏方块。当消除满行后，也要重绘游戏底板的当前状态。

(3) 当行满时消行后，通过游戏者消除的行数将给予一定的分值奖励，例如，可以设置消除完整的一行加 1 分，两行加 3 分等。当分数累积一定分值之后，需要给游戏者进行等级上的升级。当游戏者级别升高后，方块的下落速度将加快，从而游戏的难度就相应地提高了。

2．游戏方块的随机生成功能

当游戏运行开始或方块成为固定块后，应在游戏面板顶部随机生成一个新方块，这样便于玩家提前进行控制处理。

3．游戏方块的控制功能

游戏者可以对出现的方块进行移动处理，分别实现左移、右移、快速下移、自由下落和行满自动消行的控制功能。

4．更新游戏显示

当在游戏中移动方块时，需要先消除先前的游戏方块，然后在新坐标位置重新绘制新方块。

5. 系统帮助

游戏者进入游戏系统后，通过帮助了解游戏如何操作和积分办法等提示。

10.1.2　设计思路

根据题目功能分析，游戏基本控制结构设计如图 10.1 所示。

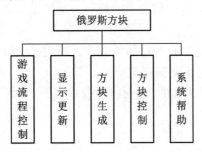

图 10.1　俄罗斯方块游戏功能模块图

10.1.3　设计过程

1. 数据结构设计

俄罗斯方块游戏主要涉及两个数据结构，游戏面板的矩形框和游戏方块。

1) Tetris 游戏的矩形框

根据俄罗斯方块游戏的特点，可以用二维数组描述 Tetris 游戏的矩形框。如图 10.2 所示。

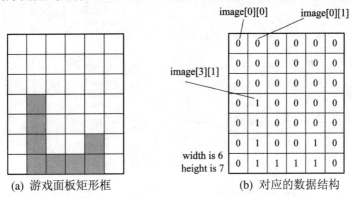

(a) 游戏面板矩形框　　　　(b) 对应的数据结构

图 10.2　俄罗斯方块游戏面板对应的数据结构

2) 游戏方块

仔细观察俄罗斯游戏中出现的 7 种类型方块(如图 10.3)，每一个方框都是由四个小方块构成的。

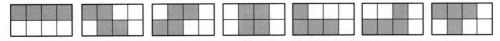

图 10.3　俄罗斯游戏中的方块

以每个方块的左上角点为原点，向右和向下为 x 轴和 y 轴正方向，可以用四个坐标记录每个形状，例如第一个长条形方块的四个小方块的坐标值为(0,0)、(1,0)、(2,0)、(3,0)。

由于方块在移动过程中，x 坐标和 y 坐标会分别发生变化，例如，下移是 y 坐标加 1。因此采用两个整型数组分别记录 7 种俄罗斯方块的横坐标值和纵坐标值。

    static int brickX[7][4]={{0,1,2,3},{0,1,1,2},{2,1,1,0},{1,1,2,2},{0,0,1,2},{2,2,1,0},{0,1,1,2}};

    static int brickY[7][4]={{0,0,0,0},{0,0,1,1},{0,0,1,1},{0,1,0,1},{0,1,1,1},{0,1,1,1},{0,0,1,0}};

2. 功能模块详细设计

根据总体设计，对总体设计中规划出的每一个功能模块进行详细设计。

1) 游戏流程控制模块

首先分析在游戏过程中需要进行哪些控制，这时应考虑以下问题：

(1) 需要哪些用于程序流程控制的变量？

(2) 方块的形状、数量是未知的，怎么处理？

(3) 新方块什么情况下产生？

(4) 如何控制方块的下落速度？

(5) 什么情况下游戏结束？

(6) 如何计分和评价玩家等级？

(7) 如何添加暂停功能？

在仔细考虑这些问题之后，根据俄罗斯方块游戏的流程，给出游戏的流程如图 10.4 所示。

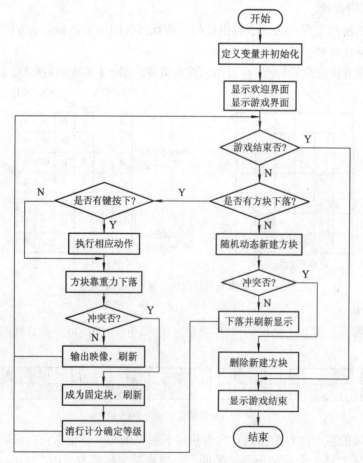

图 10.4 俄罗斯方块游戏流程图

2) 游戏界面进行设计

考虑到 Visual C++ 6.0 下 Win32 控制台程序的局限性，设计了简单的游戏界面，界面主要采用输入、输出函数实现，如图 10.5 所示。游戏面板为 10*20。由于在游戏过程中要刷新屏幕、定位输出，因此我们使用了 3 个系统函数：

(1) 清屏函数 system("cls")。

(2) 定位函数 SetConsoleCursorPosition。

(3) 休眠函数实现 sleep。

流程控制和界面设计主要在主函数 main 中实现。此外，考虑到模块化的思想，为了实现游戏的流程控制，还需设计以下 3 个函数。

(1) 输出到游戏面板函数。

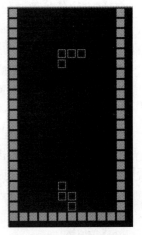

图 10.5　游戏界面设计

  void output(int binImage[20][10]);

当方块遇到底部或其他固定块时，当前方块会停止下落，成为固定块，这时就应该把相应的游戏面板二维数组的相应位置赋值为 1。

(2) 拷贝游戏面板函数。

  void copyimage(int destimage[20][10], int sourceimage[20][10]);

游戏过程中，需要建立一个临时游戏面板数组，用来记录下落过程中方块的临时状态。临时状态是不需要保存的。

(3) 暂停函数。

  void Pause(void);

提供游戏过程中暂停的功能。

3) 显示更新模块

设计一个显示游戏面板函数用来显示更新。

  void Display(int binimage[20][10]);

该函数的功能是将描述游戏面板的二位数组可视化，算法描述如下：

首先定位输出位置(1,1)，其次根据面板对应的二维数组绘制游戏区域，如果二维数组相应位为 0，则绘制空格；否则，绘制空心方格。绘制过程中还需绘制面板界墙，为实心方格。

为了显示游戏面板能够定位输出，应用模块化的思想，设计一个定位输出函数：

  void GotoXY(int x, int y);

设定输出位置，并将输出的提示光标在指定位置显示。

4) 方块生成模块

前面使用 brickX 和 brickY 分别存储了 7 种类型方块的横坐标和纵坐标。若随即生成方块，只需随机生成 0~6 的数字，以这些数字作为 brickX 和 brickY 数组的下标，即可取产生相应的方块。可使用 rand 函数实现。设计随机生成方块函数如下：

  void Block_Random();

5) 方块控制模块

(1) 左移处理。

左移方块的处理过程如下。

① 判断是否能够左移，判断条件有两个：左移一位后方块不能超越游戏底板的左边线，否则将越界；并且游戏方块有值(值为 1)位置、游戏底板不能被占用(占用时值为 1)。

② 清除左移前的游戏方块；

③ 在左移一位的位置处，重新显示此游戏的方块。

(2) 右移处理。

右移方块的处理过程如下。

① 判断是否能够右移，判断条件有两个：右移一位后方块不能超越游戏底板的右边线，否则将越界；游戏方块有值位置、游戏底板不能被占用；

② 清除右移前的游戏方块；

③ 在右移一位的位置处，重新显示此游戏的方块。

(3) 下移处理。

下移处理处理过程如下。

① 判断是否能够下移，判断条件有两个：下移一位后方块不能超越游戏底板的底边线，否则将越界；游戏方块有值位置、游戏底板不能被占用。满足上述两个条件后，可以被下移处理。

② 清除下移前的游戏方块；

③ 在下移一位的位置处，重新显示此游戏的方块。

根据前面的分析，我们可以看出：方块左移、右移、下移功能类似，可使用同一个函数——移动函数实现，旋转功能使用旋转函数实现，消行功能由方块消行函数实现。

6) 主要函数设计

(1) 移动函数。

　　　int move(int offsetX,int offsetY,int binImage[20][10]);　　/*左移、右移、下移*/

移动函数首先要判断能否移动(是否冲突)，判断条件有两个：是否碰到边界；是否遇到固定块。如果方块能移动，给方块的 x 和 y 坐标值加上偏移量，否则保持原值。

(2) 旋转函数。

　　　int rotate(int binImage[20][10]);

① 判断是否能够旋转，判断条件有两个：旋转后方块不能超越游戏底板的底边线、左边线和右边线，否则将越界；游戏方块有值位置、游戏底板不能被占用；

② 清除旋转前的游戏方块；

③ 旋转后方块坐标的计算。

点 P(x,y)绕原点 O 点为旋转轴逆时针旋转角度 θ 后到点 P′(x′, y′)(如图 10.6 所示)，由三角函数的几何意义得 $x=r*\cos\alpha$，$y=r*\sin\alpha$ 和 $x'=r*\cos(\alpha+\theta)$，$y'=r*\sin(\alpha+\theta)$，推出：

$$x' = x * \cos\theta - y * \sin\theta$$
$$y' = y * \cos\theta + x * \sin\theta$$

当把旋转轴一般化为点 $Q(x_0, y_0)$时，得到

$$x'=x_0 +(x-x_0)\cos\theta - (y-y_0)\sin\theta$$

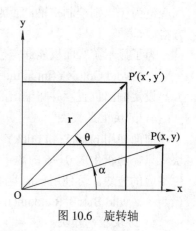

图 10.6　旋转轴

$$y' = y_0 + (y - y_0)\cos\theta + (x - x_0)\sin\theta$$

游戏中将坐标(x, y)绕(x₀, y₀)顺时针旋转 90°(相当于逆时针−90°), 得到的新坐标 (x_1, y_1), 满足:

$$x_1 = x_0 + y - y_0$$

$$y_1 = y_0 + x_0 - x$$

这就是旋转后方块的坐标转换公式。

(3) 方块消行函数。

    unsigned int removeFullLines();

从上到下检查一行是否填满; 如果填满, 消除该行, 上面的行下落, 增加一个新行并记录消除的行数。

7) 系统帮助模块

    void Help(void);

帮助函数用于向玩家提示游戏操作信息, 可根据需要设计。这里主要采用输出函数设计。

10.1.4 具体实现

通过对系统的分析和设计, 用 C 语言编写的源代码如下所示:

```
/**********俄罗斯方块游戏**********
作者:C语言程序设计编写组
版本:v1.0
创建时间:2015.8
主要功能:
1.方块生成: 可生成7种基本图形
2.方块控制: 实现左移、右移、快速下移、自由下落和行满自动消除功能的效果。
3.更新显示: 移动方块时, 需先消除先前的方块, 然后在新坐标位置重绘新方块。
4.速度分数更新: 通过游戏分数能够实现对行数的划分。
5.系统帮助: 通过帮助了解游戏的操作方式。
*******************************/
#include <iostream>
using namespace std;
#include <stdio.h>
#include <windows.h>
#include <stdlib.h>
#include <time.h>
#include <conio.h>
int r,p,q=0,speed=25;
int score;    /*记录分数*/
int difficulty;   /*难度*/
```

```c
int image[20][10];
/*
```

```c
*/
static int brickX[7][4]={{0,1,2,3},{0,1,1,2},{2,1,1,0},{1,1,2,2},{0,0,1,2},{2,2,1,0},{0,1,1,2}};
static int brickY[7][4]={{0,0,0,0},{0,0,1,1},{0,0,1,1},{0,1,0,1},{0,1,1,1},{0,1,1,1},{0,0,1,0}};
/*存放块的x, y坐标*/
unsigned int x[4];
unsigned int y[4];
/*函数声明*/
void output( int binImage[20][10]);          /*输出到游戏面板*/
void copyimage(int destimage[20][10],int sourceimage[20][10]); /*拷贝游戏面板*/
void Pause(void);   /*暂停*/
void Display(int binimage[20][10]);          /*显示游戏面板函数*/
void GotoXY(int x, int y);                    /*定位输出函数*/
void Block_Random();                          /*随机生成一个方块*/
int move(int offsetX,int offsetY,int binImage[20][10]);        /*左移、右移、下移*/
int rotate( int binImage[20][10]);            /*旋转函数*/
unsigned int removeFullLines();               /*消行函数*/
void Help(void);                              /*欢迎界面*/
/*主函数控制游戏流程*/
int main(void)
{
    int i,j;
    int gameOver=0;                       /*游戏是否结束*/
    int brickInFlight=0;                  /*方块是否处于飞行状态*/
    int brickType=0;                      /*方块类别*/
    unsigned int initOrientation=0;       /*初始状态*/
    int notCollide=0;                     /*方块是否冲突*/
    int arrowKey=0;
    int tempimage[20][10];                /*初始化临时游戏面板*/
    score=0;
    difficulty=500;
    for(i=0;i<20;i++)
            for(j=0;j<10;j++)            /*初始化游戏面板*/
                    image[i][j]=0;
    for(i=0;i<20;i++)
            for(j=0;j<10;j++)            /*初始化临时游戏面板*/
                    tempimage[i][j]=0;
```

```
Help();                              /*欢迎界面*/
Display(image);                      /*显示游戏面板*/
  /*开始游戏*/
while (!gameOver)
{
    if (!brickInFlight)
    {
        /*没有方块落下时，需要新建一个方块，需要随机指定方块的形状和初始状态*/
        copyimage(tempimage,image);
        Block_Random();
        notCollide = move(10/2, 0,image);        /*检查是否冲突*/
        if (notCollide)
        {
            brickInFlight = 1;
            output(tempimage);
            Display(tempimage);              /*显示image*/
        }
        else
        {/*新建方块同游戏面板的顶部有冲突，表明面板剩余空间已经放不下新方块，
            游戏结束*/
            gameOver = 1;
            brickInFlight = 0;
        }
    }
        else
        {
        /*当前有方块正在下落，因此需要检测用户的按键*/
        copyimage(tempimage,image);
            if(kbhit())/*检测是否有键按下*/
            {
            arrowKey = getch();                          /*检查用户输入*/
            if (arrowKey == 'd'||arrowKey == 'D')        /*右移*/
                    notCollide=move(1, 0,image);
                else if (arrowKey == 'a'||arrowKey == 'A')   /*左移*/
                    notCollide=move(-1, 0,image);
                else if (arrowKey == 'w'||arrowKey == 'W')   /*旋转*/
                notCollide=rotate(image);
            else if (arrowKey == 's'||arrowKey == 'S')   /*下落*/
                notCollide=move(0, 1,image);
            else if (arrowKey == 'x'||arrowKey == 'X')       /*一键加速下落*/
```

```
                    {
                        notCollide=move(0, 1,image);
                        while(notCollide)
                        {
                            notCollide=move(0, 1,image);
                            if (notCollide)
                            {
                                output(tempimage);
                                Display(tempimage);
                            }
                            copyimage(tempimage,image);
                        }
                    }
                else if (arrowKey == 'p'||arrowKey == 'P')      /*暂停*/
                    Pause();
                else if (arrowKey == 'Q') /*退出*/
                    exit(1);
            }
/*方块靠重力下落*/
Sleep(difficulty);
notCollide=move(0, 1,image);
if (notCollide)
    {
    output(tempimage);
    Display(tempimage);
}
else
    {
    /*方块落在底部或已固定的砖块上，不再下落*/
    brickInFlight = 0;
    output(image);                      /*将固定块输出到游戏面板*/
    Display(tempimage);
    /*检查是否需要消行*/
        switch (removeFullLines())  /*计分方式。这里还可以实现更复杂的计分方式*/
        {
        case 1:score++;break;
        case 2:score+=3;break;
        case 3:score+=5;break;
        case 4:score+=8;break;
        }
```

```
                switch(score/100)        /*等级确定*/
                {
                case 0:difficulty=500; break;
                case 1:difficulty=200; break;
                case 2:difficulty=170; break;
                case 3:difficulty=150; break;
                case 4:difficulty=120; break;
                case 5:difficulty=100; break;
                case 6:difficulty=70; break;
                case 7:difficulty=50; break;
                case 8:difficulty=20; break;
                case 9:difficulty=0; break;
                }
            /*检查消行后，更新游戏图像面板*/
            copyimage(tempimage,image);
        }
        Display(tempimage);
        }
}
    GotoXY(1,24);
    Cout<<"Game Over";
    getch();
    return 0;
}
void output( int binImage[20][10])
{
    int i;
     for(i=0;i<4;i++)
            binImage[y[i]][x[i]]=1;
}
void copyimage(int destimage[20][10],int sourceimage[20][10])
{
    int i,j;
    for(i=0;i<20;i++)
        for(j=0;j<10;j++)
            destimage[i][j]=sourceimage[i][j];
}
void Pause(void)
{
    char c;
```

```
            GotoXY(1,23);
            cout<<"Pause! ";
            do
            { c=getch(); }while(c!='p'&&c!='P');
    }

    void Display(int binimage[20][10])
    {
            int i,j;
            GotoXY(1,1);
            for(i=0;i<20;i++)
            {
                    cout<<"■";
                    for(j=0;j<10;j++)
                    {
                            switch(binimage[i][j])
                            {
                            case 0:cout<<"   ";break;
                            case 1:cout<<"□";break;
                            }
                    }
                    cout<<"■\n";}
            for(i=0;i<12;i++)
                    cout<<"■";
            GotoXY(1,22); cout<<"SCORE:%d",score;
            GotoXY(1,23); cout<<"LEVEL=%d",score/100;
    }
    void GotoXY(int x, int y)
    {
            COORD c;
            c.X = x-1;
            c.Y = y-1;
            SetConsoleCursorPosition (GetStdHandle(STD_OUTPUT_HANDLE), c);
    }
    void Block_Random()
    {
            int k,i;
            k = (rand() % 7);
             for(i=0;i<4;i++){
                    x[i]=brickX[k][i];
```

```
                y[i]=brickY[k][i];
        }
}
int move(int offsetX,int offsetY,int binImage[20][10])
{
        int i;
        int X[4],Y[4];
        for(i=0;i<4;i++)                           /*针对每一个小方格的移动*/
        {
                X[i]=x[i]+offsetX;
                Y[i]=y[i]+offsetY;
                if(X[i]<0||X[i]>=10||Y[i]<0||Y[i]>=20)    /*判断是否能够移动成功*/
                        return 0;
                if(binImage[Y[i]][X[i]]!=0)
                        return 0;
        }
        for(i=0;i<4;i++)
        {
                x[i]=X[i];
                y[i]=Y[i];
        }
        return 1;
}
int rotate( int binImage[20][10])
{
        int i;
        int xt[4],yt[4];
        for(i=0;i<4;i++){                           /*进行顺时针坐标变换*/
                xt[i]=y[i]+x[1]-y[1];
                yt[i]=x[1]+y[1]-x[i];
                if(xt[i]<0||xt[i]>=10||yt[i]<0||yt[i]>=20)
                        return 0;
                if(binImage[yt[i]][xt[i]]!=0)
                        return 0;
        }
        for(i=0;i<4;i++)
        {
                x[i]=xt[i];
                y[i]=yt[i];
        }
```

```
        return 1;
    }
    unsigned int removeFullLines()
    {
        unsigned int flag,EmptyLine=0;
        unsigned int i,j,m;
        for (i=0; i<20; i++)
        {
            flag=0;
            for (j=0; j<10; j++)
            {
                if (image[i][j]==0 )
                    flag=1;
            }
            /*一行完全被填满*/
            if(flag==0)
            {
                for(m=i; m>0; m--)          /*如果一行完全被填满，则删除该行*/
                for (j=0; j<10; j++)
                        image[m][j]=image[m-1][j];
            for (j=0; j<10; j++)
                image[0][j]=0;          /*第一行为*/
            EmptyLine++;                /*记录消除的行数*/
                i--;
            }
        }
        return EmptyLine;
    }
    void Help(void)
    {
    cout<<"【欢迎使用俄罗斯方块游戏】\n";
    cout<<"操作说明：\n旋转：W\n左移：A\n右移：D\n下落：S\n瞬间下落：X\n暂停：P\n
退出：Q\n";
    cout<<"*平均每提高分速度会加快一个级别\n";
    system("pause");
    system("cls");
    }
```

10.1.5　总结与建议

俄罗斯方块(Tetris, 俄文：Тетрис)是一款风靡全球的计算机、电视游戏机和掌上游戏机的交互式智能游戏，是由俄罗斯人阿列克谢·帕基特诺夫发明的。俄罗斯方块原名是俄语 Тетрис(英语是 Tetris)，这个名字来源于希腊语 tetra，意思是"四"，而游戏的作者最喜欢网球(tennis)，于是他把两个词 tetra 和 tennis 合二为一，命名为 Tetris，故得此名。俄罗斯方块的基本规则是移动、旋转和摆放游戏自动输出的各种方块，使之排列成完整的一行或多行并且逐层消除得分。由于该游戏上手简单、老少皆宜、经久不衰，从而家喻户晓，风靡世界。

建议学习者在分析和读懂源程序的基础上，在计算机的 C 语言环境下(任意平台)输入、编译、调试和运行程序，达到案例应用的目的。如果能适度改进，则编程技能会显著提高。

10.2 保龄球积分程序设计

10.2.1 题目需求分析

打保龄球游戏是用一个滚球去击打 10 个站立的瓶柱，成功时将瓶柱击倒。一局分十轮，每轮可滚球一次或两次。如果本轮滚球未击倒 10 个瓶柱，则可对剩下未倒的瓶柱再滚球一次。以击倒的瓶柱数为依据计分。一局得分为 10 轮得分之和，而每轮的得分不仅与本轮滚球情况有关，还可能与后续一两轮的滚球情况有关。即某轮某次滚球击倒的瓶柱数不仅要计入本轮得分，还可能会计入前一两轮得分。具体滚球击瓶柱规则和计分方法如下：

(1) 若某一轮的第一次滚球就击倒全部 10 个瓶柱，则本轮不再滚球。(若是第 10 轮，则还需另加两次滚球)。该轮得分为本次击倒瓶柱数 10 与以后两次滚球所击倒的瓶柱数之和。

(2) 若某一轮的第一次滚球未击倒 10 个瓶柱，则可对剩下未倒的瓶柱再滚球一次。如果这两次滚球击倒全部 10 个瓶柱，则本轮不再滚球(若是第 10 轮，则还需另加一次滚球)，该轮得分为本轮两次共击倒的瓶柱数 10 与后一次滚球所击倒瓶柱数之和。

(3) 若某一轮的两次滚球未击倒全部 10 个瓶柱，则本轮不再继续滚球，该轮得分为这两次滚球击倒的瓶柱数之和。

总之，若一轮中一次滚球或两次滚球击倒 10 个瓶柱，则本轮得分是本轮首次滚球开始的连续三次滚球击倒的瓶柱数之和(其中有一次或两次不是本轮滚球)。若一轮内两次滚球击倒的瓶柱数不足 10 个，则本轮得分即为这两次击倒的瓶柱数之和。具体积分规则如表 10-1 所示。

表 10-1 保龄球积分规则

轮 数	1	2	3	4	5	6	7	8	9	10	11
第一次得分	10	10	10	7	9	8	8	10	9	10	8
第二次得分	/	/	/	2	1	1	2	/	1	/	2
本轮得分	30	27	19	9	18	9	20	20	20	20	
累计总分	30	57	76	85	103	112	132	152	172	192	

由上述可知，系统需要完成的功能如下：

(1) 使用 C 语言编写一个程序可以方便地对保龄球运动项目进行记分；界面布局合理，能直观地显示每次得分、每轮得分和累计得分的情况。

(2) 分值录入准确，需要进行无效值判断处理(比如每次击球得分不会大于 10 等)。

(3) 将每场比赛结束后的积分数据保存下来。

(4) 查询显示历史积分记录。

(5) 具有系统帮助功能。

10.2.2　设计思路

根据功能需求，系统的基本结构设计如图 10.7 所示。

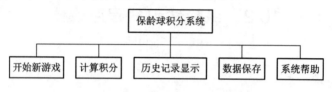

图 10.7　保龄球积分系统软件结构图

1．开始新游戏

开始新游戏是整个保龄球积分系统的重点和难点。

(1) 数据输入前的初始化：将各轮第一次击球数、第二次击球数置为−1。

(2) 数据的输入：

① 显示已经输入的部分数据。

② 输入本轮第一次击倒的瓶柱数初值，要求输入数据大于等于 0 并且小于等于 10。如果输入数据不符合规则，则被清除，并重新输入。

③ 如果本轮第一次击倒的瓶柱数为 10，则不进行第二次滚球。(第 10 轮第一次击倒的瓶柱数为 10，则还需另加两次滚球。)如果本轮第一次击倒的瓶柱数小于 10，则输入本轮第二次击倒的瓶柱数，要求第二次输入数据大于等于 0 并且小于等于 10 减去第一次击倒的瓶柱数。如果输入数据不符合规则，则被清除，并重新输入(若是第 10 轮两次滚球击倒全部 10 个瓶柱，则还需另加一次滚球)。

2．计算积分

(1) 根据积分规则计算本轮成绩及累积成绩。

① 若某一轮的第一次滚球就击倒全部 10 个瓶柱，则该轮得分为本次击倒的瓶柱数 10 与以后两次滚球所击倒的瓶柱数之和。

② 若某一轮的第一次滚球未击倒 10 个瓶柱，而第二次滚球击倒全部 10 个瓶柱，则该轮得分为本轮两次共击倒的瓶柱数 10 与后一次滚球所击倒的瓶柱数之和。

③ 若某一轮的两次滚球未击倒全部 10 个瓶柱，则该轮得分为这两次滚球击倒的瓶柱数之和。

(2) 显示最终全部成绩：将滚球轮数、各轮第一次击倒瓶柱数、第二次击倒瓶柱数、本轮成绩、累积成绩全部显示输出。

3．数据保存

询问用户是否保存成绩，如果保存，则请用户输入预保存的文件名，并以写入的方式打开该文件，将各轮第一次击倒瓶柱数、第二次击倒瓶柱数、本轮成绩、累积成绩依次写入文件中。以便在需要时，调用历史记录显示函数查看。

4．历史记录显示

可以查看已保存的用户积分记录。输入已保存的文件名，以只读的方式打开后，依次读出各轮第一次击倒瓶柱数、第二次击倒瓶柱数、本轮成绩、累积成绩，调用"显示最终全部成绩"函数将成绩显示出来。

10.2.3 设计过程

1．数据结构的设计

分别用四个数组保存每轮第一次击倒瓶柱数、第二次击倒瓶柱数、每轮成绩及累积成绩：

```
#define N 12              /*最多击球轮数*/
int first[N];            /*保存每轮第一次击倒瓶柱数*/
int second[N];           /*保存每轮第二次击倒瓶柱数*/
int term[10],total[10];  /*保存每轮成绩及累积成绩*/
```

2．主要函数设计

(1) 帮助函数 help():提示系统帮助，程序设计如下：

```
void help()
{
    printf("\n0.欢迎使用系统帮助！\n");
    printf("\n1.进入系统后,可选择积分系统进行积分\n 若之前已保存过积分记录,可以选择
            历史记录进行查看;\n");
    printf("\n2.按照菜单提示键入数字代号;\n");
    printf("\n3.谢谢您的使用！\n");
    system("pause");    /*发出一个 DOS 命令，屏幕上输出"请按任意键继续..."*/
}
```

(2) 积分函数 score()：根据积分规则计算本轮成绩及累积成绩，程序设计如下：

```
void score()
{
    int i;
    for(i=0;i<10;i++)
    {
        if (first[i]==10)   /*若某一轮的第一次滚球就击倒全部 10 个瓶柱，该轮得分为本次
                            击倒瓶柱数 10 与以后两次滚球所击倒瓶柱数之和*/
        {
            if (first[i+1]==10) term[i]=20+first[i+2];
            else
                term[i]=first[i]+first[i+1]+second[i+1];
        }
```

```
            else if(first[i]+second[i]==10) term[i]=10+first[i+1]; /*如果两次滚球击倒全部 10 个瓶
                柱，该轮得分为本轮两次共击倒瓶柱数 10 与以后一次滚球所击倒瓶柱数之和*/
            else term[i]=first[i]+second[i];   /*某一轮的两次滚球未击倒全部 10 个瓶柱，该轮得分
                为这两次滚球击倒的瓶柱数之和*/
        }
        total[0]=term[0];
        for(i=1;i<10;i++)
                total[i]=term[i]+total[i-1];
    }
```

(3) 输入数据函数 input()：积分数值输入与判断，算法描述如下：

① 新游戏开始，初始化数据，将各轮第一次和第二次击球初值置位为−1。

② 输入第 1～10 轮击倒的瓶柱数值时有以下几种情况：

第一次滚球击倒瓶柱数大于等于 0 并且小于等于 10，表示未击倒全部瓶柱，继续本轮第二次击球，第二次击倒瓶柱数大于等于 0 并且小于等于 10，减去第一次已击倒的柱数；

第一次滚球击倒瓶柱数=10，不需要进行二次击球；

③ 根据第 10 轮滚球击倒瓶柱数判断是否追加击球：

第 10 轮击球两次，总击倒的瓶柱数不足 10，游戏结束；

第 10 轮击球两次，击倒全部瓶柱，追加一次滚球；

第 10 轮第一次击球就击倒全部瓶柱，追加两次滚球；若第 11 轮第一次击球就击倒全部瓶柱，另加一次滚球；否则结束游戏。

(4) 积分函数 score()：算法描述如下：

① 某轮第一次滚球就击倒 10 个瓶柱，若下一轮的第一次滚球也击倒 10 个瓶柱，则本次得分为"10+10+再下轮的第一次滚球所击倒的瓶柱数"。

② 某轮第一次滚球就击倒 10 个瓶柱，若下一轮的第一次滚球未击倒全部瓶柱，则本次得分为"10+再下轮的两次滚球所击倒的瓶柱数"。

③ 如果某轮两次滚球就击倒全部 10 个瓶柱，则本次得分为"本轮两次滚球共击倒的瓶柱数 10+下轮的第一次滚球所击倒的瓶柱数"。

④ 如果某轮两次滚球未击倒全部 10 个瓶柱，则本次得分为"本轮两次滚球共击倒的瓶柱数"。

10.2.4　具体实现

通过对系统的分析和设计，编写的 C 语言源代码如下所示：

```
/**********保龄球积分程序**********
作者:C语言程序设计编写组
版本:v1.0
创建时间:2015.8
主要功能:
1 输入数据：根据规则判断击球的轮数以及每轮击倒瓶柱数的合理值。
```

2.计算积分：根据积分规则计算本轮成绩及累积成绩。

3.数据保存：如果保存，则写入文件。

4.系统帮助：通过帮助了解系统操作方式。

**********************************/

```c
#include "stdio.h"          /*I/O 函数*/
#include "stdlib.h"         /*其他函数*/
#define N 12                /*最多击球轮数*/
/*函数声明*/
void menu();               /*用户界面*/
void help();               /*帮助*/
void newgame();            /*开始新游戏，输入数据，积分、显示并保存*/
void input();              /*输入数据*/
void score();              /*积分系统*/
void displayinput(int i);  /*显示已经输入的部分成绩*/
void displayoutput();      /*显示最终全部成绩*/
void history();            /*历史记录*/


int k=1,num=12;            /*全局变量 k 为是否退出系统的标记，num 表示实际击打轮数*/
int first[N];              /*保存每轮第一次击倒瓶柱数*/
int second[N];             /*保存每轮第二次击倒瓶柱数*/
int term[10],total[10];    /*保存每轮成绩及累积成绩*/
/*主函数*/
int main()
{
    while(k)
    {
        menu();
    }
    return 0;
}
/*用户界面*/
void menu()
{
    int number;
    printf("\n          ===============保龄球积分系统=============\n\n\n\n");
    printf("\n          *************** 主 菜 单 ***************\n");
    printf("                        *                              *\n");
    printf("                        *          0. 系统帮助          *\n");
    printf("                        *                              *\n");
    printf("                        *       1. 开始新一轮游戏        *\n");
```

```
        printf("                *                                    *\n");
        printf("                *           2. 历史记录显示            *\n");
        printf("                *                                    *\n");
        printf("                *           3. 退出系统               *\n");
        printf("                *                                    *\n");
        printf("                ************************************\n");
        printf("请选择菜单编号:");
        scanf("%d",&number);
        switch(number)
        {
        case 0:help();break;
        case 1:newgame();break;
        case 2:history();break;
        case 3:k=0;printf("即将退出程序！\n");break;
        default:printf("请在 0～3 之间选择\n");
        }
}
/*帮助*/
void help()
{
        printf("\n0.欢迎使用系统帮助！\n");
        printf("\n1.进入系统后，可选择积分系统进行积分\n,若之前已保存过积分记录，可以
                选择历史记录进行查看;\n");
        printf("\n2.按照菜单提示键入数字代号;\n");
        printf("\n3.谢谢您的使用！\n");
        system("pause");        /*发出一个 DOS 命令，屏幕上输出"请按任意键继续..."*/
}
/*开始新游戏，输入数据，积分、显示并保存*/
void newgame()
{
        char filename[20],answer;
        FILE *fp;
        input();                /*调用输入数据函数*/
        printf ("\n\n 数据输入已完成！\n");
        score();                /*调用积分函数计算成绩*/
        printf ("\n 积分已完成！\n\n");
        system("pause");
        displayoutput();        /*调用显示最终全部成绩函数*/
        system("pause");
        printf ("\n\n 数据需要保存吗？需要保存请按 y，否则请按 n\n");
```

```
        scanf(" %c",&answer);
        if(answer=='y'||answer=='Y')
        {
                printf ("请输入用户名或要保存的文件名：\n");
                scanf("%s",filename);      /*如果成绩需要保存，请输入要保存的文件名*/
                if((fp=fopen(filename,"wb"))==NULL)   /*以写入方式打开该文件*/
                        printf ("\n\n          【温馨提示】数据保存出错!!!\n");
                else
                { /*依次写入第 1 次击倒瓶柱数、第 2 次击倒瓶柱数、本轮成绩、累积成绩*/
                        fwrite(first,4,12,fp);
                        fwrite(second,4,12,fp);
                        fwrite(term,4,10,fp);
                        fwrite(total,4,10,fp);
                        fclose(fp);
                        printf ("\n\n          【温馨提示】数据保存成功!!!\n");
                        system("pause");
                }
        }
}
/*输入数据*/
void input()
{
        int i;
        for(i=0;i<N;i++)                         /*新游戏开始，初始化数据*/
        {
                first[i]=-1;
                second[i]=-1;
        }
        for (i=0;i<N;i++)
        {
                if(i==10&&first[9]<10&&first[9]+second[9]!=10) /*第 10 轮击球两次，总击倒瓶柱数
                        不足 10，游戏结束*/
                        break;
if(i==11&&first[10]<10||i==11&&first[10]==10&&first[9]+second[9]==10)
                        /*第 10 轮击球两次，击倒全部 10 个瓶柱，另加一次滚球*/
                        /*第 11 轮第 1 次击倒瓶柱数不足 10，不进行第 12 轮击球*/
                        break;
                do
                {
                        do
```

```
        {
                displayinput(i);              /*调用显示已经输入的部分成绩函数*/
                printf("\n\n\n\n●请输入第%2d 轮第 1 次得分(0<=击倒柱数<=10):",i+1);
                if (first[i]>10||first[i]<0)
                        scanf("%d",&first[i]);
                else
                        printf("%d\n",first[i]);
        }while(first[i]>10||first[i]<0); /*第 1 次击倒瓶柱数大于等于 0 并且小于等于 10*/
        if(first[i]==10)        /*第 1 次击球击倒全部 10 个瓶柱,不需进行第 2 次击球*/
                break;
        if(i==10&&first[9]<10&&first[9]+second[9]==10)
                        /*第 10 轮击球两次,击倒全部 10 个瓶柱,另加一次滚球*/
                break;
        if (first[i]<10&&i!=11)        /*第 1 次击球未击倒全部 10 个瓶柱,继续本轮第 2 次
                        击球*/
        {
                printf("\n\n●请输入第%2d 轮第 2 次得分(0<=击倒瓶柱数<=10-第 1 次
                        得分数):",i+1);
                scanf("%d",&second[i]);
        }
    }while(second[i]>10-first[i]||second[i]<0);
            /*第 2 次击倒瓶柱数大于等于 0 并且小于等于 10 减去第一次已击倒瓶柱数*/
    }
}
/*显示已输入的部分成绩*/
void displayinput(int i)
{
    int m;
    system("cls");
    printf("\n ===============保龄球积分系统================\n\n");
    printf("    ◎ 轮数:");
    for(m=0;m<i+1;m++)
        printf(" %-4d",m+1);
    printf("\n\n    ◎第 1 次:");
    for(m=0;m<i;m++)
        printf(" %-4d",first[m]);
    printf("\n\n    ◎第 2 次:");
    for(m=0;m<i;m++)
        if(second[m]==-1)
                printf(" / ");
```

```
                else
                    printf(" %-4d",second[m]);
                printf("\n\n ------------------------------------------------------------\n");
        }
/*积分函数*/
void score()
{
        int i;
        for(i=0;i<10;i++)
        {
                if (first[i]==10)    /*若某一轮的第一次滚球就击倒全部 10 个瓶柱，该轮得分为本次
                                        击倒瓶柱数 10 与以后两次滚球所击倒瓶柱数之和*/
                {
                        if (first[i+1]==10) term[i]=20+first[i+2];
                        else
                                term[i]=first[i]+first[i+1]+second[i+1];
                }
                else if(first[i]+second[i]==10) term[i]=10+first[i+1];/*如果两次滚球击倒全部 10 个瓶
                                柱，该轮得分为本轮两次共击倒瓶柱数 10 与以后一次滚球所击倒瓶柱数之和*/
                else term[i]=first[i]+second[i];/*某一轮的两次滚球未击倒全部 10 个瓶柱，该轮得分为
                                这两次滚球击倒的瓶柱数之和*/
        }
        total[0]=term[0];
        for(i=1;i<10;i++)
                total[i]=term[i]+total[i-1];
}
/*显示最终成绩*/
void displayoutput()
{
        int n,l,m;
        system("cls");
        if(first[10]==-1)
                num=10;
        else if(first[11]==-1)
                num=11;
        else
                num=12;
        printf("\n ==================保龄球积分系统==============\n\n\n");
        printf("  ********************** 成 绩 单 **********************");
        printf("\n   *                                                    *\n");
```

```
        printf(" *◎     轮数 ");
    for(l=0;l<num;l++)
        printf(" %4d",l+1);
    for(l=0;l<N-num;l++)
        printf("%5c",' ');
    printf("     *\n");
    printf("  *                                                    *\n");
    printf("  *◎    第 1 次 ");
    for(m=0;m<num;m++)
        if(first[m]==-1)
            printf("     /");
        else
            printf(" %4d",first[m]);
    for(m=0;m<N-num;m++)
        printf("%5c",' ');
    printf("     *\n");
    printf("  *                                                    *\n");
    printf("  *◎    第 2 次 ");
    for(n=0;n<num;n++)
        if(second[n]==-1)
            printf("     /");
        else
            printf(" %4d",second[n]);
    for(n=0;n<N-num;n++)
        printf("%5c",' ');
    printf("     *\n");
    printf("  *                                                    *\n");
    printf("  *◎本轮成绩 ");
    for(l=0;l<10;l++)
        printf(" %4d",term[l]);
    printf("             *\n");
    printf("  *                                                    *\n");
    printf("  *◎累积成绩 ");
    for(l=0;l<10;l++)
        printf(" %4d",total[l]);
    printf("                                                  *\n");
    printf("  *                                                  *\n");
    printf("  ********************************************     \n");
}
/*显示历史记录*/
```

```
void history()
{
        char filename[20];
        FILE *fp;
        printf ("\n\n 请输入用户名以显示历史记录");
        scanf("%s",filename);                    /*输入文件名以显示历史记录*/
        if((fp=fopen(filename,"rb"))==NULL)      /*以只读方式打开文件*/
        {
                printf ("\n\n      【温馨提示】数据读取出错!!!\n");
        }
        else
        { /*依次读入第 1 次击倒瓶柱数、第 2 次击倒瓶柱数、本轮成绩、累积成绩*/
                fread(first,4,12,fp);
                fread(second,4,12,fp);
                fread(term,4,10,fp);
                fread(total,4,10,fp);
                fclose(fp);
        }
        displayoutput();              /*调用显示最终全部成绩函数*/
        system("pause");
}
```

10.2.5　总结与建议

经典的保龄球游戏，玩家不仅需要控制击球的路线，保证最大击倒瓶柱数量，还需要选择恰当的力度和角度。若对战模式采用多个玩家一起竞技比赛，乐趣更多。

建议学习者在分析和读懂源程序的基础上，在计算机的 C 语言环境下(任意平台)输入、编译、调试和运行程序，达到案例应用的目的。如果能适度改进，如增加积分排行榜功能，则编程成效更加显著。

10.3　英文单词小助手程序设计

10.3.1　题目需求分析

英文单词小助手是帮助学生背诵单词开发的软件，用户可以选择背诵的词库，也可以编辑自己的词库，该软件还应有词语预览学习等功能。系统可以给出中文，让学生输入其英文词义，也可输出英文让学生输入中文词义，并判定词义是否正确。如果不正确，则给出提示并要求用户重新输入。如果正确，则加分，不正确不给分或扣分。

根据题目需求，系统的基本功能如下：

(1) 词库维护：基于文件进行管理，可以增加、删除和修改单词的中英文词义。每条记录应包括英文词义，中文词义。

(2) 单词预览：系统随机显示一条记录，在屏幕上显示中英文词义。

(3) 中英单词背诵：随机显示中文词汇，用户需输入正确的英文词义才可得分。输入错误会提示用户继续输入，直到输入正确。

(4) 英中单词背诵：随机显示英文词汇，用户需输入正确的中文词义才可得分。输入错误会提示用户继续输入，直到输入正确。

(5) 成绩查询：显示中英、英中背诵学习的成绩统计。

(6) 系统帮助：通过帮助了解系统的功能与使用方式。

(7) 退出：退出系统。

10.3.2　设计思路

根据题目需求，本系统的程序结构设计如图 10.8 所示。

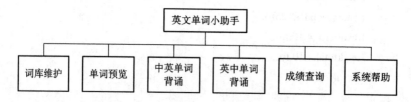

图 10.8　英文单词小助手软件结构图

1．词库维护

用户可在此对词库内容进行维护，包括增、删、改、查子功能实现。

(1) 增加单词：由键盘读入单词的英文和中文词义，检测是否与文件中的记录有重复(即中文英文含义均一致的记录)，若没有重复的记录，则可以增加此单词。同时需对词典单词进行重新排序并保存。其中排序可使用最为常见的冒泡排序法实现。

(2) 删除单词：删除由键盘输入英文单词所对应的记录。

(3) 修改单词：根据键盘输入的英文单词找出对应的记录进行整体修改。

(4) 查询单词：根据中文词义来查询其英文含义。

2．单词预览

将文件中的所有记录显示在屏幕上。

3．中英单词背诵与英中单词背诵

两者功能相似，给出中文(或英文)含义，由用户输入英文(或中文)含义。

4．成绩查询

用两个全局变量来统计正确和错误的答题次数，每题 10 分，次数与分数相乘即为得分。

10.3.3　设计过程

1．文件中记录结构的设计

```
#define MAX_CHAR   20   /* 最大字符*/
#define MAX_NUM   200   /*单词的最大个数*/
```

```
 struct word
/*单词的结构体
{
    char   en[MAX_CHAR];        /*英文形式*/
    char   ch[MAX_CHAR];        /*中文形式*/
} s[MAX_NUM]; /*单词数组
```

所有的单词将保存在data.txt文件中。

2. 主要函数设计

(1) 文件读取函数readfile()，算法描述与程序如下：

打开当前目录下的data.txt文件(该文件一定存在)，读出英文、中文词义。如果文件中没有单词记录，则提示需要维护增加词条记录。

```
void   readfile()
{
    FILE *fp;
    int i=0;
    fp=fopen("data.txt","r");/*文件指针指向data.txt文件*/
    if(!fp)
    {
        printf("\n打开文件data.txt失败!");
    }
    while(fscanf(fp,"%s %s ",s[i].en,s[i].ch)==2)/    {
        i++;
    }
    num=i;
    if(0==i)
        printf("\n文件为空，请选择词典维护增加词条！ ");
    else
        printf("\n");
    fclose(fp);
}
```

(2) 增加单词函数add()，算法描述如下：

增加英文单词，并在输入后与文件中的英文单词进行查找，如果文件中无该词，则可加入，但需按字典排序后插入合适位置。

(3) 中译英测试：使用随机函数在文件中找出一组中文词，要求用户由键盘输入英文单词，如果输入不正确，会提示继续输入，直到能正确输入所对应的单词。回答完毕后可选择继续测试或返回上级。本功能中需要设置两个全局变量来统计正确次数和错误次数。

10.3.4 具体实现

通过对系统的分析和设计，编写的源代码如下所示：

```
/**********英文单词小助手**********
作者:C语言程序设计编写组
版本:v1.0
创建时间:2015.8
主要功能:
1.词库维护：基于文件进行管理，可以增加、删除和修改单词的中英文词义。
2.单词预览：系统随机显示一条记录，在屏幕上显示中英文词义。
3.中英单词背诵：随机显示中文词汇，用户需输入正确的英文词义才可得分。
4.英中单词背诵：随机显示英文词汇，用户需输入正确的中文词义才可得分。
5.成绩查询：显示中英、英中背诵学习的成绩统计。
********************************/
#include <stdio.h>
#include <string.h>
#include <stdlib.h>
#define MAX_CHAR   20    /*最大字符*/
#define MAX_NUM   200   /*单词的最大个数*/
 struct word
/*单词的结构体*/
{
    char   en[MAX_CHAR]; /*英文形式*/
    char   ch[MAX_CHAR];    /*中文形式*/
}   s[MAX_NUM]; /*单词数组*/
int    num;              /*单词个数*/
int select=1; /*select 为是否退出系统的标记*/
int d=0,c=0;
/*帮助*/
void help()
{
    printf("\n本系统主要实现英语单词学习的功能。用户可对词典文件中的单词进行预览，
    增删改查。");
     printf("\n同时还可进行中英、英中测试。本系统还提供了测试成绩的显示功能。");
}
/*从文件中读取单词的信息*/
void   readfile()
{
    FILE *fp;
    int i=0;
    fp=fopen("data.txt","r");
    if(!fp)
    {
```

```
            printf("\n打开文件data.txt失败!");
        }
    while(fscanf(fp,"%s %s ",s[i].en,s[i].ch)==2)
    {
            i++;
    }
    num=i;
    if(0==i)
            printf("\n文件为空，请选择词典维护增加词条！ ");
    else
            printf("\n");
    fclose(fp);
}
/*从文件中读取单词的信息*/
void    writefile()
{
    FILE *fp;
    int i=0;
    fp=fopen("data.txt","w");
    if(!fp)
    {
            printf("\n打开文件data.txt失败!");
    }
    for(i=0;i<num;i++)
    {
            fprintf(fp,"\n%s %s ",s[i].en,s[i].ch);
    }
    printf("\n");
    fclose(fp);
}
/*按字典排序*/
void sort()
{
    int i,j;
    char temp[MAX_CHAR];
    for(i=0;i<num-1;i++)
    {
            for(j=num-1;j>i;j--)
                    if(strcmp(s[j-1].en,s[j].en)>0)
                    {
```

```
                                    strcpy(temp,s[j-1].en);
                                    strcpy(s[j-1].en,s[j].en);
                                    strcpy(s[j].en,temp);
                                    strcpy(temp,s[j-1].ch);
                                    strcpy(s[j-1].ch,s[j].ch);
                                    strcpy(s[j].ch,temp);
                            }
                    }
            }
/*添加单词信息*/
void add()
{
        int i=num,j,flag=1;
    while(flag)
        {
                flag=0;
                printf("\n请输入单词的英文形式:");
                scanf("%s",s[i].en);
                for(j=0;j<i;j++)
                        if(strcmp(s[i].en,s[j].en)==0)
                        {
                                printf("已有该单词，请检查后重新录入!\n");
                                flag=1;
                                break; /*如有重复立即退出该层循环，提高判断速度*/
                        }
        }
    printf("\n请输入单词的中文形式:");
    scanf("%s",s[i].ch);
    num++;
    printf("\n您输入的信息为: 英文: %s  中文: %s  ",s[i].en,s[i].ch);
    sort();
}
/*删除单词信息*/
void del()
{
        int i=0,j=0;
        char   en[MAX_CHAR];      /*英文形式*/
        printf("\n请输入你要删除的单词英文形式:");
        scanf("%s",en);
        for(i=0;i<num;i++)/*先找到该英文形式对应的序号*/
```

```
            if(strcmp(s[i].en,en)==0)
             {
                    for(j=i;j<num-1;j++)
                            s[j]=s[j+1];
                    num--; //数量减少 1
                    return;
             }
        printf("\n没有这个单词!");
  }
/*修改单词信息*/
void modify()
{
      int i=0,choose=0,flag=1;/*chooses代表选项标识，flag代表是否找到单词*/
      char  en[MAX_CHAR];      /*英文形式*/
      while(flag||choose)
      {
            printf("\n请输入你要修改的单词英文形式:");
            scanf("%s",en);
            for(i=0;i<num;i++)//先找到该英文形式对应的序号
                  if(strcmp(s[i].en,en)==0)
                  {
                        printf("\n请输入单词正确的英文形式:");
                        scanf("%s",s[i].en);

                        printf("\n请输入此单词正确的中文形式:");
                        scanf("%s",s[i].ch);

                        printf("\n继续修改请选1，返回上一级请选0:");
                        scanf("%d",&choose);
                        if(choose==0) return;
                  }
                  flag=0;
      }
   if(!flag)   printf("\n没有这个单词!");
}
/*单词预览*/
void show()
{
      int   i=0;
      printf("\n单词：       英文         中文             ");
```

```
        for(i=0;i<num;i++)
            printf("\n              %-12s%-12s",s[i].en,s[i].ch);
    }
    /*查询单词*/
    void search()
    {
        int i=0,choose=0,flag=1;
        char   ch[MAX_CHAR];    /*中文形式*/
        while(choose||flag)
        {
        printf("\n请输入你要查询的单词中文形式:");
            scanf("%s",ch);
        for(i=0;i<num;i++)/*先找到该中文形式对应的序号*/
            if(strcmp(s[i].ch,ch)==0)
             {
                 printf("\n英文形式           中文形式           ");
                 printf("\n     %-12s%12s",s[i].en,s[i].ch);

                    printf("\n继续查询请选1，返回上一级请选0:");
                    scanf("%d",&choose);
                    if(choose==0) return;
                }
            flag=0;
        }
        if(!flag)  printf("\n没有这个单词!");
    }
    /*中译英测试*/
    void zytest()
    {
        char b1[20];
        int z;
        int choose=1;
        int   i;
        while(choose)
        {
            i = rand()%num;
            printf("\n【%s】请输入英文单词:",s[i].ch);
            scanf("%s",b1);
            for(z=0;strcmp(b1,s[i].en)!=0;z=z)
            {
```

```
                   printf("\n输入错误!! 请重新输入:");scanf("%s",b1);c=c+1;}
               printf("\n恭喜你，回答正确，加10分!\n\n");d=d+1;
               printf("\n继续测试请选1，返回上一级请选0:");
               scanf("%d",&choose);
               if(choose==0) return;
           }
    }
/*英译中测试*/
void yztest()
{
       char b1[20];
       int z,x=41;
       int choose=1;
       int   i;
       i = rand()%num;
       while(choose)
       {
           printf(" 【%s】 请输入中文意思:",s[i].en);
           scanf("%s",b1);
           for(z=0;strcmp(b1,s[i].ch)!=0;z=z)
           {
               printf("输入错误!! 请重新输入:");scanf("%s",b1);c=c+1;}
               printf("\n恭喜你，回答正确，加10分!\n\n");d=d+1;
               printf("\n继续测试请选1，返回上一级请选0:");
               scanf("%d",&choose);
               if(choose==0) return;
           }
       }
}
/*成绩列表*/
void list()
{
       printf("\n   共计输入错误:%d次   **每次扣10分**\n",c);
       printf("   共计输入正确:%d次   **每次加10分**\n",d);
       printf("   你的总得分为:%d分\n\n",10*d-10*c);
}
/*词典维护*/
void maintain()
{
       int choose;/*代表维护功能选择*/
       printf("   -----------------\n");
```

```c
    printf("    1.增加单词\n");
    printf("    2.修改单词\n");
    printf("    3.删除单词\n");
    printf("    4.查询单词\n");
    printf("    5.退出本菜单\n");
    printf("    ------------------\n");
    while(1)
    {
        printf(" \n请输入维护功能编号:");
        scanf("%d",&choose);
        switch(choose)
        {
         case 1:   add();writefile();break;
         case 2:   modify();writefile();break;
         case 3:   del();writefile();break;
         case 4:   search();break;
         case 5:   return;
         default: printf("\n请在1～5之间选择");
        }
    }
}
/*用户界面*/
void menu()
{
    int item;
    printf("\n");
    printf("     ********************************************************\n");
    printf("     #                                                      #\n");
    printf("     #                    英语单词小助手                     #\n");
    printf("     #                                                      #\n");
    printf("     #                    版本 ： v1.0                       #\n");
    printf("     #                                                      #\n");
    printf("     ********************************************************\n");
    printf("     #                                                      #\n");
    printf("     #        0. 词库维护          1. 单词预览               #\n");
    printf("     #                                                      #\n");
    printf("     #        2. 单词背诵(中英)     3. 单词背诵(英中)         #\n");
    printf("     #                                                      #\n");
    printf("     #        4. 成绩查询          5. 系统帮助               #\n");
    printf("     #                                                      #\n");
```

```
            printf("      #        6. 退出系统                              #\n");
            printf("      #                                              #\n");
            printf("      ********************************************************\n");
            printf("\n");
            printf("                        请选择您需要的操作序号(0～5)按回车确认:");
            scanf("%d",&item);
            printf("\n");
            readfile();
            switch(item)
            {
              case 0:    maintain();break;
              case 1:    show();break;
              case 2:    zytest();break;
              case 3:    yztest(); break;
              case 4:    list();break;
              case 5:    help();break;
              case 6:    select =0;break;
              default:   printf("请在0～6之间选择\n");
            }
        }
        int main()
        {
            while(select)
            {
                menu();
            }
            system("pause");
            return 0;
        }
```

10.3.5 总结与建议

单词助手软件是一款解决学生英语单词学习与记忆的有效帮助途径。成熟的单词助手软件的功能与特点表现在：(1) 提供人教版小学英语单词及四会句子练习，有拼写练习和听写练习两种模式，对于练习过程中出现的不熟悉单词及四会句子程序会自动将其列为重点词句强化练习；(2) 练习初期有一个熟悉电脑键盘的过程，练习量不宜做硬性规定，可根据所在的年级及对键盘的熟悉程度进行每天不少于 40～100 个单词的拼写练习；(3) 休息时间建议将练习量翻番，使用计算机时间过长会对孩子的视力造成伤害，强烈建议在家长监督下使用此软件，且每次使用的时间应控制在 30 分钟以内。

建议学习者在分析和读懂源程序的基础上，在计算机的 C 语言环境下(任意平台)输入、编译、调试和运行程序，达到案例应用的目的。如果能适度改进，则编程成效更加显著。

10.4　贪吃蛇游戏程序设计

10.4.1　题目需求分析

贪吃蛇游戏是一个经典小游戏。一条蛇处在封闭围墙里，围墙内随机出现一个食物，游戏者通过按键盘四个光标键控制蛇向上、下、左、右四个方向移动，当蛇头撞到食物时，则食物被蛇吃掉，蛇身长一节，同时记 10 分；接着又出现食物，等待蛇来吃……，如果蛇在移动中撞到墙壁或身体交叉使蛇头撞到自己身体，则游戏结束。

由上述可知，系统需要实现的功能如下：

(1) 游戏面板。屏幕产生一个固定大小的游戏区域(即封闭围墙)，蛇从游戏区域的左上角出现。当蛇身移动时，先消除原蛇身图像，然后在新的坐标处显示移动后的蛇身。

(2) 移动控制。蛇的运动限制在游戏区域内，控制蛇头方向去吃随机分布在游戏区域内的食物；由玩家通过键盘控制蛇的运动方向；当蛇身直线移动时，只走横、竖的方向，不走斜线；蛇的运动速度取决于控制难度，难度越高，速度越快；蛇身体的长度从 1 开始，每吃掉一份食物就增加一个长度，以此类推。

(3) 食物生成。食物的出现按照随机分布的原则，蛇吃掉一份后随即在游戏区域内再出现一份新的食物；每吃掉一份食物得 10 分，游戏结束后统计全部得分。

(4) 速度分数更新。采取积分激励原则，即每吃掉一份食物得 10 分，当积分达到一定上限时给游戏者升级一档；游戏者档次越高，蛇的移动速度就越快，从而提升游戏难度。

(5) 游戏结束的条件。在控制蛇移动过程中，若蛇头碰到蛇的身体的任何部位或者碰到围墙边界，宣告本次游戏结束。

(6) 系统帮助。在游戏过程中为游戏者了解游戏规则和控制方法等。

10.4.2　设计思路

根据上述功能需求，游戏软件的基本结构设计如图 10.9 所示。

图 10.9　贪吃蛇游戏软件结构图

(1) 游戏画面显示：游戏面板是一个封闭的围墙，用两个循环语句分别在水平和垂直方向上输出连续的宽度和高度均相同的矩形方块表示围墙，为了醒目，设置为白色；蛇身设置成空心方块，食物设置成实心方块。

(2) 蛇的移动控制：通过蛇头向前移动位置坐标的改变，加上一个偏移量实现蛇身向上、下、左、右四个方向移动；将蛇身移动过的坐标赋入背景颜色值，从而实现清除。

(3) 食物生成：采用 random()函数随机生成食物的位置坐标，显示食物图像。

(4) 速度分数更新：当蛇头的坐标与食物的坐标相等时，表示食物被吃掉了；此时计分器加 10 分。然后将分数和速度变量 difficulty 相关联，实现等级升级的效果。

(5) 输出成绩：可将当前游戏的成绩实时显示在屏幕上。

(6) 结束游戏：清除屏幕，显示游戏结束信息。

10.4.3　设计过程

1. 食物及蛇的结构体设计

使用结构体描述食物和蛇的图像，具体设计如下：

```
struct    Food
{
    int   x;            /*食物的横坐标*/
    int   y;            /*食物的纵坐标*/
    int   yes;          /*判断是否要出现食物的变量*/
}food;                  /*食物的结构体*/
struct    Snake
{
    int   x[N];
    int   y[N];
    int   node;         /*蛇身的节数*/
    int   direction;    /*蛇移动方向*/
    int   life;         /*蛇的生命，0 代表活着，1 代表死亡*/
}snake;                 /*蛇的结构体*/
```

2. 主要函数设计

(1) 蛇移动控制函数 move()，算法描述如下：

① 通过循环，蛇身向前传递，从而实现蛇身移动。

② 通过蛇头位置坐标加上一个偏移量实现蛇身向上、下、左、右四个方向移动。

③ 蛇身初始位置坐标赋值 2，将蛇身最后一节坐标赋值为背景色值 0，并显示。

(2) 游戏面板显示函数 Display()，算法描述如下：

① 定位输出初始位置(1, 1)。

② 根据面板对应的二维数组绘制图形。

③ 绘制面板围墙为实心方块。

④ 如果二维数组相应位为 0，绘制空格；若为 1，绘制实心方块，否则绘制空心方块。

⑤ 输出分数和等级。

(3) 开始画面函数 Welcome()，产生游戏画面显示。

10.4.4　具体实现

通过对游戏需求的分析和设计，编写的源代码如下所示：

```
/************************贪吃蛇游戏********************************************
作者：C语言程序设计编写组
版本：v1.0
创建时间：2015.8
主要功能：一条蛇出现在封闭的围墙里，围墙里随机出现一个食物，通过按键a、d、w、s控制
          蛇向左、右、上、下四个方向移动。当蛇头碰到食物时，食物被蛇吃掉，蛇身长一
          节，同时计10分，将当前游戏的成绩输出在屏幕上。接着又出现食物，等待蛇来吃，
          以此类推。如果蛇在移动中触碰围墙墙壁或触碰自己身体任何部位，则游戏结束。
***************************************************************************/
#include <stdio.h>
#include <windows.h>
#include <stdlib.h>
#include <time.h>
#include <conio.h>
#include <graphics.h>
#include <dos.h>
#define KEY_LEFT 'a'              /*定义左移光标按键*/
#define KEY_RIGHT 'd'            /*定义右移光标按键*/
#define KEY_UP 'w'               /*定义上移光标按键*/
#define KEY_DOWN 's'            /*定义下移光标按键*/
#define   N 25                   /*定义蛇身最大长度*/
#define   WIDTH 25               /*定义蛇身宽度*/
#define   HEIGHT 16              /*定义蛇身高度*/
#define   N 200
#define   LEFT    0x4b00
#define   RIGHT   0x4d00
#define   DOWN    0x5000
#define   UP      0x4800
#define   ESC     0x011b
int    i,key;
int    score=0;                  /*得分*/
int    gamespeed=50000;          /*游戏速度自己调整*/
/*食物的结构体*/
struct   Food
{
    int   x;                     /*食物的横坐标*/
```

```
    int   y;                  /*食物的纵坐标*/
    int   yes;                /*判断是否要出现食物的变量*/
}food;
/*蛇的结构体*/
struct   Snake
{
    int   x[N];
    int   y[N];
    int   node;               /*蛇的节数*/
    int   direction;          /*蛇移动方向*/
    int   life;               /*蛇的生命，0 代表活着，1 代表死亡*/
}snake;
/*游戏欢迎画面*/
Void Welcome(void)
{
    Printf(" 【贪吃蛇游戏】v1.0  测试版\n");
    Printf(" 【左移键：a   右移键：d   上移键：w 下移键：s 结束：   p】\n");
    Printf(" 【按任意键继续：】\n");
    Getch();
}
/*设定输出显示位置*/
Void GotoXY(int x, int y)
{
    GOORD c；
    c.X=x-1;
    c.Y=y-1;
    SetConsolePosition(GetStdHandle(STD_OUTPUT_HANDLE),c);
}
/*暂停功能*/
Void Pause()
{
    Char c；
    GotoXY(1,23);Print("Pause! ");
    Do
    {
        c=getch();
}while(c!= 'P');
}
/*显示游戏界面，img 为显示面板对应的二维数组*/
```

```
Void Display(int img[HEIGHT][WIDTH],int score)
{
    int I,j;
    GotoXY(1,1)
    for(i=0; i<27; i++)
        printf("■");                              /*输出游戏围墙上边墙*/
    printf(("\n");
    for(i=0; i<15; i++)
    {
        printf("■");                              /*输出游戏围墙左边墙*/
        for(j=0; i<25; j++)
        {
            if (img[i][j]==0)
                printf("  ");
            else if (img[i][j]==1)
                printf("■");
            else
                printf("□");                       /*输出游戏围墙右边墙*/
    }
    for(i=0; i<27; i++)                           /*输出游戏围墙的底部*/
        printf("■");
    GotoXY(55,1);Print("SCORE:%d",score);        /*输出分数*/
    GotoXY(55,2);Print("LEVEL:%d",level);        /*输出级别*/
    GotoXY(1,18);Print("贪食蛇游戏:v1.0");         /*输出级别*/
}
/*蛇身移动函数*/
void move(int *head, int offset, img[HEIGHT][WIDTH], int score)
{
     int i;
     for(i=snake.node+1; i>0; i--)                /*蛇身向前移动*/
{
snake.x[i]= snake.x[i-1];
snake.y[i]= snake.y[i-1];
}
*head=*head+offset;                              /*蛇头移动*/
for(i=0; i<=snake.node; i++)
  img[snake.y[i]][ snake.x[i]]=2;                /*位置赋值并显示*/
img[snake.y[snake.node+1]][ snake.x[snake.node+1]]=0;   /*删除最后一节蛇身*/
Display(img,score);
```

```
}

/*主函数*/
void main(void)
{
    int i=0,j=0;
    int outputImage[HEIGHT][WIDTH];
    int gameover=0;
    int food1=0;
    int direct=1;                            /*蛇的移动方向，初始位置默认为右*/
    snake.node=1;                            /*蛇身初始长度为两节*/
    int difficulty=200;
    int notcollide=0;
    int arrowKey=0;
    int score=0;
    Welcome();                               /*启动欢迎画面*/
    System("cls");
    Srand(time(NULL));
    GotoXY(1,1));
    for(i=0；i< HEIGHT；i++)
    for(j=0；j< WIDTH；j++)
    outputImage[i][j]=0；
    Display(outputImage,score);
    snake.x[0]=5；snake.y[0]=5;              /*蛇头初始位置*/
    snake.x[1]=4；snake.y[1]=5；
    for(i=0；i< = snake.node；i++)
    {
        outputImage[snake.y [i] ][ snake.x[i]]=2;
    }
    Display(outputImage,score);
    While(! Gameover)                        /*蛇身开始移动*/
    {
    if(!food1)                               /*没有食物时需新建一个食物*/
    {
    food.x =(rand()%15);
    food.y =(rand()%25);
    outputImage[food.x][ food.y]=1；
    food1=1；
    Display(outputImage,score);
```

```
        }
/*产生食物，蛇开始移动*/
    if(!food1)
    {
     if(kbhit())          /*检测是否有键按下*/
    {
    arrowKey=getch(); /*1,2,3,4 代表蛇移动的方向为右，左，上，下*/
    if (arrowKey==KEY_RIGHT&&.direct !=2)
    {
        direct =1;
        }
        else if (arrowKey==KEY_LEFT&&.direct !=1)
        {
        direct =2;
        }
        else if (arrowKey==KEY_UP&&.direct !=3)
        {
        direct =3;
        }
        else if (arrowKey==KEY_DOWN&&.direct !=4)
        {
        direct =4;
        }
        else if (arrowKey=='p')
        Pause();
    }
Sleep(difficulty);          /*蛇移动的速度*/
if (difficulty ==1)          /*蛇向右移动*/
    move(&snake.x[0], 1，outputImage，score);
if (difficulty ==4)          /*蛇向下移动*/
    move(&snake.x[0], 1，outputImage，score);
if (difficulty ==2 )          /*蛇向左移动*/
    move(&snake.x[0], -1，outputImage，score);
if (difficulty ==3)          /*蛇向上移动*/
    move(&snake.x[0], -1，outputImage，score);
if (snake.y[0]= =food.x&& snake.x[0] = =food.y)
{
    snake.node++;          /*蛇身加长*/
    food1=0;
```

```
            score+=10;
    }
/*蛇死亡*/
if (i=1；i<=snake.node；i++)
{
if (snake.x[i]= =snake.x[0]&& snake.y[i] ==snake.y[0])
        gameover=1；
}
/*蛇身交叉*/
if (snake.x[0]<0 ‖ snake.x[0]>24 ‖ snake.y[0] <1 ‖ snake.y[0]>14)
    {
gameover=1；
    }


/*蛇头撞墙*/
switch(score/100)                    /*等级确定*/
{
        case 0：difficulty=200；break;
        case 1：difficulty=150；break;
        case 2：difficulty=100；break;
        case 3：difficulty=50；break;
        case 4：difficulty=25；break;
        case 5：difficulty=10；break;
        case 6：difficulty=5；break;
    }
    }
}
GotoXY(1,24);
Printf("Game Over! goodbye!");          /*游戏结束*/
Getch();
    }
```

10.4.5 总结与建议

贪吃蛇游戏是经典的手机游戏，既简单又耐玩。通过控制蛇头方向去吃掉食物，使得蛇身变长，从而获得积分。

建议学习者在分析和读懂源程序的基础上，在计算机的 C 语言环境下(任意平台)输入、编译、调试和运行程序，达到案例应用的目的。如果能适度改进和完善功能，则编程成效更加显著。

10.5 计算器程序设计

10.5.1 题目需求分析

计算器是 Windows 操作系统提供的一个附件功能，采用 Visual Basic、Visual C++等面向对象的语言开发，开发平台能够提供相应的控件，使界面的开发变得容易。Turbo C 没有控件，但有相应的图像库，可以模仿地画出界面，本书所有的例子都在 VC 环境下调试运行，但 VC 不支持 graphics.h 的库文件，因此该实例用文本的方式来模拟计算器的功能，运行界面如图 10.10 所示。本例设计一个简易计算器，能够进行加法、减法、乘法、除法、乘方和开方的运算，并且支持括号的优先级运算，可以直接在窗口中输入表达式，回车得到计算结果。

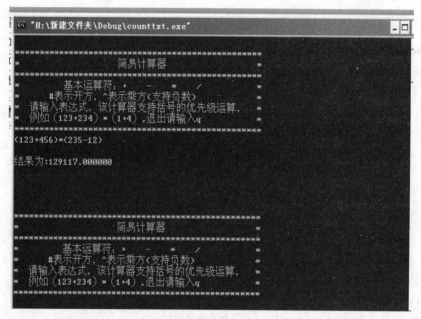

图 10.10 简易计算器界面

10.5.2 设计思路

首先输入表达式，然后从表达式中分离出操作数和符号。一个表达式中可以有多个操作数，多个运算符，例如表达式(1+2)*3 和表达式 2+1*3，两个表达式中都有三个操作数，但是数值的位置不同计算过程也不同，因此，表达式中的操作数不仅要考虑存储数值而且要关心存储位置，在 C 语言中可以用结构体来表达这样的数据。本例中用结构体 dd 来存储操作数，设有两个元素，number 表示操作数的数值，seat-no 表示操作数的位置。在一个表达式中不仅有数据而且有运算符，不同的运算符有不同的优先级，因此参与运算的数据还要有计算顺序的记录，在本例中用设置结构体 num_stack 保存输入的表达式中的操作数序列，data 数组有多个操作数，top 为操作数的个数，例如表达式(1+1)*(2+2)中有四个操作数，即 top 的值为 4 ；数组 data 中有四个元素，分别是(1，1)、(1，2)、(2，3)、(2，4)；整个表达式以字符串的形式进行输入，然后存入运算符数组中。

本实例用到了结构体、指针、三种控制结构的相关知识，读者可以自行学习数据结构中堆栈的相关知识，然后用堆栈的思想理解和分析本例。计算器的处理过程如图 10.11 所示。

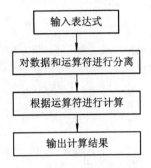

图 10.11　计算器的处理过程

10.5.3　设计过程

1．操作数的结构体设计

```
typedef struct
{
        double number;
        int seat_no;
}dd;
```

结构体 dd 用来存储操作数。对于表达式中的操作数，不仅要存储操作数而且要存储操作数的位置，因此 number 存放操作数的数值，seat_no 存放操作数的位置，例如第一个操作数或者第二个操作数。

2．操作数序列的结构体设计

```
typedef struct
{
        dd data[50];
        int top;
}num_stack;
```

结构体 num_stack 保存输入的表达式中的操作数序列，dd 存放操作数，top 为操作数的个数， 例如表达式(1+1)*(2+2)中有四个操作数，即 top 的值为 4 ；数组 data 中有四个元素，分别是(1，1)、(1，2)、(2，3)、(2，4)。

3．函数设计

简易计算器在主函数 main()中完成表达式输入和计算结果输出，输入的表达式存入字符数组中，作为参数传递给 count()函数并完成计算，其中包含了两部分：首先进行数据和运算符的分离，然后进行计算并返回计算结果。

10.5.4　具体实现

通过对计算器功能分析和设计，编写的源代码如下所示：

```
/******************************计算器*******************************
作者：C语言程序设计编写组
版本：v1.0
创建时间：2015.8
主要功能：该计算器能够完成加、减、乘、除、乘方和开方的计算，支持括号的优先运算
*****************************************************************/
#include<stdio.h>
#include<math.h>
#include<malloc.h>
double count(char a[])
{
        int i=1,j,k,m,cnt=0,t1=0,t2=0,t3=0;
        char nibo[50],symbol[50];
        double op,n,l,z=0,opser[50];    /*op 为取操作数的临时变量；opser 数组保存参与操作的
                                          操作数序列*/
        typedef struct
        {
            double number;  /*操作数*/
            int seat_no;        /*表明操作数的位置，例如：第一个操作数或者第二个操作数*/
        }dd;
        typedef struct
        {
            dd data[50];
            int top;
        }num_stack;           /*保存输入的表达式中的操作数序列*/

        num_stack *data_input;
        data_input=(num_stack *)malloc(sizeof(num_stack));
        data_input->top=0;
        while(a[i]!='\0')
        {
            if(a[i]>='0'&&a[i]<='9')
            {
                z=0;
/*****************************************************************/
                j=i+1;
                while(a[j]>='0'&&a[j]<='9')         /*判断操作数的数据整数部分位数*/
```

```
        {j++;}
        j--;
        for(k=i;k<=j;k++)            /*取出操作数整数部分*/
        {
            z=z*10+a[k]-'0';
        }
        j=j+1;
        op=z;                        /*保存操作数整数部分*/
        if(a[j]=='.')
        {
            l=1;
/*****************************************************************/
            i=j+1;
            j=i+1;
            while(a[j]>='0'&&a[j]<='9')  /*判断操作数的小数部分数据位数*/
            {j++;}
            j--;
            for(k=i;k<=j;k++)            /*取出操作数的小数部分数据*/
            {
                n=pow(0.1,l);
                l=l+1;
                op=op+n*(a[k]-'0');
            }
            i=j+1;
        }
        else i=j;                       /*没有小数*/
    data_input->data[++data_input->top].number=op;
    data_input->data[data_input->top].seat_no=++cnt;
    nibo[++t1]='0'+data_input->data[data_input->top].seat_no;  /*?*/
    nibo[t1+1]='\0';
    }
    else if(a[i]=='(')                  /*判断输入的是否为左括号(*/
    {
        symbol[++t2]=a[i];
        i++;
    }
    else if(a[i]==')')                  /*判断输入的是否为右括号)*/
    {
        j=t2;
        while(symbol[j]!='(')
```

```
            {
                nibo[++t1]=symbol[j];
                nibo[t1+1]='\0';
                j--;
            }
            t2=j-1;
            i++;
        }
        else if(a[i]=='+')     /*判断输入的是否为加号+*/
        {
            while(t2>0&&symbol[t2]!='(')
            {
                nibo[++t1]=symbol[t2];
                nibo[t1+1]='\0';
                t2--;
            }
            symbol[++t2]=a[i];
            i++;
        }
        else if(a[i]=='-')     /*判断输入的是否为减号-*/
        {
            if(a[i-1]=='$')
            {
                a[0]='0';
                i=0;
            }
            else if(a[i-1]=='(')
            {
                a[i-1]='0';
                a[i-2]='(';
                i=i-2;
                t2--;
            }
            else
            {
                while(t2>0&&symbol[t2]!='(')
                {
                    nibo[++t1]=symbol[t2];
                    nibo[t1+1]='\0';
                    t2--;
```

```
                        }
                    symbol[++t2]=a[i];
                    i++;
                }
            }
        else if(a[i]=='*'||a[i]=='/')      /*判断是否为乘号*或者除号/*/
        {
            while(symbol[t2]=='*'||symbol[t2]=='/'||symbol[t2]=='^'||symbol[t2]=='#')
            {
                nibo[++t1]=symbol[t2];
                nibo[t1+1]='\0';
                t2--;
            }
            symbol[++t2]=a[i];
            i++;
        }
        else if(a[i]=='^'||a[i]=='#')      /*判断是否为乘方^或者开方#*/
        {
            while(symbol[t2]=='^'||symbol[t2]=='#')
            {
                nibo[++t1]=symbol[t2];
                nibo[t1+1]='\0';
                t2--;
            }
            symbol[++t2]=a[i];
            i++;
        }
    }
    while(t2>0)
    {
        nibo[++t1]=symbol[t2];
        nibo[t1+1]='\0';
        t2--;
    }
    j=1;t3=0;

    while(j<=t1)
    {
        if(nibo[j]>='0'&&nibo[j]!='^'&&nibo[j]!='#')//
        {
```

```c
        for(i=1;i<=data_input->top;i++)
        {
                if((int)(nibo[j]-'0')==data_input->data[i].seat_no)
                {
                        m=i;
                        break;
                }
        }
        opser[++t3]=data_input->data[m].number;
}
else if(nibo[j]=='+')
{
        opser[t3-1]=opser[t3-1]+opser[t3];
        t3--;
}
else if(nibo[j]=='-')
{
        opser[t3-1]=opser[t3-1]-opser[t3];
        t3--;
}
else if(nibo[j]=='*')
{
        opser[t3-1]=opser[t3-1]*opser[t3];
        t3--;
}
else if(nibo[j]=='/')
{
        opser[t3-1]=opser[t3-1]/opser[t3];
        t3--;
}
else if(nibo[j]=='^')
{
        opser[t3-1]=pow(opser[t3-1],opser[t3]);
        t3--;
}
else if(nibo[j]=='#')
{
        opser[t3]=sqrt(opser[t3]);
}
j++;
```

```
        }
        return opser[t3];
    }
    void main()
    {
        for(;;)
        {
            char x,a[50];
            double result;
            int i=0;
            a[0]='$';
            printf("*************************************************\n");
            printf("*                    简易计算器                   *\n");
            printf("*************************************************\n");
            printf("*           基本运算符：+    -    *    /          *\n");
            printf("*          #表示开方，^表示乘方(支持负数)          *\n");
            printf("*    请输入表达式，该计算器支持括号的优先级运算，    *\n");
            printf("*    例如(123+234)*(1+4)，退出请输入 q            *\n");
            printf("*************************************************\n");
            scanf("%c",&x);
            if(x=='q') break;
            while(x!='\n')
            {
                a[++i]=x;
                scanf("%c",&x);
            }
            a[i+1]='\0';
            result=count(a);
            printf("\n");
            printf("结果为:%lf",result);
            printf("\n\n\n\n\n");
        }
    }
```

10.5.5　总结与建议

手持电子机器拥有集成电路芯片，但结构比电脑简单得多。利用计算机软件开发任意功能的计算器，已成为软件开发的主要任务。

建议学习者在分析和读懂源程序的基础上，在计算机的 C 语言环境下(任意平台)输入、编译、调试和运行程序，达到案例应用的目的。如果能适度改进，如增加函数计算功能，则编程成效更加显著。

10.6　万年历程序设计

10.6.1　题目需求分析

编写万年历系统，要求模仿现实生活中的挂历，当前页以系统当前日期的月份为准显示当前月的每一天(显示日期及对应的星期几)，当系统日期变到下一月时，系统自动翻页到下一月。用户还可通过键盘输入的方式查询指定时间的月历。

由上可知，系统需要完成功能如下：

(1) 显示日期：显示系统时间的月历。

(2) 日期查询：用户输入需要查询的年月，系统生成指定时间的月历。

(3) 闰年的判定：对闰年的判定及实现闰年功能。

10.6.2　设计思路

根据题目需求，万年历软件功能结构设计如图 10.12 所示。

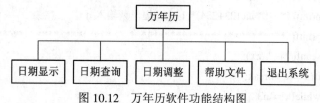

图 10.12　万年历软件功能结构图

(1) 日期显示：显示用户输入的时间或系统当前时间对应月份的日历。由于显示的为月历形式，故需要判定该年是否为闰年，该月有多少天且对应的星期。具体显示布局依据每行从星期日到星期六排列。

根据蔡勒公式，可以很容易地从年月日推断出对应的星期：

    nDay=year-1+(year-1)/4-(year-1)/100+(year-1)/400+nday;

    w=nDay%7;

其中，year 是要查询的年份，nday 是从该年的一月一日起到该天的天数，w 是得出的星期数，w==0 表示星期天。在打印月历时，只要知道第一天的星期，就可以依次输入后面的日期，通过定长度输出日期，在遇到某天是星期六时，就换行输出，实现按照月历的格式输出。

对于当前时间获取，可以通过<time.h>中的 time 和 localtime()函数实现初始化。

    time_t timer;

    struct tm* gmt;

    time(&timer);

    gmt=localtime(&timer);

gmt 就是一个时间结构体，可以从中获取年、月、日数值。

(2) 日期查询：用户输入指定的年、月、日数值后，可判断该年是否为闰年，并显示指定时间所在月份的万年历。输入时要判断日期是否合法，即需要判断年、月、日是否有小于 0 的值，月份取值域是否在 1～12 区间，日期取值域是否在 1～31 区间，并根据是否为闰年及月份来判定日期是否是在合理的天数内。

(3) 日期调整：通过方向键和 PageUp、PageDown 键来调整日期，需要用函数获取键盘输入的数据，即对比相应键的 ASCII 值后，就可以实现日期的调整。

10.6.3 设计过程

1．月份天数数组设计

将平年与闰年每个月的天数保存为二维数组的形式：

daysOfMonth[2][12]={{31,28,31,30,31,30,31,31,30,31,30,31},
{31,29,31,30,31,30,31,31,30,31, 30,31}};

2．主要函数设计

(1) 判断是否为闰年的函数 runYear(int year)，算法描述如下：

参数 year 表示要判断的年份，返回值 1 表示该年为闰年，0 表示该年为平年；判断 year 是否能被 4 整除但不能被 100 整除，或者能被 400 整除的年份为闰年，否则为平年。

(2) 获取系统的时间函数 tm* getDay()，算法描述如下：

该函数没有参数，返回值类型为 struct tm*，是一个包含时间数值的结构体。

(3) 判断输入的年份是否为合法函数 dayExame(int year, int month, int day)，算法描述如下：

参数 year、month、day 为要判断的年、月、日的值，返回值为 1 表示该日期合法，为 0 表示不合法。

(4) 根据日期推断星期几函数 getwDay(int year, int month, int day)，算法描述如下：

参数 year、month、day 为要判断的年、月、日的值。返回值为整型，1、2、3、4、5、6 分别表示星期一到星期六，0 表示星期天。先求出从该年第一天起至第 month 月、第 day 天一共有多少天，再根据蔡勒公式计算出结果后，以返回值代表具体是星期几。

(5) 调整当前日期函数 setDay(int &year, int &month, int &day)。

参数 year、month、day 为引用类型，分别为当前日期的年、月、日数值，没有返回值。

(6) 查询函数 checkCalender()。

该函数用以显示要查询日期的月历，无参数和返回值。

(7) 返回函数 backMenu()。

该函数用以实现完成某项功能后按任意字符键返回主菜单，无参数和返回值。

10.6.4 具体实现

通过对系统功能分析和设计，编写的源代码如下所示：

/*********************万年历*********************

作者:C语言程序设计编写组

版本:v1.0

创建时间:2015.8

主要功能：

1. 判断闰年：可根据输入的年份判断是否为闰年。

2. 获取系统当前时间：可以返回当前时间对应月历。

3. 推断星期：根据日期推断星期。

4. 显示月历：显示系统时间下当前月的万年历。

5. 查询月历：可输入给定格式的日期，查询需要的万年历。

```
**************************************************/
#include<stdio.h>          /*包含的头文件*/
#include<time.h>
#include<math.h>
#include<windows.h>
#include<conio.h>
#define      KEYNUMUp                    0x48
#define      KEYNUMDown                  0x50
#define      KEYNUMLeft                  0x4b
#define      KEYNUMRight                 0x4d
#define      KEYNUMPageUp                0x49
#define      KEYNUMPageDown              0x51
int year,month,day;          /*全局变量记录时间*/
int daysOfMonth[2][12]={{31,28,31,30,31,30,31,31,30,31,30,31},
                        {31,29,31,30,31,30,31,31,30,31, 30,31}};
     /*判断是否是闰年*/
int runYear(int year)
{
     int flag=0;
     if(year%400==0||(year%4==0&&year%100!=0))
          flag=1;
     return flag;
}
/*从系统取得当前时间*/
struct tm* getDay()
{
     time_t timer;
     struct tm* gmt;
     time(&timer);
     gmt=localtime(&timer);
     return gmt;
}
/*检查日期是否正确*/
```

```
int dayExame(int year,int month,int day)
{
    if(year<0||month<1||month>12||day<1||day>31)
        return 0;
    switch(month)
    {
    case 1:
    case 3:
    case 5:
    case 7:
    case 8:
    case 10:
    case 12:
        if(day>31)return 0;break;
    case 4:
    case 6:
    case 9:
    case 11:
        if(day>30)return 0;break;
    default:
        if(runYear(year)&&day>29)
            return 0;
        else if(runYear(year)==0&&day>28)
            return 0;
    }
    return 1;
}
/*取得星期*/
int getwDay(int year,int month,int day)
{
    int nday=0,nDay,i,w;

    for(i=0;i<month-1;i++)
        nday+=daysOfMonth[runYear(year)][i];
    nday+=day;
    nDay=year-1+(year-1)/4-(year-1)/100+(year-1)/400+nday;
    w=nDay%7;
    return w;
}
```

```c
void printCalender(int year,int month,int day);
/*调节日期*/
void setDay(int year,int month,int day)
{
     char k;
     printf("%c:上一年      %c:下一年\n",24,25);
     printf("%c:上个月       %c:下个月\n",27,26);
     printf("PageUp:昨天    PageDown:明天\n");
     printf("其他：返回主菜单\n");

     getch();
     k=getch();
     switch(k)                    /*通过方向键和PageUp、PageDown键来调整日期*/
     {
     case KEYNUMUp:     year--;
          if(dayExame(year,month,day)==0){year++; printf("%c",7);}    /*检查日期的合法*/
          /*若错误，保持日期不变，并警告*/
          system("cls");printCalender(year,month,day);setDay(year,month,day);break;
     case KEYNUMDown: year++;
          if(dayExame(year,month,day)==0){year--;printf("%c",7);}
          system("cls");printCalender(year,month,day);setDay(year,month,day);break;
     case KEYNUMLeft:   month--;
          if(dayExame(year,month,day)==0){month++;printf("%c",7);}
          system("cls");printCalender(year,month,day);setDay(year,month,day);break;
     case KEYNUMRight:  month++;
          if(dayExame(year,month,day)==0){month--;printf("%c",7);}
          system("cls");printCalender(year,month,day);setDay(year,month,day);break;
     case KEYNUMPageUp:     day--;
          if(dayExame(year,month,day)==0){day++;printf("%c",7);}
          system("cls");printCalender(year,month,day);setDay(year,month,day);break;
     case KEYNUMPageDown:  day++;
          if(dayExame(year,month,day)==0){day--;printf("%c",7);}
          system("cls");printCalender(year,month,day);setDay(year,month,day);break;
     default:     return;
     }
}
/*打印月历*/
void printCalender(int year,int month,int day)
{
```

```
    int i;
    char wday[7][4]={"Sun","Mon","Tue","Wed","Thu","Fri","Sat"};
    int w;
    int nowDay=1;
    int n;
    printf("          %d年%d月%d日\n",year,month,day);
    printf("********************************\n");
    for(i=0;i<7;i++)
        printf("%5s",wday[i]);
    printf("\n");

    w=getwDay(year,month,nowDay);          /*找到第一天的星期*/

    n=daysOfMonth[runYear(year)][month-1];
    switch(w)                /*放置第一天*/
    {
    case 0:printf("%5d",nowDay);break;
    case 1:printf("%10d",nowDay);break;
    case 2:printf("%15d",nowDay);break;
    case 3:printf("%20d",nowDay);break;
    case 4:printf("%25d",nowDay);break;
    case 5:printf("%30d",nowDay);break;
    default:printf("%35d\n",nowDay);
    }
    nowDay++;
    for(i=1;i<n;i++)
    {
        w=getwDay(year,month,nowDay);
        printf("%5d",nowDay);
        if(w==6)                          /*如果是星期六，则换行打印*/
            puts("\n");
        nowDay++;
    }
    printf("\n********************************\n\n");
}
/*查询日历*/
void checkCalender()
{
    int year,month,day;
```

```c
        system("cls");
        printf("请输入你要查询的日期(格式为年月日，如2009 11 3)：");
        scanf("%d%d%d",&year,&month,&day);
        while(!dayExame(year,month,day))      /*如果日期输入不正确，则重新输入*/
        {
            printf("%c你输入的日期错误，请重新输入:",7);
            scanf("%d%d%d",&year,&month,&day);
        }
        system("cls");
        if(runYear(year))
            printf("\n   闰年\n\n");
        else printf("\n    平年\n\n");
        printCalender(year,month,day);
}
void    backMenu()
{
        printf("请按任意字符键返回主菜单:");
        getch();
        system("cls");
}
/*主菜单*/
void mainMenu(int year,int month,int day)
{
    char menu[100];
    int flag=0;
    printf("        ***********主菜单***********\n");
    printf("        *        1、日历显示        *\n");
    printf("        *        2、日历查询        *\n");
    printf("        *        3、修改日期        *\n");
    printf("        *        4、帮助            *\n");
    printf("        *        5、退出            *\n");
    printf("        ***************************\n");

    do{
        int f=0;
        do
        {
            f=0;
            printf("\n                  请输入相应数字:");
```

```
        scanf("%s",menu);
        if(strlen(menu)>2)f=1;
}while(f==1);
switch(*menu)
{
case '1':
        system("cls");                 /*清屏*/
        printCalender(year,month,day);
        backMenu();                     /*实现任意键返回主菜单*/
        mainMenu(year,month,day);
        break;
case '2':
        system("cls");
        checkCalender();
        backMenu();
        mainMenu(year,month,day);
        break;
case '3':
        system("cls");
        printCalender(year,month,day);
        setDay(year,month,day);
        printf("请按任意字符键返回主菜单:");
        getch();
        system("cls");
        mainMenu(year,month,day);
        break;
case '4':
        system("cls");
        printf("在主菜单中输入相应的数字就可以完成以下功能: \n\n");
        printf("*1、显示今天所在月的月份\n\n");
        printf("*2、输入日期，判断该年是否是闰年，并显示所在月份的月历\n\n");
        printf("*3、用%c %c %c %c PageUp PageDown进行日期的调整\n\n",24,25,27,26);
        printf("*4、显示功能及操作方法\n\n");
        printf("*5、退出程序\n\n");
        backMenu();
        mainMenu(year,month,day);
        break;
case '5':system("cls");printf("程序已退出！\n");exit(0);
default:printf("%c            输入错误！\n",7);flag=1;
```

```
            }
        }while(flag);
    }
    void main()
    {
        struct tm *gmt=getDay();
        year=gmt->tm_year+1900;
        month=gmt->tm_mon+1;
        day=gmt->tm_mday;
        printCalender(year,month,day); /*用系统时间进行初始化，打印当前月历*/
        backMenu();
        mainMenu(year,month,day);
    }
```

10.6.5 总结与建议

  万年历是我国古代传说中最古老的一部太阳历。为纪念历法编撰者万年功绩，便将这部历法命名为"万年历"。

  而现在所使用的万年历，包括若干年或适用于若干年的历书。随着科技的发展，现代的万年历能同时显示公历、农历和干支历等多套历法，更能包含黄历相关吉凶宜忌、节假日、提醒等多种功能信息；而其载体包括历书出版物、电子产品、电脑软件和手机应用等。

  建议学习者在分析和读懂源程序的基础上，在计算机的 C 语言环境下(任意平台)输入、编译、调试和运行程序，达到案例应用的目的。如果能适度改进，则编程成效更加显著。

附录 1 ASCII 码表

ASCII 码表(American Standard Code for Information Interchange，它的全称是"美国标准信息交换代码"，是基于拉丁字母的一套电脑编码系统，主要用于显示现代英语和其他西欧语言。它是现今最通用的单字节编码系统，并等同于国际标准 ISO/IEC 646。具体编码及含义如附表 1.1 和附表 1.2 所示。

附表 1.1 ASCII 码表

ASCII 值	控制字符	ASCII 值	控制字符	ASCII 值	控制字符	ASCII 值	控制字符
0	NUL	32	(space)	64	@	96	、
1	SOH	33	!	65	A	97	a
2	STX	34	"	66	B	98	b
3	ETX	35	#	67	C	99	c
4	EOT	36	$	68	D	100	d
5	ENQ	37	%	69	E	101	e
6	ACK	38	&	70	F	102	f
7	BEL	39	,	71	G	103	g
8	BS	40	(	72	H	104	h
9	HT	41	)	73	I	105	i
10	LF	42	*	74	J	106	j
11	VT	43	+	75	K	107	k
12	FF	44	,	76	L	108	l
13	CR	45	-	77	M	109	m
14	SO	46	.	78	N	110	n
15	SI	47	/	79	O	111	o
16	DLE	48	0	80	P	112	p
17	DC1	49	1	81	Q	113	q
18	DC2	50	2	82	R	114	r
19	DC3	51	3	83	X	115	s
20	DC4	52	4	84	T	116	t
21	NAK	53	5	85	U	117	u
22	SYN	54	6	86	V	118	v
23	TB	55	7	87	W	119	w
24	CAN	56	8	88	X	120	x
25	EM	57	9	89	Y	121	y
26	SUB	58	:	90	Z	122	z
27	ESC	59	;	91	[	123	{
28	FS	60	<	92	\	124		
29	GS	61	=	93	]	125	}
30	RS	62	>	94	^	126	~
31	US	63	?	95	—	127	DEL

其中组合控制字符的含义见附表 1.2。

附表 1.2　组合控制字符含义

NUL	空字符	VT	垂直制表	SYN	空转同步
SOH	标题开始	FF	走纸控制	ETB	信息组传送结束
STX	正文开始	CR	回车	CAN	作废
ETX	正文结束	SO	移位输出	EM	纸用尽
EOY	传输结束	SI	移位输入	SUB	换置
ENQ	询问字符	DLE	空格	ESC	换码
ACK	承认	DC1	设备控制 1	FS	文字分隔符
BEL	报警	DC2	设备控制 2	GS	组分隔符
BS	退一格	DC3	设备控制 3	RS	记录分隔符
HT	横向列表	DC4	设备控制 4	US	单元分隔符
LF	换行	NAK	否定	DEL	删除

附录2　C语言常用库函数

　　库函数并不是C语言的一部分，它是由编译系统根据一般用户的需要编制并提供给用户使用的一组程序。每一种C编译系统都提供了一批库函数，不同的编译系统所提供的库函数的数目和函数名以及函数功能是不完全相同的。ANSI C标准提出了一批建议提供的标准库函数。它包括了目前多数C编译系统所提供的库函数，但也有一些是某些C编译系统未曾实现的。

　　现在C语言(C99)标准库函数的24个头文件列表如附表2.1所示，其中备注中标明C99表示该头文件是在C99标准中新增的，C95表示对原有C89进行一次增补后的C89标准，又称C89增补1。备注中未标明的均为C89标准就已定义的。

附表2.1　C99标准库函数

库函数名称	主 要 内 容	备 注
\<assert.h\>	条件编译宏	
\<complex.h\>	复数运算	C99
\<ctype.h\>	用来确定包含于字符数据中的类型的函数	
\<errno.h\>	报告错误条件的宏	
\<fenv.h\>	浮点数环境	C99
\<float.h\>	浮点数类型的限制	
\<inttypes.h\>	整数类型的格式转换	C99
\<iso646.h\>	符号的替代写法	C95
\<limits.h\>	基本类型的大小	
\<locale.h\>	本地化工具	
\<math.h\>	常用数学函数	
\<setjmp.h\>	非局部跳转	
\<signal.h\>	信号处理	
\<stdarg.h\>	可变参数	
\<stdbool.h\>	支持 bool 类型的宏	C99
\<stddef.h\>	常用宏定义	
\<stdint.h\>	固定宽度整数类型	C99
\<stdio.h\>	输入/输出	
\<stdlib.h\>	基础工具：内存管理，程序工具，字符串转换，随机数	
\<string.h\>	字符串处理	
\<tgmath.h\>	泛用类型数学(包装 math.h 和 complex.h 的宏)	C99
\<time.h\>	时间/日期工具	
\<wchar.h\>	扩展多字节和宽字符工具	C95
\<wctype.h\>	宽字符分类和映射工具	C95

虽然 C99 标准库函数众多，每一类函数又包括各种功能的函数，限于篇幅，本附录不能全部介绍，只从教学需要的角度列出最基本的，有兴趣的读者可参考相关资料进行了解。读者在编写 C 程序时可根据需要，查阅有关系统的函数使用手册。

1．断言库函数<assert.h>

函数：void assert(int exp);

assert 宏用于为程序增加诊断功能。当 assert(exp)执行时，如果 exp 为 0，则在标准出错输出流 stderr 输出一条如下所示的信息：

Assertion failed: expression, file filename, line nnn

然后调用 abort 终止执行。其中的源文件名 filename 和行号 nnn 来自于预处理宏_FILE_和_LINE_。

如果<assert.h>被包含时定义了宏 NDEBUG，那么宏 assert 被忽略。

2．字符测试库函数<ctype.h>

该库函数提供很多与字符相关的判断或处理函数，可对字符做判断和转换大小写等处理。该函数库中常用函数如附表 2.2。

附表 2.2　ctype.h 中常用函数

函　　数	功　能　解　释
int toupper(int c)	将字符 c 转换为大写英文字母，如果 c 为小写英文字母，则返回对应的大写字母；否则返回原来的值。tolower(int c)类似
int toascii(int c)	将字符 c 转换为 ascii 码，toascii 函数将字符 c 的高位清零，仅保留低七位。返回转换后的数值
int isupper(int c)	判断字符 c 是否为大写英文字母，当 c 为大写英文字母(A～Z)时，返回非零值，否则返回零。islower(int c)类似
int isalpha(int c)	判断字符 c 是否为英文字母，当 c 为英文字母 a～z 或 A～Z 时，返回非零值，否则返回零
int isdigit(int c)	判断字符 c 是否为数字，当 c 为数字 0～9 时，返回非零值，否则返回零
int isspace(int c)	判断字符 c 是否为空白符，当 c 为空白符时，返回非零值，否则返回零。空白符指空格、水平制表、垂直制表、换页、回车和换行符
int isxdigit(int c)	判断字符 c 是否为十六进制数字，当 c 为 A～F，a～f 或 0～9 之间的十六进制数字时，返回非零值，否则返回零
int isgraph(int c)	判断字符 c 是否为除空格外的可打印字符，当 c 为可打印字符（0x21～0x7e）时，返回非零值，否则返回零
int isprint(int c)	判断字符 c 是否为含空格的可打印字符
int iscntrl(int c)	判断字符 c 是否为控制字符，当 c 在 0x00～0x1F 之间或等于 0x7F(DEL)时，返回非零值，否则返回零
int isalnum(int c)	判断字符 c 是否为字母或数字，当 c 为数字 0～9 或字母 a～z 及 A～Z 时，返回非零值，否则返回零
int ispunct(int c)	判断字符 c 是否为标点符号，当 c 为标点符号时，返回非零值，否则返回零。标点符号指那些既不是字母数字，也不是空格的可打印字符

3. 数学运算库函数<math.h>

该函数库提供了许多数学运算的函数。常见函数如表 2.3 所示。

附表 2.3　math.h 中常用函数

函　　数	功　能　解　释
double sin (double x)	返回 x 的正弦值，x 为弧度
double cos (double x)	返回 x 的余弦 cos(x)值，x 为弧度
double tan (double x)	返回 x 的正切 tan(x)值，x 为弧度
double asin (double x)	返回 x 的反正弦值，x 为弧度
double acos (double x)	返回 x 的反余弦值，x 为弧度
double atan (double x)	返回 x 的反正切值，x 为弧度
double atan2 (double y, double x)	返回 y/x 的反正切值，y、x 为弧度
double sinh (double x)	返回 x 的双曲正弦值，x 为弧度
double cosh (double x)	返回 x 的双曲余弦值，x 为弧度
double tanh (double x)	返回 x 的双曲正切值，x 为弧度
double log(double x)	返回以 e 为底的对数值
double log10(double x)	返回以 10 为底的对数值
double pow(double x,double y)	返回乘幂，x 为底，y 是指数的值
double pow10(int p)	返回 10 的 p 次幂的值
double sqrt(double x)	返回 x 平方根的值
double exp(double x)	返回以 e 为底的指数值
double ceil(double x)	返回不小于 x 的最小整数
double floor(double x)	返回不大于 x 的最大整数
double fabs (double x)	返回 x 的绝对值
double frexp (double f, int *p)	标准化浮点数，$f = x * 2^p$，已知 f 求 x
double ldexp (double x, int p)	与 frexp 相反，已知 x，p 求 f
double modf (double x, double* y);	将参数的整数部分通过指针回传，返回小数部分
double fmod (double, double);	返回两参数相除的余数

4. 输入和输出库函数<stdio.h>

头文件定义了用于输入和输出的函数、类型和宏。最重要的类型是用于声明文件指针的 FILE。另外两个常用的类型是 size_t 和 fpos_t，size_t 是由运算符 sizeof 产生的无符号整类型；fpos_t 类型定义了能够唯一说明文件中的每个位置的对象。由头部定义的最有用的宏是 EOF，其值代表文件的结尾。stdio.h 中的常用函数如附表 2.4 所示。

附表 2.4　stdio.h 中常用函数

函　　数	功　能　解　释
void clearer(FILE *fp)	清除文件指针错误指示器
int close(int fp)	关闭文件(非 ANSI 标准) 。关闭成功返回 0，不成功返回 −1
int creat(char *filename, int mode)	以 mode 所指定的方式建立文件(非 ANSI 标准)。成功返回正数，否则返回 −1
int eof(int fp)	判断 fp 所指的文件是否结束文件。结束返回 1，否则返回 0
int fclose(FILE *fp)	关闭 fp 所指的文件，释放文件缓冲区。关闭成功返回 0，不成功返回非 0
int feof(FILE *fp)	检查文件是否结束。文件结束返回非 0，否则返回 0
int ferror(FILE *fp)	测试 fp 所指的文件是否有错误。无错返回 0，否则返回非 0
int fflush(FILE *fp)	将 fp 所指的文件的全部控制信息和数据存盘。存盘正确返回 0，否则返回非 0
char *fgets(char *buf, int n, FILE *fp)	从 fp 所指的文件读取一个长度为(n-1)的字符串，存入起始地址为 buf 的空间。返回地址 buf。若遇文件结束或出错则返回 EOF
int fgetc(FILE *fp)	从 fp 所指的文件中取得下一个字符。返回所得到的字符。出错返回 EOF
FILE *fopen(char *filename, char *mode)	以 mode 指定的方式打开名为 filename 的文件。若成功则返回一个文件指针，否则返回 0
int fprintf(FILE *fp, char *format,args,···)	把 args 的值以 format 指定的格式输出到 fp 所指的文件中。返回实际输出的字符数
int fputc(char ch, FILE *fp)	将字符 ch 输出到 fp 所指的文件中。若成功则返回该字符，出错返回 EOF
int fputs(char str, FILE *fp)	将 str 指定的字符串输出到 fp 所指的文件中。若成功则返回 0，出错返回 EOF
int fread(char *pt, unsigned size, unsigned n, FILE *fp)	从 fp 所指定文件中读取长度为 size 的 n 个数据项，存到 pt 所指向的内存区。返回所读的数据项个数，若文件结束或出错返回 0
int fscanf(FILE *fp, char *format,args,···)	从 fp 指定的文件中按给定的 format 格式将读入的数据送到 args 所指向的内存变量中(args 是指针)。以输入的数据个数
int fseek(FILE *fp, long offset, int base)	将 fp 指定的文件的位置指针移到 base 所指出的位置为基准、以 offset 为位移量的位置。返回当前位置，否则返回−1

函　　数	功　能　解　释
long ftell(FILE *fp)	返回 fp 所指定的文件中的读写位置。返回文件中的读写位置，否则返回 0
int fwrite(char*ptr,unsigned size,unsigned n, FILE *fp)	把 ptr 所指向的 n*size 个字节输出到 fp 所指向的文件中。写到 fp 文件中的数据项的个数
int getc(FILE *fp)	从 fp 所指向的文件中读出下一个字符。返回读出的字符，若文件出错或结束则返回 EOF
int getchar()	从标准输入设备中读取下一个字符。返回字符，若文件出错或结束则返回−1
char *gets(char *str)	从标准输入设备中读取字符串存入 str 指向的数组。若成功则返回 str，否则返回 NULL
int open(char *filename, int mode)	以 mode 指定的方式打开已存在的名为 filename 的文件(非 ANSI 标准)。返回文件号(正数)，如打开失败则返回−1
int printf(char *format,args,…)	在 format 指定的字符串的控制下，将输出列表 args 的指令输出到标准设备。输出字符的个数。若出错则返回负数
int prtc(int ch, FILE *fp)	把一个字符 ch 输出到 fp 所指的文件中。输出字符 ch，若出错则返回 EOF
int putchar(char ch)	把字符 ch 输出到 fp 标准输出设备。返回换行符，若失败则返回 EOF
int puts(char *str)	把 str 指向的字符串输出到标准输出设备，将 "\0" 转换为回车行。返回换行符，若失败则返回 EOF
int putw(int w, FILE *fp)	将一个整数 i(即一个字)写到 fp 所指的文件中(非 ANSI 标准)。返回读出的字符，若文件出错或结束则返回 EOF
int read(int fd, char *buf, unsigned count)	从文件号 fp 所指定文件中读 count 个字节到由 buf 指示的缓冲区(非 ANSI 标准)。返回真正读出的字节个数，若文件结束则返回 0，出错则返回−1
int remove(char *fname)	删除以 fname 为文件名的文件。若成功则返回 0，出错则返回−1
int remove(char *oname, char *nname);	把 oname 所指的文件名改为由 nname 所指的文件名。成功返回 0，出错返回−1
void rewind(FILE *fp)	将 fp 指定的文件指针置于文件头，并清除文件结束标志和错误标志
int scanf(char *format,args,…)	从标准输入设备按 format 指示的格式字符串规定的格式，输入数据给 args 所指示的单元。args 为指针。读入并赋给 args 数据个数。若文件结束则返回 EOF，出错则返回 0
int write(int fd, char *buf, unsigned count)	从 buf 指示的缓冲区输出 count 个字符到 fd 所指的文件中(非 ANSI 标准)。返回实际写入的字节数，若出错则返回−1

5. 字符串库函数<string.h>

该库函数包括了常用的字符串处理功能，常用函数如附表 2.5 所示。

附表 2.5　string.h 中常用函数

函　　数	功　能　解　释
void memchr(void *buf, char ch, unsigned count)	在 buf 的前 count 个字符里搜索字符 ch 首次出现的位置
int memcmp(void *buf1, void *buf2, unsigned count)	按字典顺序比较由 buf1 和 buf2 指向的数组的前 count 个字符
void *memcpy(void *to, void *from, unsigned count)	将 from 指向的数组中的前 count 个字符拷贝到 to 指向的数组中。From 和 to 指向的数组不允许重叠
void *memove(void *to, void *from, unsigned count)	将 from 指向的数组中的前 count 个字符拷贝到 to 指向的数组中。from 和 to 指向的数组不允许重叠
void *memset(void *buf, char ch, unsigned count)	将字符 ch 拷贝到 buf 指向的数组前 count 个字符中
char *strcat(char *str1, char *str2)	把字符 str2 接到 str1 后面，取消原来 str1 最后面的串结束符 "\0"
char *strchr(char *str,int ch)	找出 str 指向的字符串中第一次出现字符 ch 的位置
int *strcmp(char *str1, char *str2)	比较字符串 str1 和 str2
char *strcpy(char *str1, char *str2)	把 str2 指向的字符串拷贝到 str1 中去
unsigned intstrlen(char *str)	统计字符串 str 中字符的个数(不包括终止符 "\0")
char *strncat(char *str1, char *str2, unsigned count)	把字符串 str2 指向的字符串中最多 count 个字符连到串 str1 后面，并以 NULL 结尾
int strncmp(char *str1,*str2, unsigned count)	比较字符串 str1 和 str2 中至多前 count 个字符
char *strncpy(char *str1,*str2, unsigned count)	把 str2 指向的字符串中最多前 count 个字符拷贝到串 str1 中去
void *setnset(char *buf, char ch, unsigned count)	将字符 ch 拷贝到 buf 指向的数组前 count 个字符中
void *setset(void *buf, char ch)	将 buf 所指向的字符串中的全部字符都变为字符 ch

6. 标准函数库<stdlib.h>

该库中包含了数值转换、内存分配以及具有其他相似任务的函数，常用函数如附表 2.6 所示。

附表 2.6　stdlib.h 中常用函数

函　　　数	功　能　解　释
int abs(int num)	计算整数 num 的绝对值
double atof(s char *tr)	将 str 指向的字符串转换为一个 double 型的值
int atoi(char *str)	将 str 指向的字符串转换为一个 int 型的值
long atol(char *str)	将 str 指向的字符串转换为一个 long 型的值
void exit(int status)	中止程序运行。将 status 的值返回调用的过程
char *itoa(int n,　char * str，int radix)	将整数 n 的值按照 radix 进制转换为等价的字符串，并将结果存入 str 指向的字符串中。返回一个指向 str 的指针
long labs(long num)	计算 c 整数 num 的绝对值
char *ltoa(long n，char * str，int radix)	将长整数 n 的值按照 radix 进制转换为等价的字符串，并将结果存入 str 指向的字符串。返回一个指向 str 的指针
int random(int num)	产生 0 到 num 之间的随机数
void randomize()	初始化随机函数，使用时需包括头文件 time.h
double strtod(char *start，char **end)	将 start 指向的数字字符串转换成 double，直到出现不能转换为浮点的字符为止，剩余的字符串符给指针 end。返回转换结果
long strtol(char *start，char **end，int)	将 start 指向的数字字符串转换成 long，直到出现不能转换为长整形数的字符为止，剩余的字符串符给指针 end。转换时，数字的进制由 radix 确定。返回转换结果
int system(char *str)	将 str 指向的字符串作为命令传递给 DOS 的命令处理器。返回所执行命令的退出状态

附录 3 Visual C++6.0 调试技巧

在程序开发过程中，经常需要查找程序中的错误，通过调试可以帮助查错。调试是一个程序员最基本的技能，其重要性甚至超过学习一门语言。为了调试一个程序，首先必须使程序中包含调试信息。Visual C++6.0 生成的可执行文件有两个版本，一种是调试版本，即 Win32 Debug。Visual C++6.0 默认情况下是调试版本，调试版本是在开发过程中使用的，用于检测程序中的错误，内含调试代码，具有单步执行、跟踪等功能。调试器可以将源代码中的每一行与可执行代码中相应的指令联系起来。因此生成的可执行文件比较大，代码运行速度较慢。另一种是发布版本，即 Win32 Release 版本，发布版本是最终结果，面向用户。

设置发布版本类型的方法是：执行菜单"build(编译)" → "Set Active Configuration" (配置)，选择 "Win32 Release" 的配置。

在调试程序的时候必须使用 Debug 版本，可以在 ProjectSetting 对话框的 C/C++页中设置调试选项。

调试的功能可通过选择主菜单"Debug"中的菜单项实现，如附图 3.1 所示。或者点击菜单栏空白处，再按鼠标右键点选 Debug 后，弹出相应工具栏，如附图 3.2 所示。

Debug Tools Window Help

Go	F5
Restart	Ctrl+Shift+F5
Stop Debugging	Shift+F5
Break	
Apply Code Changes	Alt+F10
Step Into	F11
Step Over	F10
Step Out	Shift+F11
Run to Cursor	Ctrl+F10
Step Into Specific Function	
Exceptions...	
Threads...	
Modules...	
Show Next Statement	Alt+Num *
QuickWatch...	Shift+F9

附图 3.1 Debug 菜单项   附图 3.2 Debug 工具栏

1. Debug 菜单项功能

(1) 🖼 Go：将全速执行程序直到遇到一个断点或程序结束，或直到程序暂停等待用户输入。注意，此功能能有效地调试循环，常将断点设置在循环体内，重复地按 F5 键将全速执行循环体以此测试循环过程中产生的变化。

(2) 🖹 Restart：将从程序的开始(第一有效行)处全速执行，而不是从当前所跟踪的位置开始调试，这时所有变量的当前值都将被丢弃，debugger 会自动停在程序的 main()开始处。这时如果选择 Step Over(F10)，就可以逐步执行 main()函数了。

(3) 🎬 Stop Debugging：将终止(所有)调试，并返回到常规编辑状态。

(4) 🖺 Break：将在调试过程中的 debugger 当前位置挂起程序的执行，然后就可以在调试状态一修改程序的代码，接着可以用 Apply Code Changes(Alt+F10)来修改代码到正在调试的程序当中。如果当前(需要，待)可以(从 DOS 等窗口)输入值，挂起后将不能再输入。

(5) 🖹 Apply Code Changes：可以在程序正在调试程序过程中应用(挂起)修改后的源代码。如果选择 Break 功能并修改代码后，只要选择 Apply Code Changes(Alt+F10)就能将修改后的代码应用到正在调试的程序当中。

(6) 🖰 Step Into：可以单步进入到在调试过程中所跟踪的调用函数的语句的函数内部。

(7) 🖰 Step Over：可以单步对所在函数单步调试，如果调试的语句是一个调用函数的语句，Debugger 将全速执行所调用的函数，单步(一步)通过所调用的函数，Debugger 停在该函数调用语句的下一条语句上。

(8) 🖰 Step Out：将使 Debugger 切换回全速执行到被调用函数结束，并停在该函数调用语句的下一条语句上。当确定所调用的函数没有问题时可以用这个功能全速执行被调用函数。

(9) 🖰 Run to Cursor：将全速执行到包含插入点光标所在的行，可以作为在插入点光标处设置常规断点的一种选择。注意，当光标处不是一个有效的执行语句时此功能将不起作用。

(10) Step Into Specific Function：可以单步通过程序中的指令，并进入指定的函数调用，此功能对于函数的嵌套层不限。

(11) 🖳Exception：显示与当前程序有关的所有异常，可以控制调试器如何处理系统异常和用户定义异常。

(12) 🖳Threads：显示调试过程中的所有线程，可以挂起或恢复线程并设置焦点。

(13) Modules：显示当前装入的所有模块。

(14) ⇨ Show Next Statement(Alt+Num*)：将显示程序代码的下一条语句，如果源代码中找不到，则在 Disassembly 窗口中显示语句。

(15) 🔎 Quick Watch：查看及修改变量和表达式或将变量和表达式添加到观察窗口。

除了在菜单项或工具栏中点选相应的菜单，也可使用快捷键调用相应调试工具。常用快捷键如附表 3.1 所示。

附表 3.1 调试常用快捷键

功 能	快 捷 键
单步进入	F11
单步跳过	F10
单步跳出	SHIFT+F11
运行到光标	CTRL+F10
开关断点	F9
清除断点	CTRL+SHIFT+F9
Breakpoints(断点管理)	CTRL+B 或 ALT+F9
GO	F5
Compile(编译，生成.obj 文件)	CTRL+F7
Build(组建，先 Compile 生成.obj 再 Link 生成.exe)	F7
断点	ALT + F9
调用堆栈	ALT + 7
清除所有断点	CTRL + SHIFT + F9
反汇编	ALT + 8
启用断点	CTRL + F9
局部变量	ALT + 4
应用代码更改	ALT + F10

2．Debug 工具栏介绍

(1) ▥Watch 观察窗口：用于观察指定变量或表达式的值。

(2) ▥ Variables 变量窗口：用于观察断点处或其附近的变量的值。

(3) ▥Register 寄存器窗口：用于观察当前运行点的寄存器的内容。

(4) ▥Memory 内存窗口：用于观察指定内存地址的内容。

(5) ▥Call stack 调用栈窗口：用于观察调用栈中还未返回的被调用函数列表，调用堆栈反映了当前断点处函数调用的顺序。当前函数位于最上边，往下依次是调用函数的上级函数。单击这些函数名可以跳到对应的函数中去。

(6) ▥Disassmbly 汇编代码窗口：显示被编译代码的汇编语言形式。

默认情况下，启动调试器时，自动打开 Variables 和 Watch 窗口。

3．调试的一般过程

调试的第一项工作就是设立断点。然后再运行程序，程序会在设立断点处停下来，再利用各种工具观察程序的状态。程序在断点停下来后，有时需要按一定要求控制程序的运行，以进一步观测程序的流向，所以下面将介绍断点的设置，程序的运行控制以及观察工具的使用方式。

4．断点设置方法

在 Visual C++6.0 中，可以设置三种类型的断点：与位置相关、与逻辑条件相关、与WINDOWS 消息相关。一般来说第 1，2 种断点使用得较多。

(1) 最简单的是设置一般位置断点，只要把光标移到想要设断点的位置，当然这一行必须包含一条有效语句的;然后按下工具条上的 **add/remove breakpoint** 按钮或按快捷键 **F9**;
此时，本行代码前出现一个红色的大圆点，标志断点设置成功，如附图 3.3 所示。

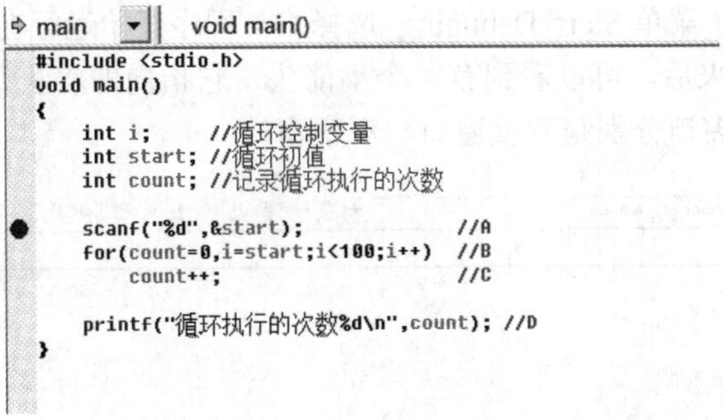

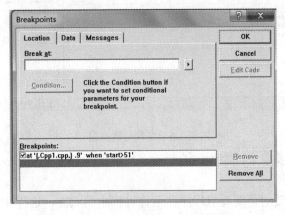

附图 3.3　断点设置成功

(2) 有时可能并不需要程序每次运行到端点处停下，而是在满足一定条件的情况下才
停下来，这时就需要设置一种与位置有关的逻辑断点。设置这种断点只需要从 EDIT 菜单
中选中 breakpoint 命令，这时 Breakpoints 对话框将会出现在屏幕上，如附图 3.4 所示。选
中 Breakpoints 对话框中的 Location 标签，弹出 Location 页面。

附图 3.4　Breakpoint 对话框

单击 Condition… 按钮，弹出 Breakpoint Condition 对话框，如附图 3.5 所示，在 Expression
编辑框中写出需要设置逻辑表达式，如 start>51，最后按 OK 按钮返回。

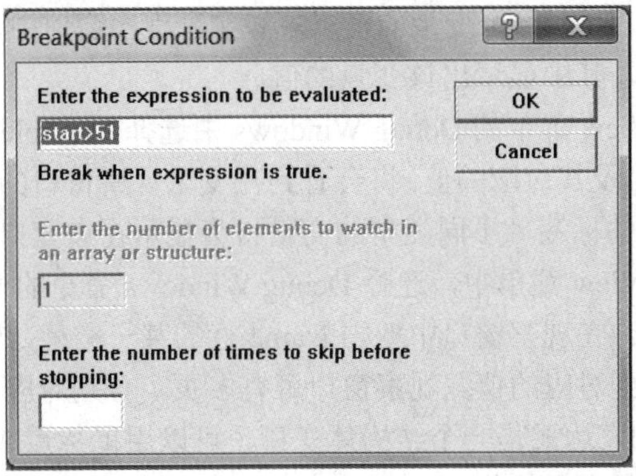

附图 3.5　Condition 对话框

这种断点主要是由其位置发生作用的，但也结合了逻辑条件，使之更灵活。

5．控制程序的运行

从菜单 Build 到子菜单 Start Debuging 选择 Go 程序开始运行在 Debug 状态下，程序会由于断点而停顿下来后，可以看到有一个小箭头，它指向即将执行的代码，如附图 3.6 所示，图中下部两个窗口分别是变量窗口与观察窗口。

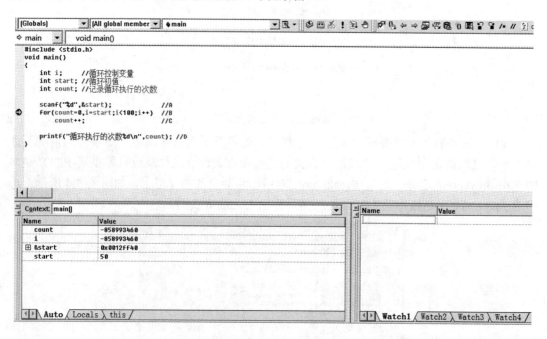

附图 3.6　变量与观察窗口

随后，就可以按要求来控制程序的运行。其中有四条命令(Step over, step Into, Step out, Run to Cursor)可以使用。

调试过程中最重要的是要观察程序在运行过程中的状态，这样才能找出程序的错误之处。这里所说的状态包括各变量的值、寄存器中的值、内存器中的值、堆栈中的值，为此需要利用各种工具来帮助我们察看程序的状态。

(1) 弹出式调试信息。当程序在断点停下来后，要观察一个变量或表达式的值最容易的方法是利用调试信息。观察一个变量的值，只需在源程序窗口中，将鼠标放到该变量上，将会看到一个信息弹出，其中显示出该变量的值。

(2) 变量窗口。在 View 菜单的 Debug Windows 中选择 Variables; 变量窗口将出现在屏幕上。其中显示着变量名及其对应的值。将会看到在变量观察窗口的下部有三个标签：Auto, Locals, this。选中不同的标签，不同类型的变量将会显示在该窗口中。

(3) 观察窗口。在 View 菜单中，选择 Debug Windows 命令的 Watch 子命令。这时观察窗口将出现在屏幕上。在观察窗口中双击 Name 栏的某一空行，输入要查看的变量名或表达式，回车后将会看到对应的值。观察窗口可有多页，分别对应于标签 Watch1, Watch2, Watch3 等。假如输入的表达式是一个结构体变量，可以用鼠标点取表达式右边的形如+，以进一步观察其中的成员变量的值。

6．常见编译和链接错误

(1) error C2001: newline in constant。

错误：在常量中出现了换行。

可能产生错误的原因：字符串常量、字符常量中可能有换行；某个字符串常量的尾部可能漏掉了双引号；某个字符常量的尾部可能漏掉了单引号；在某句语句的尾部，或语句的中间误输入了一个单引号或双引号。

(2) error C2015: too many characters in constant。

错误：字符常量中的字符过多。

可能产生错误的原因：如果单引号中的字符数多于 4 个，就会引发这个错误。另外，如果语句中某个字符常量缺少右边的单引号，也会引发这个错误。

(3) error C2137: empty character constant。

错误：空的字符定义。

可能产生错误的原因：可能连用了两个单引号，而中间没有任何字符。

(4) error C2018: unknown character '0x##'。

错误：未知字符‘0x##’。

可能产生错误的原因：0x##是字符 ASC 码的 16 进制表示法。这里说的未知字符，通常是指全角符号、字母、数字，或者直接输入了汉字。如果全角字符和汉字用双引号包含起来，则成为字符串常量的一部分，是不会引发这个错误的。

(5) error C2041: illegal digit '#' for base '8'。

错误：在八进制中出现了非法的数字‘#’(这个数字#通常是 8 或者 9)。

可能产生错误的原因：如果某个数字常量以"0"开头(单纯的数字 0 除外)，那么编译器会认为这是一个 8 进制数字。

(6) error C2065: 'xxxx' : undeclared identifier。

错误：标识符"xxxx"未定义。

可能产生错误的原因：

① 如果"xxxx"是一个变量名，那么通常是程序员忘记了定义这个变量，或者拼写错误、大小写错误所引起的，所以，首先检查变量名是否正确。

② 如果"xxxx"是一个函数名，那就怀疑函数名是否没有定义。可能是拼写错误或大小写错误，当然，也有可能是你所调用的函数根本不存在。还有一种可能，你写的函数在你调用的函数之后，而你又没有在调用之前对函数原形进行申明。

③ 如果"xxxx"是一个库函数的函数名，比如"sqrt"、"fabs"，则要查看在 cpp 文件的开始处是否包含了这些库函数所在的头文件(.h 文件)。例如，使用"sqrt"函数需要头文件 math.h。

④ 标识符遵循先申明后使用原则。如果使用在前，申明在后，就会引发这个错误。

⑤ C 的作用域也会成为引发这个错误的陷阱。在花括号之内变量，是不能在这个花括号之外使用的。

⑥ 前面某句语句的错误也可能导致编译器误认为这一句有错。如果源程序前面的变量定义语句有错误，编译器在后面的编译中会认为该变量从来没有定义过，以致于后面所有使用这个变量的语句都报这个错误。如果函数声明语句有错误，那么将会引发同样的问题。

(7) error C2086: 'xxxx' : redefinition。

错误："xxxx"重复声明。

可能产生错误的原因：变量"xxxx"在同一作用域中定义了多次。

(8) error C2374: 'xxxx' : redefinition; multiple initialization。

错误："xxxx"重复声明，多次初始化。

可能产生错误的原因：变量"xxxx"在同一作用域中定义了多次，并且进行了多次初始化。

(9) error C2143: syntax error : missing ';' before (identifier) 'xxxx'。

错误：在(标志符)"xxxx"前缺少分号。

可能产生错误的原因：当出现这个错误时，往往所指的语句并没有错误，而是它的上一句语句发生了错误。其实，更合适的做法是编译器报告在上一句语句的尾部缺少分号。上一句语句的很多种错误都会导致编译器报出这个错误。

① 一句语句的末尾真的缺少分号，补上即可。

② 上一句语句不完整，或者有明显的语法错误，或者根本不能算上一句语句(有时候是无意中按到键盘所致)。

③ 如果发现发生错误的语句是 c 文件的第一行语句，在本文件中检查没有错误，但其使用双引号包含了某个头文件，那么检查这个头文件，在这个头文件的尾部可能有错误。

(10) error C4716: 'xxx' : must return a value。

错误："xxx"必须返回一个值。

可能产生错误的原因：函数声明了有返回值(不为 void)，但函数实现中忘记了 return 返回值。

(11) warning C4508: 'main' : function should return a value; 'void' return type assumed。

错误：main 函数应该返回一个值；void 返回值类型被假定。

可能产生错误的原因：函数应该有返回值，声明函数时应指明返回值的类型，确实无返回值的，应将函数返回值声明为 void。若未声明函数返回值的类型，则系统默认为整型 int。此处的错误估计是在 main 函数中没有 return 返回值语句。

(12) warning C4700: local variable 'xxx' used without having been initialized。

错误：警告局部变量"xxx"在使用前没有被初始化。

可能产生错误的原因：局部变量未被初始化就使用。

(13) fatal error C1083: Cannot open include file: 'xxx': No such file or directory。

错误：(编译错误)无法打开头文件 xxx：没有这个文件或路径。

可能产生错误的原因：头文件不存在、或者头文件拼写错误、或者文件为只读。

(14) error C2007: #define syntax。

错误：(编译错误)#define 语法错误。

可能产生错误的原因：例如"#define"后缺少宏名，例如"#define"。

(15) error C2057：expected constant expression。

错误：(编译错误)期待常量表达式。

可能产生错误的原因：一般是定义数组时数组长度为变量，例如"int n=10; int a[n];"中 n 为变量，这是非法的。

(16) error C2105: 'operator' needs l-value。

错误：(编译错误)操作符需要左值。

可能产生错误的原因：例如"(a+b)++;"语句，"++"运算符无效。

(17) error C2106: 'operator': left operand must be l-value。

错误：(编译错误)操作符的左操作数必须是左值。

可能产生错误的原因：例如"a+b=1;"语句，"="运算符左值必须为变量，不能是表达式。

(18) error LNK2001: unresolved external symbol _main。

错误：未解决的外部符号：_main。

可能产生错误的原因：缺少 main 函数。看看 main 的拼写或大小写是否正确。

(19) error LNK2005: _main already defined in xxxx.obj。

错误：_main 已经存在于 xxxx.obj 中了。

可能产生错误的原因：直接的原因是该程序中有多个(不止一个)main 函数。这是初学 C 的读者在开始编程时经常犯的错误。这个错误通常不是在同一个文件中包含有两个 main 函数，而是在一个 project(项目)中包含了多个 c 文件，而每个 c 文件中都有一个 main 函数。

(20) fatal error LNK1104: cannot open file "Debug/Cpp1.exe"。

错误：(链接错误)无法打开文件 Debug/Cpp1.exe。

可能产生错误的原因：需要重新编译链接。

参 考 文 献

[1] 龚尚福，贾澎涛. C/C++语言程序设计[M]. 西安：西安电子科技大学出版社，2012.

[2] 李振富. C 语言程序设计[M]. 西安：西安电子科技大学出版社，2013.

[3] 龚尚福，史晓楠，等. C 语言程序设计教程[M]. 北京：中国矿业大学出版社，2016.

[4] 谭浩强. C 语言程序设计[M]. 4 版. 北京：清华大学出版社，2010.

[5] Kernighan Brian W, Ritchie Dennis M. C 程序设计语言[M]. 3 版. 北京：机械工业出版社，2012.

[6] 苏小红，王宇颖，等. C 语言程序设计[M]. 2 版. 北京：高等教育出版社，2013.

[7] 廖湖声. C 语言程序设计案例教程[M]. 2 版. 北京：人民邮电出版社，2010.

[8] 陈志泊. Visual C++ 程序设计[M]. 北京：中国铁道出版社，2008.

[9] 明日科技. C 语言经典编程 282 例[M]. 闪四清，译. 北京：清华大学出版社，2012.

[10] Roberts Eric S. C 语言设计的抽象思维[M]. 北京：机械工业出版社，2012.